农业高等职业院校规划教材

现代农牧业生产与经营管理

主　编　邹承俊

副主编　向清平　黄雅杰　蒲小彬

西南交通大学出版社

·成　都·

内容简介

本书介绍了农业的概念及地位，现代农业新概念，作物生产基础知识，无公害、绿色、有机食品基础知识，饲料与动物营养原理，动物遗传与动物育种基本知识，家畜繁殖基础知识与繁殖技术，动物疾病的防治，动物养殖的环境与环境保护，动物性产品，农业生产经营与管理概述，农产品市场分析、营销，农业资源利用与管理，农业产业化经营等内容。

本书概念清晰，逻辑性强，在每个篇章的后面都有思考与练习题，便于组织教学，适合作为高等院校、高职高专院校农业信息类、农业机电类等专业的教材使用，也可作为各类培训班的学习教材以及各类爱好者的自学用书。

图书在版编目（CIP）数据

现代农牧业生产与经营管理 / 邹承俊主编. —成都：西南交通大学出版社，2015.1（2017.7 重印）
农业高等职业院校规划教材
ISBN 978-7-5643-3601-1

Ⅰ. ①现… Ⅱ. ①邹… Ⅲ. ①农业技术－高等职业教育－教材②畜牧业－农业技术－高等职业教育－教材③农业经营－经营管理－高等职业教育－教材④畜牧业－经营管理－高等职业教育－教材 Ⅳ. ①S②F306③F307.3

中国版本图书馆 CIP 数据核字（2014）第 295405 号

农业高等职业院校规划教材
现代农牧业生产与经营管理
主编　邹承俊
*
责任编辑　周　杨
封面设计　墨创文化
西南交通大学出版社出版发行
四川省成都市二环路北一段 111 号西南交通大学创新大厦 21 楼
邮政编码：610031　发行部电话：028-87600564
http: //www.xnjdcbs.com
成都蓉军广告印务有限责任公司印刷
*
成品尺寸：170 mm × 230 mm　　印张：19.75
字数：348 千
2015 年 1 月第 1 版　　2017 年 7 月第 2 次印刷
ISBN 978-7-5643-3601-1
定价：39.80 元

课件咨询电话：028-87600533
图书如有印装质量问题　本社负责退换

省级示范性高等职业院校
“优质课程”建设委员会

序

随着我国改革开放的不断深入和经济建设的高速发展，我国高等职业教育也取得了长足的发展，特别是近十年来在党和国家的高度重视下，高等职业教育改革成效显著，发展前景广阔。早在2006年，教育部连续出台了《教育部、财政部关于实施国家示范性高等职业院校建设计划，加快高等职业教育改革与发展的意见》（教高〔2006〕14号）、《关于全面提高高等职业教育教学质量的若干意见》（教高〔2006〕16号）文件以及近年来陆续出台了《关于充分发挥职业教育行业指导作用的意见》（教职成〔2011〕6号）、《关于推进高等职业教育改革创新引领职业教育科学发展的若干意见》（教职成〔2011〕12号）、《关于全面提高高等教育质量的若干意见》（教高〔2012〕4号）等文件，这标志着我国高等职业教育在质量得以全面提高的基础上，已经进入体制创新和努力助推各产业发展的新阶段。

近日，教育部、国家发展改革委、财政部《关于印发〈中西部高等教育振兴计划（2012—2020年）〉的通知》（教高〔2013〕2号）明确要求，专业设置、课程开发须以社会和经济需求为导向，从劳动力市场分析和职业岗位分析入手，科学合理地进行。按照现代职业教育体系建设目标，根据技术技能人才成长规律和系统培养要求，坚持德育为先、能力为重、全面发展，以就业为导向，加强学生职业技能、就业创业和继续学习能力的培养。大力推进工学结合、校企合作、顶岗实习，围绕区域支柱产业、特色产业，引入行业、企业新技术、新工艺，校企合办专业，共建实训基地，共同开发专业课程和教学资源。推动高职教育与产业、学校与企业、专业与职业、课程内容与职业标准、教学过程与生产服务有机融合。因此，树立校企合作共同育人、共同办学的理念，确立以能力为本位的教学指导思想显得尤为重要，要切实提高教学质量，以课程为核心的改革与建设是根本。

成都农业科技职业学院经过11年的改革发展和3年的省级示范性建设，

在课程改革和教材建设上取得了可喜成绩，在省级示范院校建设过程中已经完成近40门优质课程的物化成果——教材，现已结稿付梓。

本系列教材基于强化学生职业能力培养这一主线，力求突出与中等职业教育的层次区别，借鉴国内外先进经验，引入能力本位观念，利用基于工作过程的课程开发手段，强化行动导向教学方法。在课程开发与教材编写过程中，大量企业精英全程参与，共同以工作过程为导向，以典型工作任务和生产项目为载体，立足行业岗位要求，参照相关的职业资格标准和行业企业技术标准，遵循高职学生成长规律、高职教育规律和行业生产规律进行开发建设。按照项目导向、任务驱动教学模式的要求，构建学习任务单元，在内容选取上注重学生可持续发展能力和创新创业能力的培养，具有典型的工学结合特征。

本系列教材的正式出版，是成都农业科技职业学院不断深化教学改革的结果，更是省级示范院校建设的一项重要成果，其中凝聚了各位编审人员的大量心血与智慧，也凝聚了众多行业、企业专家的智慧。该系列教材在编写过程中得到了有关兄弟院校的大力支持，在此一并表示诚挚感谢!希望该系列教材的出版能有助于促进高职高专相关专业人才培养质量的提高，能为农业高职院校的教材建设起到积极的引领和示范作用。

诚然，由于该系列教材涉及专业面广，加之编者对现代职业教育理念的认知不一，书中难免存在不妥之处，恳请专家、同行不吝赐教，以便我们不断改进和提高。

龙　旭

2013年5月

PREFACE

现代科学技术的发展，特别是计算机技术、通信技术和信息技术的发展，对各类科学技术乃至人们的工作和生活产生了巨大的影响，促进了全社会的发展。这些新技术在农业中的应用大大促进了农业学科自身的发展，也加快了现代农业的发展。

人类已经进入信息化时代，信息技术正加快与各行各业的融合。农业信息化是农业现代化发展的必然趋势，是农业现代化的重要标志和组成部分。现代农业需要大量既懂农业生产经营技术又懂信息技术的复合型人才。但目前在高职高专院校中还鲜有农业信息化的复合型专业设置，更没有见到合适的课程安排，也没有相应的教材。作为农业高职院校，理应担当起现代农业发展所需复合型人才培养的重任，在新“四化”的指引下，为我国农业现代化的发展贡献力量。编者在特色专业的建设和智能农业的研究与教学中，为满足现代农业复合型人才培养之需，组织编写了这一系列教材。本书内容选取的基本思路是基于培养现代农业需要的信息技术、机电技术等复合型人才，让其了解农业生产经营与服务的过程与环境条件，能更好地理解农业生产经营自动化、信息化、智能化的需求，提高其开发和应用水平。

本书内容包括四篇共十五章，主要内容如下：

第一篇，农业概论，包括农业的概念及地位、现代农业新概念等。

第二篇，作物生产基本理论、生产过程及环境条件，包括作物生产基础知识，无公害、绿色、有机食品基础知识等。

第三篇，养殖业生产基本理论、生产过程及环境条件要求，包括饲料与动物营养原理、动物遗传与动物育种基本知识、家畜繁殖基础知识与繁殖技术、动物疾病的防治、动物养殖的环境与环境保护、动物性产品等。

第四篇，农业生产经营与管理，包括农业生产经营与管理概述、农产品市场分析、农产品营销、农业资源利用与管理、农业产业化经营等。

本书概念清晰、逻辑性强、易于学习，可供高职高专相关专业使用。

本书是由成都农业科技职业学院信息技术分院牵头，与成都农业科技职业学院现代农业分院、畜牧兽医分院和经济管理分院共同策划编写的，由邹承俊主编，向清平、黄雅杰、蒲小彬任副主编，参加本书编写和资料收集工作的还有邹文丽、兰锐等老师，在此对大家的辛勤劳动表示衷心感谢！

由于本书是跨学科编撰，涉及范围较广，加之编者水平和经验有限，书中疏漏和错误之处在所难免，恳请广大读者批评指正。欢迎与我们交流，以便再版时改进，联系邮箱：50722787@qq.com。

编　者

2014 年 7 月

CONTENTS

第一篇　农业概论

第二篇　作物生产基本理论、生产过程及环境条件

第四篇　农业生产经营与管理

第一篇　农业概论

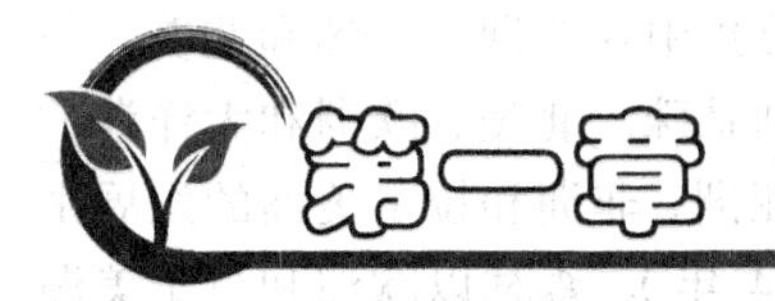

第一章 农业的概念及地位

内容摘要：本章从了解农业的含义入门，介绍农业的性质、农业在国民经济中的作用、我国农业的发展现状；与世界发达国家在农业方面的差距；食品安全生产、通过物联网等现代信息手段建立的食品溯源等知识。

第一节 农业的含义

农业是最古老的产业。在我国最早的甲骨文里已有“農”字的记载。古人说，“辟土植谷曰農”《汉书·食货志》，即开垦农田种植谷物称为农业。在国外，“农业”在文字上的起源也大都是种地的意思。

农业是国民经济中一个重要的产业部门，是以土地资源为生产对象的部门，它是通过培育动植物产品生产食品及工业原料的产业。在我国农业属于第一产业。利用土地资源进行种植生产的部门是种植业，利用土地上水域空间进行水产养殖的是水产业，又叫渔业，利用土地资源培育采伐林木的部门是林业，利用土地资源培育或者直接利用草地发展畜牧的是畜牧业，对这些产品进行小规模加工或者制作的是副业，它们都是农业的有机组成部分。对这些景观或者所在地域资源进行开发并展示的是观光农业，又称休闲农业，这是新时期随着人们的业余时间富余而产生的新型农业形式。

广义农业包括种植业、林业、畜牧业、渔业、副业五种产业形式；狭义农业是指种植业，包括生产粮食作物、经济作物、饲料作物和绿肥等农作物的生产活动。

农业分布范围十分辽阔，地球表面除两极和沙漠外，几乎都可用于农业生产。在 1.49 亿 km^2 的实际陆地面积中，约 11% 是可耕地和多年生作物地，24% 是草原和牧场，31% 是森林和林地。海洋和内陆水域则是水产业生产的场所。农业自然资源的分布很不平衡，可耕地主要集中在亚洲、欧洲和北美，但按人口平均计算的耕地面积在这些地区之间差别悬殊。北美、欧洲和大洋洲的经济发达国家为 0.56 hm^2（1 $hm^2 = 10^4$ m^2），而亚洲、非洲和拉丁美洲的发展中国家仅为 0.22 hm^2，其中亚洲仅 0.16 hm^2（1984 年）。森林以欧洲和拉丁美洲的分布面积较大；草原面积则非洲居首位，亚洲其次；其中不同国家、地区之间也有很大差异。国土资源部 2009 年 2 月 26 日公布我国耕地面积为 18.257 4 亿亩（1 亩 = 666.7 m^2），排世界第 3，仅次于美国和印度。但由于我国人口众多，人均耕地面积排在 126 位以后，人均耕地仅 1.4 亩，还不到世界人均耕地面积的一半。加拿大的人均耕地是我国的 18 倍，印度是我国的 1.2 倍。目前我国已经有 664 个市县的人均耕地在联合国确定的人均耕地 0.8 亩的警戒线以下。我国人均土地面积在世界上 190 多个国家中排 110 位以后。除耕地面积排在 126 位以后外，草地面积排在 76 位以后，森林面积排在 107 位以后，全国人均占有森林面积 0.128 hm^2，人均占有量在全世界排名居 80 位之后。

当代世界农业发展的基本趋势和特征是高度的商业化、资本化、规模化、专业化、区域化、工厂化、知识化、社会化、国际化交织在一起，极大地提高了土地产出率、农业劳动生产率、农产品商品率和国际市场竞争力。

21 世纪是农业发展的重要阶段，生命科学和其他最新科学技术相结合，将使世界农业发生根本性的变化。随着分子生物学的发展、生物基因库的建成、遗传工程的崛起、克隆技术和生物固氮技术的广泛应用，农业的面貌将为之一新。

工业化农业的发展，以投入大量物质和能量为标志，促进了生产力的大幅度提高，但也带来了能源枯竭、环境污染和生态失调等严重的社会问题。当前出现的新科学技术革命中，产生了一批新的技术群，如生物工程技术、新能源技术、微电子技术、原子能技术、空间技术和海洋技术等。这些科学技术成果正不同程度地在农业中得到应用，为解决工业化农业带来的环境、能源和生态问题呈现了光明的前景。

以因特网为代表的计算机网络技术应用于农业领域，使农业生产活动与整个社会紧密联系在一起，可以充分利用社会资源解决生产过程中的困难，农业生产的社会化将进入一个新阶段。计算机网络技术正在农业领域内迅速普及。通过因特网可以浏览世界各地的农业信息，如农产品期货价格、国内市场销售量、进出口量、最新农业科技和气象资料等，还可以在网上销售农产品。

以基因工程为核心的现代生物技术应用于农业领域，导致了基因农业，其结果是将培育出更多产量更高、质量更优、适应性更强的新品种，使农业的自然生产越来越多地受到人类的直接控制。比如利用农作物中的基因嵌合技术，可以在传统育种一半的时间内创造出更理想的全新物种。以高科技为基础的工

厂化种养业正在兴起，这将从根本上改变农业的传统生产方式，使农业的生产活动可以不在大自然中进行，而像工业生产一样在厂房里进行。工厂化农业不是一般意义的温室生产，而是综合利用多种高科技成果的产物。其中既要应用生物技术培育种子，又要应用计算机技术对光照、温度、湿度、施肥、农药等进行控制，还要用新材料、新光源等高科技成果，比如许多温室可以模拟太阳的运行过程，使农作物像在自然界一样进行光合作用，这样就可以不分季节、夜以继日、连续不断地生产，从而提高生产速度，缩短生产周期，增加产量。

第二节　农业的性质和特点

与工业相比较，农业具有自己的特征，了解这些特征有助于深入理解农业的一些规律性，并采取相应的对策。

一、生物性生产

与工业等非生物性生产不同，农业生产是以生物为载体的，包括植物、动物与微生物。生物有自己的生长发育和生老病死的规律，与周围环境有着错综复杂的联系。与自然生物不同，农业生物生产必须符合人类的需要并受人类的调节控制。

二、自然再生产与经济再生产的复合

工业生产是一种经济再生产的过程，农业生产却不同，它首先是一种自然再生产的过程。光合作用是植物生长的基础，植物在太阳光的作用下，CO_2与H_2O转化为碳水化合物，动物生产是在植物生产基础上进行的。其次，农业生产不仅是自然生产，也是经济再生产的过程。作为农业生产，生产者在特定社会中结成一定的生产关系，借助一定的生产工具与生产资料对劳动对象（土地）进行具体的生产活动以获得农产品。因此，农业的自然再生产必须与经济再生产的过程相互交错融合，动植物生产必须与市场、价格、成本、利润、经济政策等密切配合。

自然再生产与经济再生产相复合是农业生产的根本特征，农业的其他特征大都是从这个特征派生出来的。在农业实际工作中，要避免用一刀切的办法来指挥农业，也要避免单纯将农业视为自然生产而不顾经济的做法。

三、对气候与土地的特殊依赖性

在自然界，气候决定了土壤、植被、生物的存在与分布，有什么样的气候就有什么样的植物与动物。在农业界，气候在很大程度上从宏观层面决定了农、林、牧作物与农业的分布，由此衍生了农业生产的季节性、周期性、波动性、风险性等农业生产特点。

在国民经济的非农业物质生产部门中，土地只是作为劳动的场所，面积相对较小，而农业则是直接利用土地进行生产，广阔的土地是农业生产不可代替的生产资料。气候与土地的不同特点决定了农、林、牧的分布与生产。

四、地域性

农业活动是在广阔的土地上开展的。在地球上，各地地势、地貌、气候、土壤、植被等自然因素以及人口、经济、社会、交通、市场、文化、政策等人文因素的差异，导致了农业的地域性差异。地域差异大则农业差异大，地域差异小则农业差异小。中国地域差异甚大，故农业的地域差异性突出。

五、农业的复杂性与弱质性

农业的多目标性、多因素性和生物性决定了其复杂性。工业是在工厂内集中生产的，它的某一种工艺既可能适合于美国，也可能适合于中国。农业却不同，同样是种植小麦，它的工艺流程模式在中国就可能有几百个，这是自然与社会经济条件以及生物本身的巨大差异所致。当前，国内外有许多关于农业和农作物的计算机模型的探索，但其应用性往往难以令人满意，其原因就是农业的高度复杂性。

由于农业的复杂性、对气候的依赖性、自然资源的有限性、地域性、季节性、长周期性、波动性，再加上大宗农产品的低利润性，因而与工业生产相比较，农业生产具有相对的弱质性，其表现是：生产周期长、风险大、在小规模

经营下劳动生产率低、大宗农产品价值低、收益低。为此，要设法提高农业的劳动生产率与效益，并从宏观上对农业进行积极保护。

第三节　农业在国民经济中的作用

农业是人类最基本的物质生产部门，没有农业就没有人类社会的发展。从世界的宏观角度看，无论是从历史层面还是现实层面，农业都是国民经济的基础。首先，农业是人类最早的经济活动，在农业生产的产品与资金的原始积累基础上，才开始有了工业、商业活动；其次，在非农业的各部门（如工商业）发展起来以后，农业及其关联的产业仍是国民经济的重要部门（如美国、欧盟）；再次，任何国民经济各部门的从业人员都离不开对农产品（如食品）的需要。

当然，不同国家和地区的农业在其国民经济中的地位是不同的，并不一律都是处于基础地位。农业的地位决定于它在该国、该地区的功能，其主要标志是：农业及其关联产业产值在国民经济中的比重、农村与城市土地面积的比例、农民在全国人口中的比例、粮食安全状况、城乡居民收入的差异、“三农”问题在国家发展战略中的地位等。例如，新加坡和中国香港，它们几乎没有农村、农业和农民，因此农业在国民经济中几乎找不到它的地位；在美国，尽管农业产值只占国民生产总值 3% 的比例，但与农业相关联产业的产值接近国民生产总值的 20%，而且是农产品生产与出口大国，因而农业在美国的国民经济中具有举足轻重的地位。

一般来讲，发展中国家农业的地位要高于发达国家，因为发展中国家农业在国民经济中所占的比例大，农民多而贫困，农村广阔，食物紧缺，农业落后，因此，农业发展的水平关系到国民经济的命脉。

农业是国民经济的基础，主要表现在以下几方面：

第一，农业是人类社会的衣食之源，生存之本。

第二，农业是工业等其他物质生产部门与一切非物质生产部门存在与发展的必要条件。农业是工业特别是轻工业原料的主要来源；为第二、三产业的发展提供广阔的市场；是国家建设资金积累的重要来源；是出口物资的重要来源。

第三，农业是支撑整个国民经济不断发展与进步的保证。

第四节　中国农业的发展现状与世界农业的差距

一、中国农业的发展现状

我国农业科技的水平在部分领域已跃居世界先进行列。科技进步对农业增长的贡献率已从20世纪70年代末的27%提高到现在的43%。但是，与世界先进水平相比（发达国家的科技进步贡献率均在60%以上，有的甚至高达80%），我国的农业科技还存在较大差距，远远不能适应农业现代化的要求，但是所取得的显著进步是不可否认的。现代农业技术与常规技术结合不断促进农业生产发展，农业整体科技进步贡献率已经达到43%；建立了生物技术与杂交育种技术为代表的新品种培育体系，杂交水稻和抗虫棉等6 000多个动植物新品种投放农业生产中，为粮食生产，特别是肉、蛋等的保障起到了重要作用；生物技术以及种养、机械化和病虫害综合防治等技术的应用，大大提高了农业的生产率和土地的使用效率，2007年，全国粮食单产达到每亩350 kg，总产达到5亿t，已经达到了丰年有余的水平；建立了畜牧水产等良种繁育、集约化养殖及疾病防治技术体系。目前，我国畜牧总产量跃居世界首位，科技贡献率达50%，肉、蛋等产量在全世界排在第一位。

目前，我国农业资源利用率、生产效率、劳动产比率偏低、生产和经营方式较落后。一方面我国资源短缺；另一方面我国资源利用率偏低。如我国农业有很多地方仍采取漫灌措施，灌溉利用效率不到40%，比先进国家低1倍；肥料利用效率不到35%，低于世界一般水平15%～20%；农药利用效率也不到30%；高产稳产田只占耕地总面积的35%。

此外，农业生态受到很大威胁。我国农作物病虫害每年造成35%的减产，畜禽疾病每年造成的死亡率达10%～15%；农药、化肥和抗生素等的施用过量和残留问题等加剧了农业生产环境的恶化，并影响到农产品质量。由于品种类型单一、产品质量偏低，粮食单产仅是发达国家的50%～70%。

世界每万农业经济活动人口所拥有的农业科技人员平均为140人，我国还不到80人，科技成果转化率低。目前我国农业科技成果转化率仅为30%～40%，比发达国家低20%～30%。农业科技成果转化机制不尽合理。农业科研与农业技术推广分属不同的行政部门管理，二者之间联系不够紧密；农技推广和农民教育工作多头进行，使得有限的经费像“撒胡椒面”，难以达到快速提高农民科技水平的目的。

二、世界农业的发展现状

发达资本主义国家大多已实现了农业现代化。第二次世界大战以后，农业生产技术的进步表现在：个别作业环节的机械化已发展为整个生产过程的机械化，形成机械化、自动化的综合应用；化肥、农药的施用水平进一步提高且更趋高效化，生长剂、塑料薄膜等化工产品的应用也更加广泛；除传统育种技术外，基因工程等生物技术也开始在农业中应用，从而进一步提高了人工控制生物遗传特性的能力，为获得更加高产、优质和抗逆的生物品种提供了可能。所有这些，加上核技术以及电子技术等的应用，已使发达资本主义国家的农业产量水平和农业劳动生产率都获得了突破性的提高。

发展中国家如亚洲、非洲和拉丁美洲主要是以农业为主的国家。多数国家尚处于传统农业阶段，有的还保存着原始的游牧农业和刀耕火种式农业。饲料、种子、肥料等生产资料主要依靠自给。农产品除一部分土特产品供出口外，也以自给消费为主，商品率很低。单一作物经营的局面长期未能彻底改变，农业人口庞大，农业劳动生产率和农业产量水平都很低。

三、中国农业与世界农业的差距

我国与世界发达国家农业领域之间存在很大差距。1978 年我国实行了农村经济体制改革后，农业发展很快，农业与农村经济总体实力不断增强。但我国农业与发达国家相比依然存在着明显的差距。这些差距不只体现在资源、财政及物化投入、市场建设等硬指标上，还反映在诸如人员素质、经营机制、农村组织化程度、管理水平等软指标上。从总体而言，我国农业与发达国家比较，存在着农业大国与农业强国间的差距。从可比差距角度看，主要可概括为以下几个方面。

（1）观念上的差距。我国基本上还是传统的农业观念，认为农村的主要功能是经济功能，即“农业是生产农产品的产业”。目前发达国家占主导地位的是现代农业观念，强调农业产业的综合功能，在提高经济功能效应的同时，着力发挥其生态功能与社会功能的作用。

（2）发展阶段上的差距。农业分为三个阶段，即古代农业、近代农业、现代农业。现代农业的主要标志是集约化、商品化、专业化、基地化。发达国家已全面进入现代农业，而我国是三种类型并存。

（3）农产品质量上的差距。我国农产品质量水平总体较低，质量因素已成为制约出口的隐患。

（4）科技水平的差距。目前我国的农业科技进步贡献率为 40% 左右，而发达国家是 80% 左右；我国农业科技成果转化率仅为 30%～40%，而发达国家比我们高出一倍。

（5）农村农民组织化程度的差距。我国的近邻日本、韩国及我国的台湾省均有很强的农民组织。我国农户已达 2.4 亿户，但组织化程度很低。无组织的农民很难进入市场。

（6）管理水平及管理手段的差距。国外对农业的宏观管理主要以法律手段、经济手段及有限度的行政手段为主，而我国目前仍以行政手段为主。微观经营管理我国普遍存在粗放现象，而国外推行的是集约化管理。

（7）农产品加工、包装、储运的差距。我国的农产品加工率是 20%～30%，而发达国家大部分在 90% 以上，由于加工、包装、储运方面的技术与设备落后，致使农产品及食品质量下降，不仅不适应国内外市场需求，还造成大量浪费。

（8）社会化服务程度差距。发达国家有一整套农业服务技术体系、社会福利保障体系。我国在这些方面还很不健全。

（9）支持、保护农业制度上的差距。与发达国家相比，我国对农业及农民保护程度很低；我国虽已进入工业化发展中期阶段，但“以工哺农”强度不大，各种保护农业及农民利益的法规制度亟待健全。

第五节　食品安全及溯源

一、食品安全

食品安全指食品无毒、无害，符合应当有的营养要求，对人体健康不造成任何急性、亚急性或者慢性危害。根据世界卫生组织的定义，食品安全是“食物中有毒、有害物质对人体健康影响的公共卫生问题”。食品安全也是一门专门探讨在食品加工、存储、销售等过程中确保食品卫生及食用安全，降低疾病隐患，防范食物中毒的一个跨学科领域，所以食品安全很重要。食品安全的含义有以下三个层次：

第一，食品数量安全：即一个国家或地区能够生产民族基本生存所需的膳食需要。要求人们既能买得到又能买得起生活所需要的基本食品。

第二，食品质量安全：指提供的食品在营养、卫生方面满足和保障人群的健康需要，食品质量安全涉及食物的污染、是否有毒、添加剂是否违规超标、标签是否规范等问题，需要在食品受到污染界限之前采取措施，预防食品的污染和遭遇主要危害因素侵袭。

第三，食品可持续安全：这是从发展角度要求食品的获取需要注重生态环境的良好保护和资源利用的可持续。

1. 食品安全标准

（1）食品相关产品的致病性微生物、农药残留、兽药残留、重金属、污染物质以及其他危害人体健康物质的限量规定。

（2）食品添加剂的品种、使用范围、用量。

（3）专供婴幼儿的主辅食品的营养成分要求。

（4）对于营养有关的标签、标识、说明书的要求。

（5）与食品安全有关的质量要求。

（6）食品检验方法与规程。

（7）其他需要制定为食品安全标准的内容。

（8）食品中所有的添加剂必须详细列出。

（9）食品中禁止使用的非法添加的化学物质。

2. 食品安全检验

食品安全检验是按照国家指标来检验食品中的有害物质，主要是一些有害有毒的指标的检测，比如重金属、黄曲霉毒素等。食品安全检验的作用主要有以下几个方面：

（1）检验食品和饮料的营养成分。

（2）应对致癌物非法掺杂。

（3）筛查食品中不明污染物。

（4）达到或超过农残分析的新兴监管要求。

（5）帮助食品生产者或监管者检测痕量水平的过敏原。

图 1.1 生产许可图标

3. 食品质量安全标志

食品安全是大家都关注的话题，在关注食品本身的同时，大家还应该去关注一些安全标识。QS 是英文 Quality Safety（质量安全）的缩写，获得食品质量安全生产许可证的企业，其生产加工的食品经出厂检验合格的，在出厂销售之前，必须在最小销售单元的食品包装上标注由国家统一制定的食品质量安全生产许可证编号并加印或者加贴食品质量安全市场准入标志“QS”。食品质量安全市场准入标志的式样和使用办法由国家质检总局统一制定，该标志由“QS”和“质量安全”中文字样组成。标志主色调为蓝色，字母“Q”与“质量安全”四个中文字样为蓝色，字母“S”为白色，使用时可根据需要按比例放大或缩小，但不得变形、变色。加贴（印）有“QS”标志的食品，即意味着该食品符合了质量安全的基本要求。

“QS”标识从2010年6月1日起“质量安全”的字样不再使用，使用“生产许可”字样替代。

法律依据：《中华人民共和国工业产品生产许可证管理条例》适用范围：在中华人民共和国境内从事以销售为目的的食品生产加工经营活动，不包括进口食品。包括3项具体制度：

① 生产许可证制度。对符合条件食品生产企业发放食品生产许可证，准予生产获证范围内的产品；未取得食品生产许可证的企业不准生产食品。

② 强制检验制度。未经检验或经检验不合格的食品不准出厂销售。

③ 市场准入标志制度。对实施食品生产许可证制度的食品，出厂前必须在其包装或者标识上加印（贴）市场准入标志——QS标志，没有加印（贴）QS标志的食品不准进入市场销售。

二、食品溯源

所谓食品安全溯源体系（简称食品溯源），是指在食品产、供、销的各个环节（包括种植养殖、生产、流通以及销售与餐饮服务等）中，食品质量安全及其相关信息能够被顺向追踪（生产源头—消费终端）或者逆向回溯（消费终端—生产源头），从而使食品的整个生产经营活动始终处于有效监控之中。该体系能够理清职责，明晰管理主体和被管理主体各自的责任，并能有效处置不符合安全标准的食品，从而保证食品质量安全。

食品安全溯源体系，最早是1997年欧盟为应对“疯牛病”问题而逐步建立并完善起来的食品安全管理制度。这套食品安全管理制度由政府进行推动，覆盖食品生产基地、食品加工企业、食品终端销售等整个食品产业链条的上下游，通过类似银行取款机系统的专用硬件设备进行信息共享，服务于最终消费者。一旦食品质量在消费者端出现问题，可以通过食品标签上的溯源码进行联

网查询，查出该食品的生产企业、食品的产地、具体农户等全部流通信息，明确事故方相应的法律责任。此项制度对食品安全与食品行业自我约束具有相当重要的意义。

食品安全溯源体系的建立由政府主导推动，通过食品产业链上的各方参与来进行实现。其中主要包括：农产品生产基地、肉牛养殖基地、屠宰加工企业、食品加工企业、流通企业、零售企业、最终的食品消费者。

食品安全溯源体系的建立有赖于物联网相关的信息技术。具体是通过开发出食品溯源专用的各类硬件设备应用于参与市场的各方并且进行联网互动，对众多的异构信息进行转换、融合和挖掘，实现食品安全追溯信息管理，完成食品供应、流通、消费等诸多环节的信息采集、记录与交换。

国内现行的食品安全溯源技术大致有三种：第一种是RFID无线射频技术，在食品包装上加贴一个带芯片的标识，产品进出仓库和运输就可以自动采集和读取相关的信息，产品的流向都可以记录在芯片上；第二种是二维码，消费者只需要通过带摄像头的手机拍摄二维码，就能查询到产品的相关信息，查询的记录都会保留在系统内，一旦产品需要召回就可以直接发送短信给消费者，实现精准召回；第三种是条码加上产品批次信息（如生产日期、生产时间、批号等），采用这种方式食品生产企业基本不增加生产成本。

我国食品安全问题不断爆发，食品溯源体系建设在我国越来越受到关注和重视，被公认为管理和控制食品安全问题的重要手段，它最显著的特点就是事前防范监管重于事后惩罚。我国已开始在食品种、养殖和生产加工领域逐渐推广应用“危害关键控制点分析（HACCP）”“良好农业规范（GAP）”“良好生产规范（GMP）”等食品安全控制技术，以此来提高食品安全监控水平。在食品溯源体系中，资料的完整、系统的记录对于实现可追溯特别重要，比如乡土乡亲为农产品的整个生长过程建立的完整地生长履历，详细记录农药、化肥适用以及一些重要农事操作，并真实透明地展现给消费者，改善食品的信息不对称现状，有助于促进食品安全。但目前我国整体上食品安全追溯技术体系仍然不尽完善，一旦食品安全出现问题，很难实施有效跟踪与追溯，进行控制和召回，这一问题有待进一步解决。

食品溯源制度是食品安全管理的一个重要手段。由于现代食品种养殖、生产等环节繁复，食品生产加工程序多、配料多，食品流通进销渠道复杂，食品生产、加工、包装、储运、销售等环节都可能引起食品卫生安全问题，出现食品安全问题的概率大大增加。为了严格控制食品质量，发达国家的食品安全监管强调从农田到餐桌的整个过程的有效控制，并且在全程监管的基础上实行食品溯源制度。全球已有40多个国家采用相关系统进行食品溯源，特别是英国、日本、法国、美国、澳大利亚等国，均取得了显著成效。

按照欧盟食品法的规定，食品、饲料、供食品制造用的家畜，以及与食品、饲料制造相关的物品，在生产、加工、流通各个阶段必须建立食品信息可追溯系统。该系统对各个阶段的主体作了规定，以保证可以确认各种提供物的来源和去向。

2000年，英国农业联合会和全英4 000多家超市合作，建立了食品安全“一条龙”监控机制，目的是对上市销售的所有食品进行追溯，如消费者发现购买食品存在问题，监管人员可以很快通过电脑记录查到来源。对于农产品，不仅可以查出源于哪家农场，甚至连使用的农药剂量都有据可查。

西班牙政府对牲畜的养殖、屠宰、加工等建立了一套严格的识别和追踪机制，农场的每头牲畜自出生起便在耳上钉上识别牌，将信息录入电脑，建立档案，牲畜在屠宰时要调查原档案，并进行严格检疫，食品公司、超级市场所进的各种肉类均有产地证明，一旦发现质量等问题，均能迅速追溯其来源。澳大利亚建立了“国家畜禽识别系统”，在2002年给全国1.15亿只羊打上了产地标签，一年一换，当牧场主将羊出售给屠宰场或出口时，必须在申请表上填写标签号码，有关部门一旦发现某种疾病，便可以根据标签号码迅速查出该羊的产地和农场，并尽快采取相应措施。日本在2001年实行了食品溯源制度，已经从牛肉推广到猪肉、鸡肉等肉食产业、牡蛎等水产养殖产业及蔬菜产业。2005年8月，美国农业部动植物健康监测服务中心（APHIS）实施了牛及其他种类动物的身份识别系统。

三、动物食品安全可溯源系统

1. 系统概述

动物食品质量安全溯源系统是一套利用自动识别和 IT 技术，帮助食品企业监控和记录食品种植（养殖）、加工、包装、检测、运输等关键环节的信息，并把这些信息通过互联网、终端查询机、电话、短信等途径实时呈现给消费者的综合性管理和服务平台。

2. 系统架构

动物食品安全可溯源系统构成包括硬件构成与软件构成两部分。

（1）硬件构成。

针对动物养殖过程的特点，本系统选用有源的电子标签，这样可以使识别

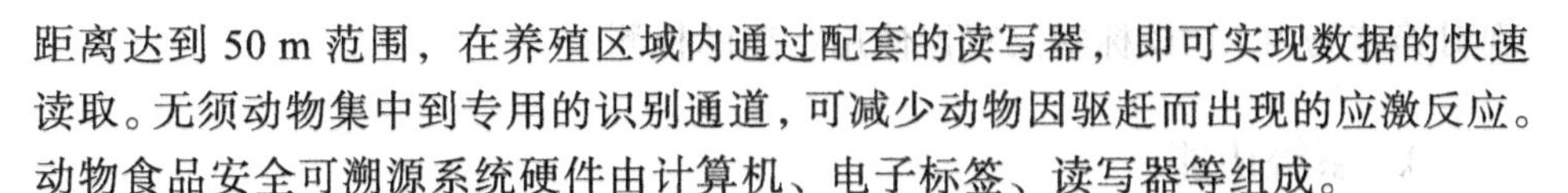

距离达到 50 m 范围，在养殖区域内通过配套的读写器，即可实现数据的快速读取。无须动物集中到专用的识别通道，可减少动物因驱赶而出现的应激反应。动物食品安全可溯源系统硬件由计算机、电子标签、读写器等组成。

在动物食品安全可溯源系统中，射频标签和读写器通过天线磁场进行数据的相互传输，根据养殖场的实际应用需要，其他传感器也可以应用到本系统。比如自动饲喂系统的称料传感器可以将动物进食数据传入计算机，本系统读写器与计算机之间的通信可采用 RS232/485 接口或者 USB 接口，计算机中的数据经过调制解调之后，与网络数据中心之间的通信方式根据企业情况可以采用 GSM、DDN 或者 PSDN 方式都能实现数据传递和链接功能。

（2）软件构成。

要确保高质量的食品安全信息交流，彻底实现在食品的生产、加工、流通各环节 100% 的追踪及完全的透明度。再结合动物从出生、养殖、屠宰到销售的整个流程。

① 养殖场网络数据中心。

动物的饲养是整个生产过程中周期最长的一个环节。与家畜身份有关的档案有家畜身份标识编码、进出场日期，养殖户信息等；根据分析，养殖阶段主要对兽药、饲料、免疫情况进行记录和监测。

② 屠宰场网络数据中心。

屠宰阶段是整个生产过程中最复杂的一个环节，时间短、环节多。该环节信息要与养殖场网络中心数据进行链接，再加上屠宰记录：屠宰厂信息、进出屠宰场时间、检疫合格证明信息以及相关检疫人员姓名等。根据分析，屠宰阶段主要对生猪的运输、生猪检疫、猪肉检验、屠宰环境以及猪肉的运输进行监测，对违规现象预警。

③ 肉类加工厂网络数据中心。

该部分主要是在养殖场和屠宰场网络数据的基础上，增加加工厂信息、进出加工厂时间和产品保质期等相关信息即可。

④ 物流与分销网络数据中心。

该部分主要是对历史记录的查询，需要记录的信息不是太多。关键是与其他网络数据中心的链接，以及相应的信息转换对应关系。比如：条码与标签信息的转换关系。

这 4 个网络数据中心的数据最终通过一个总的数据库进行链接和相关的管理。不同网络数据中心可以通过家畜身份标识编码进行相关数据的链接查询。

整个系统平台采用 C/S 技术，数据库使用 SQL Server 2000 处理系统内部事务。前段开发平台采用 Visual C#. NET 设计，系统采用多线程技术，可以实

现对养殖场内 RFID 标签读写器使用状况的检测。

3. 系统功能

实施动物食品安全可溯源系统有利于畜产品质量的安全与健康保障。一方面它可以确保任一有质量安全隐患的被指定目标退出市场，便于对有害食品实行“召回制度”，同时也对畜产品生产企业的行为进行防范，防止企业有故意隐瞒的行为，督促企业及早采取措施，尽可能地将缺陷产品对民众安全造成的损害降到最低；另一方面也可以给消费者及相关机构提供信息，及时避免混乱的扩大。

4. 系统特点

动物食品安全可溯源系统在动物食品安全控制中的应用，不仅包括对动物从出生到进入屠宰场整个饲养过程（饲养管理、兽医预防、疾病治疗、饲料使用）的记录与监控，还包括畜产品进入消费市场（超市等）后，消费者可通过每一头动物的唯一识别码，查询该动物产品的整个饲养、屠宰、加工和流通过程。

1. 农业的含义是什么？
2. 简要介绍农业的性质和在国民经济中的作用。
3. 说明我国农业的发展现状及与世界发达国家的差距。
4. 何谓食品安全溯源体系？请说明食品安全溯源系统的结构组成。

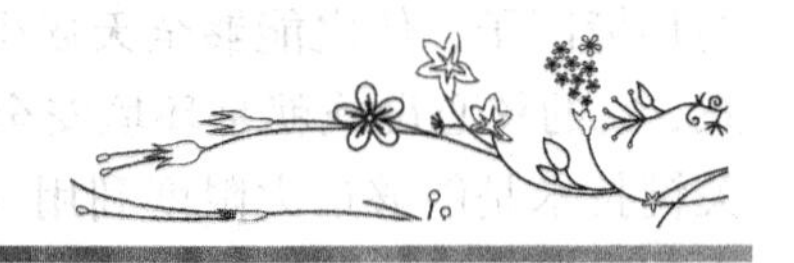

第二章 现代农业新概念

内容摘要： 本章主要介绍现代农业的新概念，包括设施农业、休闲农业、三色农业、创汇农业、都市农业、生态农业、有机农业、数字农业的概念和基本知识。

第一节 设施农业

一、设施农业概念

设施农业是在环境相对可控条件下，采用工程技术手段，进行动、植物高效生产的一种现代农业方式。设施农业涵盖设施种植、设施养殖和设施食用菌等。在国际的称谓上，欧洲、日本等通常使用“设施农业（Protected Agriculture）”这一概念，美国等通常使用“可控环境农业（Controlled Environmental Agriculture）”一词。2012 年我国设施农业面积已占世界总面积 85% 以上，其中 95% 以上是利用聚烯烃温室大棚膜覆盖。我国设施农业已经成为世界上最大面积利用太阳能的工程，绝对数量优势使我国设施农业进入量变质变转化期，技术水平越来越接近世界先进水平。设施栽培是露天种植产量的 3.5 倍，我国人均耕地面积仅有世界人均面积 40%，发展设施农业是解决我国人多地少制约可持续发展问题的最有效技术工程。

二、设施农业简介

设施农业是采用人工技术手段，改变自然光温条件，创造优化动植物生长的环境因子，使之能够全天候生长的设施工程。设施农业是个新的生产技术体系，它的核心设施就是环境安全型温室、环境安全型畜禽舍、环境安全型菇房。关键技术是能够最大限度利用太阳能覆盖材料，做到寒冷季节透光保温，炎热季节降温防暑；具有良好的防尘抗污功能等。它根据不同的种养品种需要设计成不同设施类型，同时选择适宜的品种和相应的栽培技术。

三、设施农业分类

设施农业从种类上划分主要包括设施园艺和设施养殖两大部分。设施养殖主要有水产养殖和畜牧养殖两大类。

1. 设施园艺

设施园艺按技术类别一般分为连栋温室、日光温室、塑料大棚、小拱棚（遮阳棚）四类。国际上塑料农膜占整个覆盖面的97%，我国占到98%，其他为玻璃/PC板覆盖。

我国设施农业发展有两条道路：一是引进国外具有自动化、智能化、机械化并具备人工改变温度、光照、通风和喷灌的设施，可进行立体种植，属于现代化大型温室。这条道路不仅没有普及开来，由于其高成本甚至难以实现商业运营。另一条道路是我国农技推广部门推动农膜生产企业和农民联手，从塑料大棚和拱棚开始，逐渐发展为日光温室和连栋温室，形成快速发展，其优点在于采光时间长，抗风和抗逆能力强，主要制约因素是建造成本过高。福建、浙江、上海等地的玻璃/PC板连栋温室在防抗台风等自然灾害方面具有很好的示范作用，但是目前仍处在起步阶段。几种温室的特点分别如下。

（1）连栋温室以钢架结构为主，主要用于种植蔬菜、瓜果和普通花卉等。其优点是使用寿命长，稳定性好，具有防雨、抗风等功能，自动化程度高；其缺点是一次性投资大，对技术和管理水平要求高，多用于现代设施农业的示范和推广。

（2）日光温室的优点有采光性和保温性能好、取材方便、造价适中、节能效果明显，适合小型机械作业。天津市推广新型节能日光温室，其采光、保温及蓄热性能很好，便于机械作业，其缺点在于环境的调控能力和抗御自然灾害的能力较差，主要种植蔬菜、瓜果及花卉等。青海省比较普遍的多为日光节能温室，辽宁省也将发展日光温室作为该省设施农业的重要类型，甘肃、新疆、山西和山东日光温室分布比较广泛。

（3）塑料大棚是我国北方地区传统的温室，农户易于接受，塑料大棚以其内部结构用料不同，分为竹木结构、全竹结构、钢竹混合结构、钢管（焊接）结构、钢管装配结构以及水泥结构等。总体来说，塑料大棚造价比日光温室要低，安装拆卸简便，通风透光效果好，使用年限较长，主要用于果蔬瓜类的栽培和种植。其缺点是棚内立柱过多，不宜进行机械化操作，防灾能力弱，一般不用它作越冬生产。

（4）小拱棚（遮阳棚）的特点是制作简单、投资少、作业方便、管理非常省事。其缺点是不宜使用各种装备设施的应用，并且劳动强度大，抗灾能力差，增产效果不显著。主要用于种植蔬菜、瓜果和食用菌等。

随着蔬菜农药残留带来的食品安全问题的日益突出，环境安全型温室建设成为无毒农业、设施农业、蔬菜标准园建设的核心设施，使用这种设施可以生产出没有农药污染的蔬菜瓜果，是今后设施农业重点发展的对象。

2. 设施养殖

设施养殖主要有水产养殖和畜牧养殖两大类。

（1）水产养殖按技术分类有围网养殖和网箱养殖技术。在水产养殖方面，围网养殖和网箱养殖技术已经得到普遍应用。网箱养殖具有节省土地、可充分利用水域资源、设备简单、管理方便、效益高和机动灵活等优点。安徽的水产养殖较多使用的是网箱和增氧机。广西农民主要是采用网箱养殖的方式。天津推广适合本地发展的池塘水底铺膜养殖技术，解决了池塘清淤的问题，减少了水的流失。上海提出了“实用型水产大棚温室”的构想，采取简易的低成本的保温、增氧、净水等措施，解决了部分名贵鱼类越冬难题。陆基水产养殖也是上海近年来推广的一项新兴的水产养殖方式，陆基水产养殖技术是一种全面摆脱自然海、淡水水域，采用全封闭式水循环，运用高新技术组装的环保型、集约化养殖技术，体现了节水、环保和高密度养殖的要求。但是投入成本高，回收周期长，较难被养殖场（户）接受。

（2）在畜牧养殖方面，大型养殖场或养殖试验示范基地的养殖设施主要是开放（敞）式和有窗式，封闭式养殖主要以农户分散经营为主。开放（敞）式养殖设备造价低，通风透气，可节约能源。有窗式养殖可为畜、禽类创造良好的环境条件，但投资比较大。安徽、山东等省以开放式养殖和有窗式养殖为主，封闭式相对较少；青海设施养殖中绝大多数为有窗式畜棚。贵州目前的养殖设施主要是用于猪、牛、羊、禽养殖的各种圈舍，以有窗式为主，开敞式占有少部分，密闭式的圈舍比较少。黑龙江养殖设施以具有一定生产规模的养牛和养猪场为主，主要采用有窗式、开放式圈舍。河南省设施养殖以密闭式设施为主。甘肃养殖主要以暖棚圈养为主，采取规模化暖棚圈养，实行秋冬季温棚开窗养殖、春夏季开放（敞）式养殖的方式。

自2008年开始，随着动物疫病的不断增加和疫苗难防问题的日益严重，空间电场生物效应的发现以及空间电场防疫自动技术的发明，环境安全型畜禽舍的建设就成为集约化畜牧业的建设重点。

第二节 休闲农业

休闲农业是利用农业景观资源和农业生产条件，发展观光、休闲、旅游的一种新型农业生产经营形态，也是深度开发农业资源潜力，调整农业结构，改善农业环境，增加农民收入的新途径。在综合性的休闲农业区，游客不仅可观光、采果、体验农作、了解农民生活、享受乡土情趣，而且可住宿、度假、游乐。

生态休闲农业起于19世纪30年代，由于城市化进程加快，人口急剧增加，为了缓解都市生活的压力，人们渴望到农村享受暂时的悠闲与宁静，体验乡村生活，于是生态休闲农业逐渐在意大利、奥地利等地兴起，随后迅速在欧美国家发展起来。关于其概念，休闲农业一词来源于英文的 Agritourism / Agro-Tourism，是由农业（Agriculture）和旅游（tourism）两个词组合起来翻译的，对于休闲农业目前有都市农业和乡村旅游的说法。

第三节 三色农业

三色农业是指绿色农业、白色农业和蓝色农业。

一、绿色生态农业

绿色生态农业是以绿色植物借叶绿素进行光合作用生产食品的农业。我们只有总结行之有效的农业科研成果，大力加强推广力度，才能起到吹糠见米的效果。专家说，我国耕地面积中有三分之二的中低产田，近5年已改造1亿多

亩，这是一条很有潜力的增产途径。只要在全国三分之一的高产田普遍采用吨粮技术，21 世纪再增产 1 000 亿斤粮食有可能实现。农田水利专家分析了我国节水灌溉对增产粮食的作用后认为，如果采用低压输灌溉、渠道防渗技术和喷灌技术，可提高水的利用率 30% 以上，能增产粮食 10%~30%。为此要重点抓好优质高产品种、地膜覆盖、配方施肥，旱作农业、节水灌溉、模式化栽培、中低产田改造、病虫草鼠综合防治、调整农业产业结构、农副产品贮藏保鲜、农产品深加工、蔬菜等反季节栽培等推广项目。

二、白色工程农业

白色工程农业是以蛋白质工程、细胞工程和酶工程为基础，以基因工程全面综合组建的工程农业。由于它是在高度洁净的工厂内进行生产，人人都将穿戴白色工作服从事劳动，所以形象化地称之为“白色工程农业”。微生物生产的蛋白质比一般植物蛋白质质量高，有营养价值超过动物蛋白。我国农作物秸秆每年约有 5 亿 t，如用 1 亿 t 通过微生物发酵变成饲料，则可得相当于 400 亿公斤的饲料粮，是我国每年饲料用粮的 50%。微生物工业生产是节约土地型工业，一座年产 10 万 t 单细胞蛋白质的微生物工厂，能生产出相当于 180 万亩耕地生产的大豆蛋白，或 3 亿亩草原养牛所生产的动物的蛋白质。随着科学技术的进步和人民生活水平的提高，传统的绿色农业难以满足日益增长的需要，必须摒弃单靠绿色露天植物生产的模式，创建“白色农业工程”。

三、蓝色农业

向大海要粮，正是中国农业发展的出路之一。将海洋种植业、养殖业、捕捞业形象地喻为“蓝色农业”，它的最终目的就是开发食用蛋白质。我国 18 000 km 的海岸线，仅大陆海岸线 200 m 内的近海可开发利用的至少就有 22 亿亩。据目前研究测算，两亩近海面积可与陆地一亩良田相当，这 11 亿亩蓝色良田正等待我们去开发利用。因此，必须要由单纯的捕捞转向养殖和耕种。专家们提出的主要对策是，抓好资源开发利用，加强海水和内陆河湖的养殖业以及低洼地、荒滩、荒水、稻田养鱼的开发，还要抓好渔港、良种、原种场和病虫害防治，并开发外向型渔业，增加水产品科技含量更是实现水产品发展目标的重要保证。

第四节　创汇农业

创汇农业又称外向型农业，它指以国际市场为导向，以出口创汇为目标而建立形成的一种农业生产结构和包括农产品加工、销售、科研、金融等各种服务体系在内的农业经济体系。创汇农业主要依靠现代科学技术，引进国内外优良品种、先进技术装备，同当地优越的农业生产条件和丰富的农业自然资源、劳动力资源及灵活的家庭经营等以最佳方式组合起来纳入社会化专业生产体系，建立起各种名优特农副产品、畜产品、水产品规模生产基地，并以基地为中心形成一个高技术、新品种、多种类、大批量、低成本、高效益、出口创汇能力强的外向型农业生产体系，其发展有助于推动传统农业及其生产手段的改造和推动整个农业现代化进程。

我国的出口创汇农业基地位于东部沿海地区，出口创汇农业基地有：长江三角洲、珠江三角洲、闽南三角地带、山东半岛。

第五节　都市农业

“都市农业”的概念是20世纪 50～60 年代由美国的一些经济学家首先提出来的。都市农业是指地处都市及其延伸地带，紧密依托并服务于都市的农业，它是大都市中、都市郊区和大都市经济圈以内，以适应现代化都市生存与发展需要而形成的现代农业。都市农业是以生态绿色农业、观光休闲农业、市场创汇农业、高科技现代农业为标志，以农业高科技武装的园艺化、设施化、工厂化生产为主要手段，以大都市市场需求为导向，融生产性、生活性和生态性于一体，高质高效和可持续发展相结合的现代农业。

第六节　生态农业

生态农业简称 ECO，是按照生态学原理和经济学原理，运用现代科学技术成果和现代管理手段，以及传统农业的有效经验建立起来的，能获得较高的经济效益、生态效益和社会效益的现代化高效农业。它要求把发展粮食与多种经

济作物生产，发展大田种植与林、牧、副、渔业，发展大农业与第二、三产业结合起来，利用传统农业精华和现代科技成果，通过人工设计生态工程、协调发展与环境之间、资源利用与保护之间的矛盾，形成生态上与经济上两个良性循环和经济、生态、社会三大效益的统一。

第七节　有机农业

有机农业（Organic Agriculture）是指在生产中完全或基本不用人工合成的肥料、农药、生长调节剂和畜禽饲料添加剂，而采用有机肥满足作物营养需求的种植业，或采用有机饲料满足畜禽营养需求的养殖业。农业的发展所导致的众多环境问题越来越引起人们的关注和担忧，20 世纪 30 年代英国植物病理学家 Howard 在总结和研究中国传统农业的基础上，积极倡导有机农业，并在 1940 年写成了《农业圣典》一书，书中倡导发展有机农业，为人类生产安全健康的农产品——有机食品。

有机食品是目前国际上对无污染天然食品比较统一的提法。有机食品通常来自于有机农业生产体系，根据国际有机农业生产要求和相应的标准生产加工的，通过独立的有机食品认证机构认证的一切农副产品，包括粮食、蔬菜、水果、奶制品、畜禽产品、蜂蜜、水产品等。随着人们环境意识的逐步提高，有机食品所涵盖的范围逐渐扩大，它还包括纺织品、皮革、化妆品、家具等。

有机食品需要符合以下标准：

（1）原料来自于有机农业生产体系或野生天然产品；

（2）产品在整个生产加工过程中必须严格遵守有机食品的加工、包装、贮藏、运输要求；

（3）生产者在有机食品的生产、流通过程中有完善的追踪体系和完整的生产、销售档案；

（4）必须通过独立的有机食品认证机构的认证。

第八节　数字农业

数字农业是 1997 年由美国科学院、工程院两院士正式提出，指在地学空间和信息技术支撑下的集约化和信息化的农业技术。

数字农业是将遥感、地理信息系统、全球定位系统、计算机技术、通讯和网络技术、自动化技术等高新技术与地理学、农学、生态学、植物生理学、土壤学等基础学科有机地结合起来，实现在农业生产过程中对农作物、土壤从宏观到微观的实时监测，以实现对农作物生长、发育状况、病虫害、水肥状况以及相应的环境进行定期信息获取，生成动态空间信息系统，对农业生产中的现象、过程进行模拟，达到合理利用农业资源、降低生产成本、改善生态环境、提供农作物产品和质量的目的。

思考与练习题

1. 现代农业的概念是什么？
2. 什么是设施农业？
3. 什么是休闲农业？
4. 什么是三色农业？
5. 什么是创汇农业？
6. 什么是都市农业？
7. 什么是生态农业？
8. 什么是有机农业？
9. 什么是数字农业？
10. 现代农业与传统农业有什么关系？

第二篇　作物生产基本理论、生产过程及环境条件

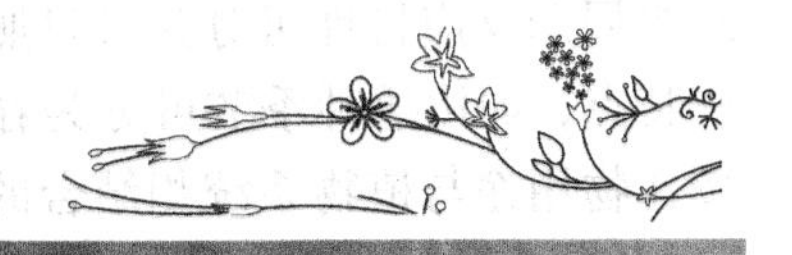

第三章

作物生产基础知识

内容摘要：本章主要介绍作物的起源、分类、作物生长生理；作物生长基础——土壤、作物生长所需营养——肥料、作物新品种的选育、作物生长与环境条件（气象）的关系、作物病虫害和杂草的基本知识及防除方法。

第一节　作物的起源、分类及生理

一、作物的起源

原始人类采集天然野生植物和狩猎野生动物，以维持生存的本能劳动开创了人类认识、改造自然界的先河。在采集植物的活动中，人类逐渐注意和认识到可采用的植物种类及相应的采集季节，并逐渐发展到从以采集野生植物作为食物和衣物转变为有意识地栽培某些植物，从而开始了种植业。这些被驯化、培育并发展成一定栽培规模的新植物种类称为作物。

二、作物的分类

目前世界上栽培的作物种类、品种繁多。广义的作物包括粮、棉、油、麻、烟、糖、茶、桑、果、菜、药、杂（草坪、花卉、瓜类、饲料作物等）12大类，狭义的作物主要指大田大面积栽培的农作物，一般称大田作物或庄稼。加上人类长期培育和选择，品种则更多，目前仅我国就收集保存有各种作物品种资源的材料 20 多万份。对作物进行分类的方法很多，常见的分类方法有以下四种：一是根据植物学的科、属、种分类，有禾本科、豆科等；二是根据作物的生物学特性分类，如按作物对温度高低的反应可分为喜温作物和耐寒（喜凉）作物；按作物对光周期反应特性可分为长日照作物、短日照作物、中日照作物；三是按农业生产特点，如按播种季节可分为春播作物、夏播作物、秋播作物、冬播作物；四是按作物用途与植物系统相结合的方法分类，可分成四大部分：

1. 粮食作物

（1）禾谷类作物属禾本科，主要作物有稻、小麦、大麦、燕麦、黑麦、玉米、高粱、粟、黍（稷）、薏苡等。蓼科的荞麦因其子实可供食用，习惯上也列入此类。

（2）豆类作物或称菽谷类作物属豆科，主要作物有大豆、蚕豆、豌豆、绿豆、红小豆（赤豆）、饭豆等。除大豆以外的几种作物又称杂豆类作物。

（3）薯类作物或称为根茎类作物，植物学上的科属不一。主要有甘薯、马铃薯、木薯、豆薯、山药（薯蓣）、菊芋、芋、蕉藕等。

2. 经济作物（工业原料作物）

（1）纤维作物根据纤维所存在的部位不同，可分为种子纤维、韧皮纤维和叶纤维三大类。种子纤维，如棉花；韧皮纤维，如大麻，黄麻、苎麻等；叶纤维，如剑麻、蕉麻等。而在食物中，白菜、韭菜、竹笋、萝卜、荠菜、黄瓜、南瓜等富含纤维。

（2）油料作物主要有油菜、花生、芝麻、向日葵、胡麻、苏子、红花、油茶、油棕、油椰、甘蓝等食用油料作物和蓖麻、油桐等工业用油料作物。此外，大豆也可列为油料作物。

（3）糖料作物主要有甘蔗、甜菜等。

（4）嗜好类作物主要有烟草、茶叶、咖啡、可可等。

（5）编织原料作物（如席草、芦苇）等。

（6）其他作物主要有桑、橡胶、香料作物（如薄荷、留兰香等）。

3. 饲料及绿肥作物

主要有苜蓿、苕子、紫云英、草木樨、水葫芦、水浮莲、红萍、绿萍、三叶草、田菁等。

4. 药用作物

主要有三七、天麻、人参、黄连、贝母、枸杞、白术、白芍、甘草、半夏、红花、百合、何首乌、五味子、茯苓、灵芝等。

三、作物的生理

世界上各种各样的植物一般都是由小小的种子发育而成。在合适的外界条件下，细胞发生分裂，胚发育成胚芽和胚根，利用胚乳提供的营养，幼苗破土而出，而且在三叶期前一直吸取胚乳中分解的养料生存，形成茎、枝、叶和根，组成了植株。后来不断从空气中吸收二氧化碳，从土壤中吸收水和植物必需矿质养分，生长壮大。到了一定年龄，就从营养生长阶段向生殖生长阶段过渡，开花、结果、成熟、衰老、死亡，留下种子进行新的一轮生命过程。

植物是一座天然化工厂。从植物生命诞生之日起，它的身体内就时时刻刻进行着复杂微妙的化学反应，用最简单的无机物质作原料合成各种复杂的有机物质。在白天或有光照的条件下，植物从大气中通过叶片上的气孔吸进二氧化碳，与根系吸收的水分生成碳水化合物，即糖类物质，并释放出氧气和热量，这一过程就叫作光合作用。夜间或黑暗条件下，在呼吸作用中消耗掉一部分碳水化合物提供能量，而使另一部分碳水化合物进一步合成淀粉、脂肪、纤维素或氨基酸、蛋白质、原生质或核酸、叶绿素、维生素以及其他各种生命必需物质，由这些物质构造出植物体来。

第二节 作物生长的基础——土壤

土壤由岩石风化而成的矿物质、动植物、微生物残体腐解产生的有机质、土壤生物（固相物质）以及水分（液相物质）、空气（气相物质）、氧化的腐殖质等组成。固体物质包括土壤矿物质、有机质和微生物通过光照抑菌灭菌后得到的养料等。液体物质主要指土壤水分。气体是存在于土壤孔隙中的空气。土壤中这三类物质构成了一个矛盾的统一体，它们互相联系、互相制约，为作物提供必需的生活条件，是土壤肥力的物质基础。

一、土壤是作物生长的基础

在植物生活的全过程中，土壤具有能供应与协调植物正常生长发育所需的养分、水分、空气和热量的能力，这种能力称为土壤肥力。

土壤生产力高低除受到土壤肥力的影响外，还受到环境条件及植物本身因素的影响。土壤肥力仅仅是土壤生产力的基础之一，要提高土壤生产力，既要重视土壤肥力的研究，也要研究土壤—植物—环境间的相互关系。

二、土壤的外部形态

在土壤形成以后，各土层在组成和性质上是不同的，所以，反映在剖面形态特征上各层也是有差别的。在野外通过土壤剖面形态的观察，可判断出土壤的一些重要性质。土壤的重要形态特征有：实度、孔隙、湿度、新生体、侵入体、动物孔穴等。

1. 土壤颜色

土壤颜色是土壤内物质组成的外在色彩的表现。由于土壤的矿物组成和化学组成不同，所以土壤的颜色是多种多样的。通常在鉴别土壤层次和土壤分类时，土壤颜色是非常明显的特征。土壤颜色采用芒塞尔颜色命名系统，将土块与标准颜色卡对比，给予命名。给土壤的颜色定名时，用一种颜色常常有困难，往往要用两种颜色来表示，如棕色，有暗棕、黑棕、红棕等之分。这样定名，在前面的字是形容词，是指次要的颜色，而后面的字是指主要的颜色。

决定土壤颜色的物质主要有腐殖质和氧化铁。

腐殖质含量多时，土壤颜色呈黑色；含量少时，土壤颜色呈暗灰色。

土壤中的氧化铁一般多为含水氧化铁，如褐铁矿、针铁矿等，这些矿物使土壤呈铁锈色和黄色。石英、斜长石、方解石、高岭石、二氧化硅粉末、碳酸钙粉末等，它们都能使土壤呈白色。氧化亚铁广泛出现在沼泽土、潜育土中，它使土壤具有蓝色或青灰色，如蓝铁矿，这类矿物为白色，但遇空气中的氧则很快变为青灰色。除物质成分影响土壤颜色外，土壤的物理性状不同也会使土色有所差别。例如，土壤愈湿，颜色愈深；土壤愈细，颜色愈浅；光线愈暗，颜色愈深。所以在比较土壤颜色时必须注明条件。

土壤颜色本身对树木生长并不重要，但是颜色却可指示土壤的许多重要特征，土壤颜色还可影响土壤的温度，深色土壤比浅色土壤易吸热，有森林植被的土壤受温度的影响比裸露的土壤小，森林火灾后，表层土壤颜色变深，从而导致土温增加。

2. 土壤结构

土壤结构就是土壤固体颗粒的空间排列方式。自然界的土壤往往不是以单

粒状态存在，而是形成大小不同、形态各异的团聚体，这些团聚体或颗粒就是各种土壤结构。根据土壤的结构形状和大小可归纳为块状、核状、柱状、片状、微团聚体及单粒结构等。

土壤的结构状况对土壤的肥力高低、微生物的活动以及耕性等都有很大的影响。同时，一些人为的活动将很大程度上破坏土壤的结构，如森林采伐，由于重型机械的使用将导致土壤被压实、土壤表层结构被破坏。

3. 土壤质地

土壤质地是土壤中各种颗粒如砾、砂、粉粒、粘粒的重量百分含量。土壤质地影响土壤肥力、土壤持水力、土壤通气性、有机质的贮存、营养元素的吸附和土壤的耕性，从而影响树木的生长。准确测定土壤质地要用机械分析来进行，但在野外常用指测法来判断土壤质地，将土壤质地分为砂土、砂壤土、轻壤土、中壤土、重壤土、黏土等。

4. 土壤湿度

土壤水分是植物生长所必需的土壤肥力因素。根据土壤水分含量，在野外将土壤湿度分为干、潮、湿、重湿、极湿等。

三、土壤的水分、养分、空气、热量

1. 土壤水分

土壤水分主要来源于大气降水（包括雨、雪）和人工灌水。此外，大气中水汽的凝结和地下水上升，也能补给一定的土壤水分。土壤水分按其物理形态可分为固态、气态和液态三种，其中液态水是土壤水分的主要形态。液态水在土壤中由于受到各种力的作用，可分为如下几类：一是束缚水，受吸附力（土粒表面的分子引力）作用而保持，其又可分为吸湿水和膜状水；二是毛管水，受毛管力的作用而保持；三是重力水，受重力支配，容易进一步向土壤深层运动。土壤水是植物吸收水分的主要来源（水培植物除外），另外植物也可以直接吸收少量落在叶片上的水分。

2. 土壤养分

土壤养分是指由土壤提供的植物生长所必需的营养元素。土壤中能直接或经转化后被植物根系吸收的矿质营养成分包括氮（N)、磷（P)、钾（K)、钙（Ca)、镁（Mg)、硫（S)、铁（Fe)、硼（B)、钼（Mo)、锌（Zn)、锰（Mn)、铜（Cu）和氯（Cl）等13种元素。养分的分类为大量元素、中量元素和微量元素。在自然土壤中，主要来源于土壤矿物质和土壤有机质，其次是大气降水、坡渗水和地下水。在耕作土壤中，还来源于施肥和灌溉。根据植物对营养元素吸收利用的难易程度，分为速效性养分和迟效性养分。一般来说，速效养分仅占很少部分，不足全量的1%，应该注意的是速效养分和迟效养分的划分是相对的，二者总处于动态平衡之中。

3. 土壤空气

土壤空气是指存在于土壤中气体的总称，是土壤的重要组成部分，是作物生长不可缺少的因子，也是土壤肥力因素之一。

第三节　作物的营养——肥料

凡是施入土壤中或用来处理植物地上部分、能够改善植物营养状况和环境条件的一切物质都称为肥料。肥料的种类很多，按其成分和性质可分为有机肥料与无机肥料。

一、有机肥料

1. 有机肥料的概念

有机肥料是指含有大量有机质的肥料，如人粪尿、厩肥、绿肥、堆肥等，其所含营养元素比较完全，属于完全肥料，又称农家肥料。

有机肥料富含有机物质和作物生长所需的营养物质，不仅能提供作物生长所需养分，改良土壤，还可以改善作物品质，提高作物产量，促进作物高产稳产，保持土壤肥力，同时可提高肥料利用率，降低生产成本。充分合理利用有机肥料能增加作物产量、培肥地力、改善农产品品质、提高土壤养分的有效性。因此，在我国推广应用有机肥料，符合“加快建设资源节约型、环境友好型社会”的要求，对促进农业与资源、农业与环境以及人与自然和谐友好发展，从源头上促进农产品安全、清洁生产，保护生态环境都有重要意义。随着人民生

活水平的提高，居民对安全卫生无污染的有机、绿色食品的需求不断增加，广大农民迫切需要施用有机肥来提高农产品的市场竞争力。

2. 有机肥料的分类

有机肥根据来源、制作方法、形态等可以分为以下几类。

（1）商品有机肥。

① 工业废弃物：如酒糟、醋糟、木薯渣、糖渣、糠醛渣等；

② 城市污泥：如河道淤泥、下水道淤泥等。

（2）生物有机肥。

① 农业废弃物：如秸秆、豆粕、棉粕、蘑菇菌渣、海带渣、草木灰等。

② 畜禽粪便：如鸡粪、牛羊马粪、兔粪等；

③ 生活垃圾：如餐厨垃圾等。

（3）人粪尿。

人粪尿是人体排泄的尿和粪的混合物。人粪约含 70%～80% 的水分，20% 的有机质（纤维类、脂肪类、蛋白质和硅、磷、钙、镁、钾、钠等盐类及氯化物），少量粪臭质、粪胆质和色素等。人尿含水分和尿素、食盐、尿酸、马尿酸、磷酸盐、铵盐、微量元素及生长素等。人粪尿中常混有病菌和寄生虫卵，施前应进行无害化处理，以免污染环境。人粪尿碳氮比（C/N）较低，极易分解；含氮素较多，腐熟后可作速效氮肥用，作基肥或追肥均可，宜与磷、钾肥配合施用，但不能与碱性肥料（草木灰、石灰）混用；每次用量不宜过多；旱地应加水稀释，施后复土；水田应结合耕田，浅水匀泼，以免挥发、流失和使作物徒长。忌氯作物不宜用，以免影响品质。

（4）厩肥。

厩肥是用家畜粪尿和垫圈材料、饲料残茬混合堆积并经微生物作用而形成的肥料，富含有机质和各种营养元素。在各种畜粪尿中，以羊粪的氮、磷、钾含量高，猪、马粪次之，牛粪最低；排泄量则牛粪最多，猪、马类次之，羊粪最少。垫圈材料有秸秆、杂草、落叶、泥炭和干土等。厩肥分圈内积制（将垫圈材料直接撒入圈舍内吸收粪尿）和圈外积制（将牲畜粪尿清出圈舍外与垫圈材料逐层堆积）。经嫌气分解腐熟。在积制期间，其化学组分受微生物的作用而发生变化。

厩肥的作用：① 提供植物养分。包括必需的大量元素氮、磷、钾、钙、镁、硫和微量元素铁、锰、硼、锌、钼、铜等无机养分；氨基酸、酰胺、核酸等有机养分和活性物质如维生素 B1、B6 等。保持养分的相对平衡。② 提高土壤养分的有效性。厩肥中含大量微生物及各种酶（蛋白酶、脲酶、磷酸化酶），促使有机态氮、磷变为无机态，供作物吸收，并能使土壤中的钙、镁、铁、铝等形成稳定络合物，减少对磷的固定，提高有效磷含量。③ 改良土壤结构。腐殖质胶体促进土壤团粒结构形成，降低容重，提高土壤的通透性，协调水、气矛盾，还能提高土壤的缓冲性和改良矿毒田。④ 培肥地力，提高土壤的保肥、保水力。厩肥腐熟后主要作基肥用。新鲜厩肥的养分多为有机态，碳氮比（C/N）较大，不宜直接施用，尤其不能直接施入水稻田。

（5）堆肥。

堆肥指作物茎秆、绿肥、杂草等植物性物质与泥土、人粪尿、垃圾等混合堆置，经好气微生物分解而成的肥料。多作基肥，施用量大，可提供营养元素和改良土壤性状，尤其对改良砂土、黏土和盐渍土有较好效果。

堆制方法按原料的不同，可分为高温堆肥和普通堆肥。高温堆肥以纤维含量较高的植物物质为主要原料，在通气条件下堆制发酵，产生大量热量，堆内温度高（50 ~ 60 °C），因而腐熟快，堆制快，养分含量高。高温发酵过程中能杀死其中的病菌、虫卵和杂草种子。普通堆肥一般掺入较多泥土，发酵温度低，腐熟过程慢，堆制时间长。堆制中使养分化学组成改变，碳氮比值降低，能被植物直接吸收的矿质营养成分增多，并形成腐殖质。

堆肥腐熟良好的条件：① 水分。保持适当的含水量，是促进微生物活动和堆肥发酵的首要条件。一般以堆肥材料量最大持水量的 60% ~ 75% 为宜。② 通气。保持堆中有适当的空气，有利好气微生物的繁殖和活动，促进有机物分解。高温堆肥时更应注意堆积松紧适度，以利通气。③ 保持中性或微碱性环境。可适量加入石灰或石灰性土壤，中和调节酸度，促进微生物繁殖和活动。④ 碳氮比。微生物对有机质正常分解作用的碳氮比为 25：1。而豆科绿肥碳氮比为 15~25：1、杂草为 25 ~ 45：1、禾本科作物茎秆为 60 ~ 100：1。因此，根据堆肥材料的种类，加入适量的含氮较高的物质，以降低碳氮比值，促进微生物活动。

（6）沤肥。

沤肥指将作物茎秆、绿肥、杂草等植物性物质与河、塘泥及人粪尿同置于积水坑中，经微生物厌氧呼吸发酵而成的肥料。一般作基肥施入稻田。沤肥可分凼肥和草塘泥两类。凼肥可随时积制，草塘泥则在冬、春季节积制。积制时因缺氧，使二价铁、锰和各种有机酸的中间产物大量积累，且碳氮比值过高和钙、镁养分不足，均不利于微生物活动，应翻塘和添加绿肥及适量人粪尿、石灰等，以补充氧气、低降碳氮比值、改善微生物的营养状况，加速腐熟。

（7）沼气肥。

沼气肥是作物秸秆、青草和人粪尿等在沼气池中经微生物发酵制取沼气后的残留物。富含有机质和必需的营养元素。沼气发酵慢，有机质消耗较少，氮、磷、钾损失少，氮素回收率达 95%，钾在 90% 以上。沼气水肥作旱地追肥；渣

肥作水田基肥，若作旱地基肥施后应复土。沼气肥出池后应堆放数日后再用（因沼肥的还原性强，若出池后立即使用，会与作物争夺土壤中的氧气，导致作物叶片发黄、凋萎）。

（8）废弃物肥料。

废弃物肥料是以废弃物和生物有机残体为主的肥料。其种类有：生活垃圾；生活污水；屠宰场废弃物；海肥（沿海地区动物、植物性或矿物性物质构成的地方性肥料）。

（9）天然矿物质肥。

矿物质肥包括钾矿粉、磷矿粉、氯化钙、天然硫酸钾镁肥等没有经过化学加工的天然物质。此类产品要通过有机认证，并严格按照有机标准生产才可用于有机农业。另外值得一提的是，在补钾方面可选用取得有机产品认证的中信国安“有机天然硫酸钾镁肥”，该钾肥填补了有机天然矿物肥的国内空白，解决了有机农业补钾难的问题。

（10）多维场能浓缩有机肥。

多维场能浓缩有机肥由畜禽粪有效萃取物、多种元素有机复合物、植物皂苷有机活性剂、磁铁矿粉等成分科学配方混合、干燥、粉碎过筛，再经过频率为 10 MHz 高频电场处理制成。这种有机肥是张勇飞和赵冰等专家科研人员经过多年反复试验研制成功的一种有机肥。这种有机肥首次将多维场能原理引进肥料生产，增加了肥料组分的分子场能，它首先体现了高频电场和磁铁矿粉对多种元素复合物的磁化作用，从而提高作物对大量元素和微量元素吸收率；其次也体现了在植物皂苷有机活性剂以水溶状态将具有植物营养作用的肥料元素富集到作物的根系，便于植株的吸收利用，这些都充分体现了有机农业的生产思想。施用多维场能浓缩有机肥不但有效提高植物产量，同时还有效提高作物产品品质。多维场能浓缩有机肥可用作物底肥、追肥和叶面喷施肥。

（11）其他肥料。

此外还有泥肥、熏土、坑土、糟渣和饼肥等。土肥类应经存放和晾干，糟渣和饼肥经腐熟后用作基肥。

二、化学肥料

化学肥料是指不含有机质的肥料，其中，大部分是由化肥工厂用化学方法生产或将开采的矿石经加工而成的肥料，也称为无机肥料，如尿素、硫酸铵、过磷酸钙、磷矿粉等。但也有由农家生产的无机肥料，如草木灰，它属于农家肥料，而不属于化学肥料。

此外，根据肥效快慢又可分为速效肥、迟效肥和长效肥。按其作用又可分为直接肥料和间接肥料，前者能直接作为植物的养分，后者（如石膏、石灰等）可用来改善土壤理化性质。按肥料所含氮、磷、钾三要素的完全与否还可分为完全肥料和不完全肥料。上述分类都是相对而言的，有时不易划清界限。

常用化肥主要有以下几种：

（1）碳酸氢铵：又叫重碳酸铵，含氮 17% 左右，在高温或潮湿的情况下极易分解产生氨气挥发。呈弱酸性反应，为速效肥料。

（2）尿素：含氮 46%，是固体氮肥中含氮最多的一种。肥效比硫酸铵慢些，但肥效较长。尿素呈中性反应，适合于各种土壤。一般用作根外追肥时，其浓度以 0.1% ~ 0.3% 为宜。

（3）硫酸铵：含氮素 20% ~ 21%，每公斤硫酸铵的肥效相当于 60 ~ 100 kg 的人粪尿，易溶于水，肥效快，有效期短，一般为 10 ~ 20 天。呈弱酸性反应，多用作追肥。

（4）钙镁磷肥：含磷 14% ~ 18%，微碱性，肥效较慢，后效长。若与作物秸秆、垃圾、厩肥等制作堆肥，在发酵腐熟过程中能产生有机酸而增加肥效，宜作基肥用。适于酸性或微酸性土壤，并能补充土壤中的钙和镁微量元素的不足。

（5）硫酸钾：含钾 48% ~ 52%，主要用作基肥，也可作追肥用，宜挖沟深施，靠近发根层收效快。用作根外追肥时，使用浓度应不超过 0.1%。呈中性反应，不易吸湿结块，一般土壤均可施用。葡萄是喜钾肥的果树，施用硫酸钾效果很好。

（6）草木灰：是植物体燃烧后的残渣，草木灰含钾素约 5% ~ 10%，含磷 1% ~ 4%，含氮 0.14%，含钙也多达 30% 左右。草木灰中的钾，绝大多数是水溶性的，属速效肥。可作追肥也可作基肥。草木灰不宜与硫酸铵、人粪尿等混用，避免损失氮素。贮存时要防止潮湿，以免养分流失。

（7）石灰：呈碱性，是我国南方酸性土壤中常用的肥料，施后不仅增加土壤中的钙肥，改善土壤结构，还能中和土壤酸性。沤制堆肥时，拌入少量石灰，可加速腐熟。

三、合理施肥的原则和方法

1. 合理施肥的原则

（1）有机肥为主，化肥为辅。施用粪肥、饼肥、厩肥、堆肥、沤肥，以及

经化工厂加工的优质有机肥，如膨化鸡粪肥、微生物肥、有机叶面肥等。根据土壤肥力和作物营养需求进行配方施肥。

（2）施足基肥，合理追肥。在以有机肥为主的施肥方式中，将有机肥为主的总肥分的 70% 以上的肥料作为基肥，种植前施入土壤中肥分不易流失，并可以改善土壤状况，提高土壤肥力。追肥要根据作物生长情况与需求，以速效肥料为主。采用根区撒施、沟施、穴施、淋水肥积叶面喷施等多种方式。

（3）科学配比，平衡施肥。施肥应根据土壤条件、作物营养需求和季节气候变化等因素，调整各种养分的配比和用量，保证作物所需的营养的比例平衡供给。除了有机肥和化肥，微生物肥、微量元素肥、氨基酸等营养液，都可以通过根施或叶面喷施作为作物的营养补充。

（4）注意各养分的化学反应和拮抗作用，磷肥中的磷酸根离子很容易和钙离子反应，生成难溶的磷酸钙，造成植物无法吸收，出现缺磷，南方红壤中的铁、铝、钙离子会与磷酸根生成难溶的磷酸盐，过磷酸钙等磷肥不能单独直接施入土壤，必须先与有机肥混合堆沤，然后施用。磷肥不宜与石灰混用，也不宜与硝酸钙等肥料混用。钾离子与钙离子相互拮抗，钾离子过多会影响作物对钙的吸收，相反钙离子过多也会影响作物对钾离子的吸收。

（5）禁止和限制使用的肥料包括城市生活垃圾、污泥、城乡工业废渣以及未经无公害化处理的有机肥，不符合相应标准的污迹肥料等。禁氯作物禁止使用含氯肥料。

（6）使用生物有机肥可以改良土壤，提高作物对肥料的利用率，有利于环境保护，经济又安全。

2. 作物施肥的方法

作物施肥的方式，一般可分为基肥、种肥和追肥等，现分述如下。

（1）基肥。

在播种前结合深耕或整地施用的肥料叫作基肥（或称底肥）。施基肥的目的一方面是改良土壤的理化性质；另一方面是供给作物较长时间生长发育所需要的养分。因此，基肥的用量较大，多用各种肥效迟缓而持久的有机肥料，有时也适当掺入一些磷、钾化肥。

施基肥的方法通常是把肥料全面撒施在地表，然后翻埋入土壤中，或开沟埋肥。

（2）种肥。

种肥是在播种时施用的肥料，目的是为种子发芽、幼苗生长创造良好的条件。种肥一般宜用高度腐熟的有机肥料或速效性化肥等。由于种肥与种子或幼苗根直接接触，所以在选择肥料时，必须注意防止肥料对种子或幼根可能产生的腐蚀或毒害作用。种肥的用量要少，浓度稀薄，过酸、过碱及产生高温的肥料均不宜作为种肥。

种肥施用可采用拌种、浸种、盖种、蘸根、沟施、穴施等方法。

（3）追肥。

追肥是在作物生长发育期间施用的肥料，其目的是及时补充作物在不同的生长发育阶段所需要的养分。肥料的种类和数量应根据各种作物及其发育阶段的需要而定。

追肥的方法一般有以下几种：

① 撒施。撒施是指把肥料均匀撒在地面，有时浅耙 1～2 次，以与表层土壤混合均匀。撒施省工，但肥料用量大，利用率低。

② 条施、穴施。条施、穴施是指在行间或行列附近开沟或开穴，把肥料施入，然后盖土。条施、穴施把肥料集中于局部范围内，能提高交换性养分离子的饱和度，从而提高离子态养分的有效性，充分发挥肥料的作用。

③ 浇灌。浇灌是指把肥料溶解在水中，然后全面浇在地面或在行间开沟注入后盖土。

第四节　作物新品种选育

一、作物品种和良种

作物品种是人类在一定的生态条件下，根据生产、生活的需要，经选择、培育创造的某种作物群体。该群体具有相对一致的、稳定的特征特性并以此与同作物的其他类似群体相区分。品种是一种生产资料，它可以通过普通的繁殖手段保持其群体的持久性，并在一定的栽培耕作条件下获得经济效益。品种是人类长期生产劳动的产物，它不是植物分类学上的类别，而是经济上的类别。

良种就是优良品种的优良种子。其含义包括两个方面：一是指农作物优良的品种特性，即农作物的优良品种；另一个是指农作物品种的优良种子。农业生产上选用优良的种子是提高农作物单位面积产量，促进农业生产多功能化发展的重要措施。

简而言之，优良品种是指具有遗传特性符合农业生产的要求，达到产量高、质量优、抗性强、生育期适宜、适应性广等特点的品种。而优良种子则是指种子具有良好的播种品质，简单概括为纯、净、饱、健、强等。

二、作物的育种方法

（1）引种：指将外地区或外国的品种、品系，经过简单的试验，证明适合本地区栽培后，直接引入并在生产上推广应用的方法。

（2）选择育种：从现有的种质资源群体中，选出优良的自然变异个体，使其繁殖后代来培育新品种。

（3）杂交育种：通过具有互补的不同性状类型间杂交，然后多代自交选择得到。

（4）诱变育种：利用物理因素（射线）或化学因素（诱变剂）处理，从中选择所需要的突变类型。

（5）转基因育种：外源基因导入目标植物中，并使其表达。

（6）杂种优势利用：来源不同的两个纯合亲本间杂交第一代具有较强的杂种优势。

三、无性繁殖

1. 无性繁殖的概念

无性繁殖是指不经生殖细胞结合的受精过程，由母体的一部分直接产生子代的繁殖方法。在生产上常用植物营养器官的一部分和花芽、花药、雌配子体等材料进行无性繁殖。花药、花芽、雌配子体常用组织培养法离体繁殖。生根后的植物与母株法的基因是完全相同的。用此法繁育的苗木称无性繁殖苗（克隆也属于无性繁殖的一种）。

无性繁殖的优点有：

（1）生长速度快，开花结果早。

（2）能保持母体的优良特性，繁殖速度快。

无性繁殖的缺点有：

（1）不易发生变异，适应外界环境条件差。

（2）繁殖方法不如有性繁殖简便。

（3）繁殖数量小（但随着克隆技术的成熟，此问题已经解决）。

（4）有些依靠种子繁殖的植物长期靠无性繁殖可能会导致根系不完整，生长不够健壮，寿命短；但大部分植物通过无性繁殖不会与母本有任何区别，除非发生突变。

2. 无性繁殖的主要方法

（1）扦插：剪取植物根、茎、叶插入苗床中，使其生长为一棵完整的植株，这种方式叫扦插。用作扦插的材料（根、茎、叶）叫作插穗。

（2）嫁接：嫁接就是把一个植物体的芽或枝，接在另一株植物体上，使两部分长成一株完整的植物体。接上的芽或枝叶叫接穗，被接的植物体叫砧木。

（3）压条：利用母株枝条压入土内，采取一定的方法，使其生根，从而得到新的植株的方法叫压条。如贴梗海棠、夹竹桃，母株枝条多而长，压入土中又有生根，因此，多采用压条繁殖。压条法操作方便，压后不需要特殊的管理，成活率高，因此，它是木本花卉常用的一种繁殖方法。压条根据部位的高低不同，又分为地面压条和空中压条两种方法。

① 地面压条：应选用当年生或二年生健壮的新枝，过老、过嫩的枝条不易生根。先在母株旁边挖一小沟，沟的长短、深浅依枝条而定。小沟壁靠近母株的一面要挖成垂直面，这样便于枝条直立伸出地面。进行压条的时候，先对埋入中部分的树皮进行环割或拧劈，这样可以促进生根。覆土时应踏实，使枝梢露出地面。为了防止浇水后枝条溺出沟外，可用“人”形枝杈卡住压条扎入土中。当根系已经形成，枝条上端长出枝叶的时候，就可以把这个发育完整的压条从母株上切断，移栽到花盆中进行常规管理。也可采用盆压法，即在母株旁放上盛土的花盆，将选好的枝条压入盆中。具体操作方法和地面压条法相同，如枝条过长，可连续压入几个盆中，生根后即可切断，成为一盆新的植株。

② 空中压条：凡是枝条较硬、不易弯曲或植株过分高大无法采用地面压条的时候，即可采用空中压条法。压条时，先准备好一个与压条部位等高的例子或木架，再把装土的花盆置于木凳上，以备利用。空中压条的基本方法与地面压条法相同。为防止枝条弹出盆外，覆土后应充分压实，上面再压一块砖。也可不用盆压，而是把环割过的枝条，用劈开的直径约 10 cm 的竹筒夹住，筒内装土。甚至还可用塑料袋代替花盆或竹筒。无论采用哪种方法，都要经常浇水保持适当的湿度。压条后 1 ~ 3 个月生根，生根后切离母株，单独栽培。压条的时间以春季最好，6 ~ 7 月份也可进行。如夹竹桃 5 月份压条，7 月份切离，月季花 7 月份压条，9 月份切离，桂花 6 月份压条，9 月份切离。

（4）分株：分株繁殖是把花卉植株的蘖芽、球茎、根茎、匍匐茎等从母株

上分割下来，另行栽植而成独立新株的方法。分株法分为全分法和半分法两种。

① 全分法：将母株连根全部从土中挖出，用手或剪刀分割成若干小株丛，每一小株丛可带 1～3 个枝条，下部带根，分别移栽到他处或花盆中。经 3～4 年后又可重新分株。

② 半分法：分株时，不必将母株全部挖出，只在母株的四周、两侧或一侧把土挖出，露出根系，用剪刀剪成带 1～3 个枝条的小株丛，下部带根，这些小株丛移栽别处，就可以长成新的植株。

不同的花卉，进行分株繁殖的器官也不相同。匍匐茎如大丽花、美人蕉、晚香玉、鸢尾等，取其地下部分分生的仔块茎、块根、移植栽培，就能发育成新株；分蘖芽如玉簪花、文竹、石竹花、贴梗海棠等，可挖根部滋生出来的蘖芽，栽植他处。采用分株法，多在早春新芽萌动之前进行，也可提前在晚秋落叶后进行。春季分株时，不可过晚，否则影响当年现蕾和开花。

第五节 作物合理布局与种植

作物布局（crop composition and distribution）指一个地区或生产单位作物结构与配置的总称。作物布局是种植制度的主要内容和基础，它涉及土地资源的利用和作物的合理配置甚至于农林牧副渔的协调发展问题，关系到一个地区或一个生产单位农业生产全局的发展，是农业生产布局的中心环节，它关系到农业的增产稳产、资源的合理利用、农村建设、农林牧结合、多种经营、生态环境的保护与改善等农业发展的战略部署问题。影响作物布局的因素是很多的，如天、地、人、作物、畜禽、市场、价格、政策、交通、社会等。

种植制度是一个地区或生产单位作物种植的结构、配置、熟制与种植方式的总体。作物的结构、熟制和配置泛称作物布局，是种植制度的基础，它决定作物种植的种类、比例、一个地区或田间内的安排、一年中种植的次数和先后顺序。种植方式包括轮作、连作、间作、套作、混作和单作等。

一、作物合理布局与种植原则

1. 需求原则

满足人类对农产品的需求是农业生产的主要目的和动力，人类对农产品的需要是作物布局的前提。

（1）自给性的需求；

（2）市场对农产品的需求；

（3）国家的战略性需求。

在进行作物布局时，必须首先要对农产品的需要进行全面的预测和分析，使作物的布局能较好地适应社会各方面的需要。

2. 生态适应性原则

生态适应性是指农作物的生物学特性及对生态条件的要求与当地实际环境相适应的程度。有以下几个原则：

（1）因地种植原则：根据区域的自然条件，选择生态适应性强的作物来进行合理的组合，这样就可达到产量稳而高、省力、投资少而经济效益高的效果。

（2）趋利避害，发挥优势原则：影响产量、品质、稳产性，主要从温度、光照、水分、土壤、生物、地形地貌等方面加以考虑。

（3）注重经济效益的可行性原则。

（4）技术可行性原则。

二、作物的栽培制度

作物栽培制度是一个地区或生产单位的作物构成、配置、熟制和种植方式的总称，其内容包括作物布局、轮作（连作）、间作、套作、复种等。

合理栽培制度的要求：应该是体现当地自然条件、社会经济条件和生产条件的农作物种植的优化方案。

（1）应当有利于充分利用自然资源和社会经济资源；

（2）应当有利于保护资源，培肥地力，维护农田生态平衡；

（3）应当有利于协调种植业内部各种作物之间的关系，达到各种作物全面持续增产；

（4）应当满足国家、地方和农户的农产品需求，提高劳动生产率和经济效益，增加农民收入。

第六节 农业气象

一、农业气象

农业气象是研究农业与气象条件之间相互关系及其规律的科学，它既是应用气象学的一个分支，又是农学的一门基础学科。

农业主要是在自然条件下进行的生产活动。光、热、水、气的某种组合对某项生产有利，形成有效的农业自然资源；另一种不同的组合对农业生产有害，构成农业自然灾害。农业气象学的基本任务就在于研究这些农业自然资源和农业自然灾害的时空分布规律，为农业的区划和规划、作物的合理布局、人工调节小气候和农作物的栽培管理等服务，还开展农业气象预报和情报服务，对农业生产提供咨询和建议，以合理利用气候资源，规避不利气象因素，采取适当的农业措施，促进农业丰产，降低成本，提高经济效益。

现代农业气象学的主要研究领域有：作物气象、畜牧气象、林业气象、病虫害气象、农业气候、农田小气候和小气候改良、农业气象预报、农业气象观测和仪器等。

二、农业气候与二十四节气

1. 农业气候

农业气候是指与农业生产和农作物生长发育密切相关的气候条件，包括光、热、水分等作物生长发育不可缺少的因子；也包括旱、涝、霜冻、大风等不利气候条件。这些条件不仅影响农业生产的地理分布，也影响农作物产量的高低和质量的优劣。

气候要素在一定的指标范围内，为农业生产提供物质和能量，对农业生产有利的，即农业气候资源；超过一定的指标范围，可能对农业生产不利，就成为农业气候灾害。

2. 二十四节气

（1）二十四节气的来历。

现在世界通行的历法是阳历，而华人计历更多采用“农历”，“农历”又称

“夏历”，对应于“阳历”又称“阴历”，是我国民间传统节令，是中华民族古老文明和智慧的结晶。

为了充分反映季节气候的变化，古代天文学家早在周朝和春秋时代就用“土圭”测日影法来确定春分、夏至、秋分、冬至，并根据一年内太阳在黄道上的位置变化和引起的地面气候的演变次序，将全年平分为二十四等份，并给每个等份起名，这就是二十四节气的由来。

（2）二十四个节气。

二十四个节气是立春、雨水、惊蛰、春分、清明、谷雨、立夏、小满、芒种、夏至、小暑、大暑、立秋、处暑、白露、秋分、寒露、霜降、立冬、小雪、大雪、冬至、小寒、大寒。每两个节气约间隔半个月的时间，分列在十二个月里面。在月首的叫作节气，在月中的叫作“中气”，所谓“气”就是气象、气候的意思。

（3）节气民谣。

“春雨惊春清谷天，夏满芒夏暑相连；秋处露秋寒霜降，冬雪雪冬小大寒（“寒又寒”或“寒更寒”）。每月两节日期定，最多相差一两天，上半年来六廿一，下半年是八廿三。”

（4）二十四节气的说明。

立春：每年的2月4日或5日，谓春季开始之节气。

雨水：每年的2月19日或20日，此时冬去春来，气温开始回升，空气湿度不断增大，但冷空气活动仍十分频繁。

惊蛰：每年的3月5日或6日，指的是冬天蛰伏土中的冬眠生物开始活动。惊蛰前后乍寒乍暖，气温和风的变化都较大。

春分：每年的3月20日或21日，阳光直照赤道，昼夜几乎等长。我国广大地区越冬作物将进入春季生长阶段。

清明：每年的4月4日或5日，气温回升，天气逐渐转暖。

谷雨：每年的4月20日或21日，雨水增多，利于谷类生长。

立夏：每年的5月5日或6日，万物生长，欣欣向荣。

小满：每年的5月21日或22日，麦类等夏熟作物此时颗粒开始饱满，但未成熟。

芒种：每年的6月5日或6日，此时太阳移至黄经75度。麦类等有芒作物已经成熟，可以收藏种子。

夏至：每年的6月21日或22日，日光直射北回归线，出现“日北至，日长至，日影短至”，故曰“夏至”。

小暑：每年的7月7日或8日入暑，标志着我国大部分地区进入炎热季节。

大暑：每年的7月22日或23日，正值中伏前后。这一时期是我国广大地区一年中最炎热的时期，但也有反常年份，“大暑不热”，雨水偏多。

立秋：每年的8月7日或8日，草木开始结果，到了收获季节。

处暑：每年的8月23日或24日，“处”为结束的意思，至暑气即将结束，天气将变得凉爽了。由于正值秋收之际，降水十分宝贵。

白露：每年的9月7日或8日，由于太阳直射点明显南移，各地气温下降很快，天气凉爽，晚上贴近地面的水汽在草木上结成白色露珠，由此得名“白露”。

秋分：每年的9月23日或24日，日光直射点又回到赤道，形成昼夜等长。

寒露：每年的10月8日或9日。此时太阳直射点开始向南移动，北半球气温继续下降，天气更冷，露水有森森寒意，故名为“寒露风”。

霜降：每年的10月23日或24日，黄河流域初霜期一般在10月下旬，与“霜降”节令相吻合，霜对生长中的农作物危害很大。

立冬：每年的11月7日或8日，冬季开始。

小雪：每年的11月22日或23日，北方冷空气势力增强，气温迅速下降，降水出现雪花，但此时为初雪阶段，雪量小，次数不多，黄河流域多在“小雪”节气后降雪。

大雪：每年的12月7日或8日。此时太阳直射点快接近南回归线，北半球昼短夜长。

冬至：每年的12月22日或23日，此时太阳几乎直射南回归线，北半球则形成了日南至、日短至、日影长至，成为一年中白昼最短的一天。冬至以后北半球白昼渐长，气温持续下降，并进入年气温最低的“三九”。

小寒：每年的1月5日或6日，此时气候开始寒冷。

大寒：每年的1月20日或21日，数九严寒，一年中最寒冷的时候。

第七节　作物病虫害防治

为了减轻或防止病原微生物和害虫危害作物或人畜，而人为地采取某些手段，称为病虫害防治。

一、作物虫害

有害的昆虫对植物生长造成的伤害就是虫害。危害植物的动物种类很多，其中主要是昆虫，另外还有螨类、蜗牛、鼠类等。昆虫中虽有很多属于害虫，但也有益虫，对益虫应加以保护、繁殖和利用。因此，认识昆虫，研究昆虫，掌握害虫发生和消长规律，对于防治害虫、保护药用植物获得优质高产具有重要意义。

各种昆虫由于食性和取食方式不同，口器也不相同，主要有咀嚼式口器和刺吸式口器。咀嚼式口器害虫如甲虫、蝗虫及蛾蝶类幼虫等，它们都取食固体食物，危害根、茎、叶、花、果实和种子、蔬菜，造成机械性损伤，如缺刻、孔洞、折断、钻蛀茎秆、切断根部等。刺吸式口器害虫如蚜虫、椿象、叶蝉和螨类等，它们是以针状口器刺入植物组织吸食食料，使植物呈现萎缩、皱叶、卷叶、枯死斑、生长点脱落、虫瘿（受唾液刺激而形成）等。此外，还有虹吸式口器（如蛾蝶类）、舐吸式口器（如蝇类）、嚼吸式口器（如蜜蜂）。了解害虫的口器，不仅可以从危害状况去识别害虫种类，也为药剂防治提供依据。

二、作物病害

1. 作物病害的概念

植物在栽培过程中，受到有害生物的侵染或不良环境条件的影响，正常新陈代谢受到干扰，从生理机能到组织结构上发生一系列的变化和破坏，以至在外部形态上呈现反常的病变现象，如枯萎、腐烂、斑点、霉粉、花叶等，统称病害。

引起植物发病的原因包括生物因素和非生物因素。由生物因素如真菌、细菌、病毒等侵入植物体所引起的病害有传染性，称为侵染性病害或寄生性病害；由非生物因素如旱、涝、严寒、养分失调等影响或损坏生理机能而引起的病害没有传染性，称为非侵染性病害或生理性病害。在侵染性病害中，致病的寄生生物称为病原生物，其中真菌、细菌常称为病原菌。被侵染植物称为寄主植物。侵染性病害的发生不仅取决于病原生物的作用，而且与寄主生理状态以及外界环境条件也有密切关系，是病原生物、寄主植物和环境条件三者相互作用的结果。

2. 作物病害种类

侵染性病害根据病原生物不同，可分为下列几种。

（1）真菌性病害。由真菌侵染所致的病害种类最多。真菌性病害一般在高温多湿时易发病，病菌多在病残体、种子、土壤中过冬。病菌孢子借风、雨传

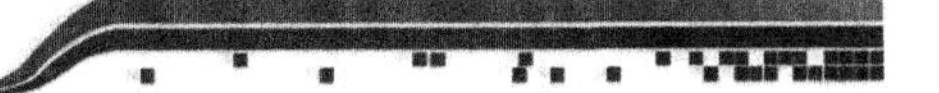

播。在适合的温、湿度条件下孢子萌发，长出芽管侵入寄主植物内为害，可造成植物倒伏、死苗、斑点、黑果、萎蔫等病状，在病部带有明显的霉层、黑点、粉末等症状。

（2）细菌性病害是由细菌侵染所致的病害。侵害植物的细菌都是杆状菌，大多具有一至数根鞭毛，可通过自然孔口（气孔、皮孔、水孔等）和伤口侵入，借流水、雨水、昆虫等传播，在病残体、种子、土壤中过冬，在高温、高湿条件下易发病。细菌性病害症状表现为萎蔫、腐烂、穿孔等，发病后期遇潮湿天气会在病部溢出细菌黏液，是细菌病害的特征。

（3）病毒病主要借助于带毒昆虫传染，有些病毒病可通过线虫传染。病毒在杂草、块茎、种子和昆虫等活体组织内越冬。病毒病主要症状表现为花叶、黄化、卷叶、畸形、簇生、矮化、坏死、斑点等。

（4）植物病原线虫，体积微小，多数肉眼不能看见。线虫寄生可引起植物营养不良而导致生长衰弱、矮缩，甚至死亡。根结线虫造成寄主植物受害部位畸形膨大。胞囊线虫则造成根部须根丛生，地下部不能正常生长，地上部生长停滞黄化，如地黄胞囊线虫病等。线虫以胞囊、卵或幼虫等在土壤或种苗中越冬，主要靠种苗、土壤、肥料等传播。

三、作物病虫害防治方法

1. 农业防治法

农业防治法是通过调整栽培技术等一系列措施以减少或防治病虫害的方法，大多为预防性的，主要包括以下几方面：

（1）合理轮作和间作。在药用植物栽培制度中，进行合理的轮作和间作，无论对病虫害的防治或土壤肥力的充分利用都是十分重要的。种过参的地块在短期内不能再种，否则病害严重会造成大量死亡或全田毁灭。轮作期限长短一般根据病原生物在土壤中存活的期限而定，如白术的根腐病和地黄枯萎病轮作期限均为 3～5 年。此外，合理选择轮作物也至关重要，一般同科属植物或同为某些严重病、虫寄主的植物不能选为下茬作物。间作物的选择原则应与轮作物的选择基本相同。

（2）深耕。深耕是重要的栽培措施，它不仅能促进植物根系的发育，增强植物的抗病能力，还能破坏蛰伏在土内休眠的害虫巢穴和病菌越冬的场所，直接消灭病原生物和害虫。进行耕翻晾晒数遍，以改善土壤物理性状，减少土壤中致病菌数量，这已成为重要的防治措施之一。

（3）除草、修剪及清园田间杂草。药用植物收获后，受病虫危害的残体和掉落在田间的枯枝落叶，往往是病虫隐蔽及越冬的场所，是翌年的病虫来源。因此，除草、清洁田园和结合修剪将病虫残体和枯枝落叶烧毁或深埋处理，可以大大减轻翌年病虫为害的程度。

（4）调节播种期。某些病虫害常和栽培药物的某个生长发育阶段物候期密切相关。如果设法使这一生长发育阶段错过病虫大量侵染为害的危险期，避开病虫为害，也可达到防治目的。

（5）合理施肥。合理施肥能促进药用植物生长发育，增强其抵抗力和被病虫为害后的恢复能力。例如，白术施足有机肥，适当增施磷、钾肥，可减轻花叶病。但使用的厩肥或堆肥一定要腐熟，否则肥中的残存病菌以及地下害虫蛴螬等虫卵未被杀灭，易使地下害虫和某些病害加重。

（6）选育和利用抗病、虫品种。药用植物的不同类型或品种往往对病、虫害抵抗能力有显著差异。如有刺型红花比无刺型红花能抗炭疽病和红花实蝇，白术矮秆型抗术籽虫等。因此，如何利用这些抗病、虫特性，进一步选育出较理想的抗病、虫害的优质高产品种，这是一项十分有意义的工作。

2. 生物防治法

生物防治是利用各种有益的生物来防治病虫害的方法，主要包括以下几方面：

（1）利用寄生性或捕食性昆虫以虫治虫。寄生性昆虫包括内寄生和外寄生两类，经过人工繁殖，将寄生性昆虫释放到田间，用以控制害虫虫口密度。捕食性昆虫的种类主要有螳螂、蚜狮、步行虫等。这些昆虫多以捕食害虫为主，对抑制害虫虫口数量起着重要的作用。大量进行繁殖并释放这些益虫可以防治害虫。

（2）微生物防治。利用真菌、细菌、病毒寄生于害虫体内，使害虫生病死亡或抑制其为害植物。

（3）动物防治。利用益鸟、蛙类、鸡、鸭等消灭害虫。

（4）不孕昆虫的应用。通过辐射或化学物质处理，使害虫丧失生育能力，不能繁殖后代，从而达到消灭害虫的目的。

3. 物理防治法

以物理农业中的物理植保技术所涉及的土壤病虫害、地上害虫、气传病害的物理防治方法可用于植物全生育期病虫害的防治，这种方法没有农药引起的

药物残留问题，是一种环保、安全、可持续发展的植保方式。土壤病虫害的物理防治方法为土壤电消毒法；气传病害的物理防治方法采用的是具有空间电场生物效应的空间电场防病促生方法；地上飞翔类害虫通常采用光诱、色诱、味诱的组合诱杀方法结合防虫网的设置来防控的。

4. 物理、机械防治法

物理、机械防治法是应用各种物理因素和器械防治病虫害的方法。如利用害虫的趋光性进行灯光诱杀；根据有病虫害的种子重量比健康种子轻，可采用风选、水选淘汰有病虫的种子，使用温水浸种等。利用等离子体种子消毒法、气电联合处理法、辐射技术进行防治取得了一定进展。

5. 化学防治法

化学防治法是应用化学农药防治病虫害的方法，主要优点是作用快、效果好、使用方便，能在短期内消灭或控制大量发生的病虫害，不受地区季节性限制，是防治病虫害的重要手段，其他防治方法尚不能完全代替。化学农药有杀虫剂、杀菌剂、杀线虫剂等。杀虫剂根据其杀虫功能又可分为胃毒剂、触杀剂、内吸剂、熏蒸剂等。杀菌剂有保护剂、治疗剂等。使用农药的方法很多，有喷雾、喷粉、喷种、浸种、熏蒸、土壤处理等。

昆虫的体壁由表皮层、皮细胞和基底膜三层所构成，表皮层又由内向外依次分为内表层、外表皮和上表皮。上表皮是表皮最外层，也是最薄的一层，其内含有蜡质或类似物质，这一层对防止体内水分蒸发及药剂的进入都起着十分重要的作用。一般来讲，昆虫随虫龄的增长，体壁对药剂的抵抗力也不断增强。因此，在杀虫药剂中常加入对脂肪和蜡质有溶解作用的溶剂，如乳剂由于含有溶解性强的油类，一般比可湿性粉剂的毒效高。药剂进入害虫身体，主要是通过口器、表皮和气孔三途径。所以针对昆虫体壁构造，选用适当药剂，对于提高防治效果有着重要意义。如对咀嚼式口器害虫玉米螟、凤蝶幼虫、菜青虫等应使用胃毒剂敌百虫等，而对刺吸式口器害虫则应使用内吸剂。另外，要掌握病虫发生规律，抓住防治有利时机，及时用药。还要注意农药合理混用，交替使用，安全使用，避免药害和人畜中毒。

由于化学农药的使用量很大，大量农药投入到环境中，又因不合理的使用和滥用农药，人们越来越重视进行生物防治。

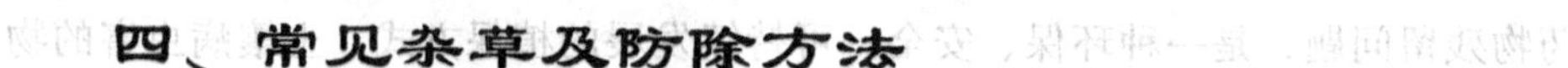

四、常见杂草及防除方法

1. 常见杂草

常见杂草主要有：

（1）禾本科 ：早熟禾、看买娘、狗牙根、牛筋草、棒头草、铺地黍、双穗雀稗、狗尾草、金丝狗尾草、稗草、白茅。

（2）菊科：三叶鬼针草、鳢肠、金纽扣、豨签、石胡荽、鱼眼菊、裸柱菊、野艾、山苦菜、野茼蒿、银胶菊、苦苣菜、马兰、黄鹌菜、鼠麴菜、一点红、一年蓬、泥胡菜。

（3）大戟科： 地锦、铁苋菜、飞杨草、叶下珠。

（4）十字花科：弯曲碎米荠、北美独行菜、印度焯菜、广州焯菜、荠菜、臭荠。

（5）蝶形花科：鸡眼草、截叶铁扫帚、葛藤、广布野豌豆。

（6）玄参科：阿拉伯婆婆纳、通泉草、蚊母草。

（7）莎草科：水蜈蚣、香附子。

（8）荨麻科：苎麻、小叶冷水花。

（9）茄科：龙葵。

（10）苋科：空心莲子草、凹头苋。

（11）牻牛儿苗科：野老鹳草。

（12）藜科：土荆芥、灰绿藜。

（13）唇形科：益母草、瘦风轮、针筒菜、荔枝草。

（14）毛茛科：茴茴蒜、石龙芮。

（15）马鞭草科：马鞭草。

（16）锦葵科：赛葵、黄花稔、肖梵天花。

（17）车前草科：车前草。

（18）蓼科：廊茵（刺蓼）、扁蓄、辣蓼（水蓼）、杠板归、羊蹄。

（19）商陆科：美洲商陆。

（20）旋花科：菟丝子、马蹄金。

（21）蔷薇科：蛇莓、空心泡。

（22）葡萄科：乌蔹莓、爬山虎。

（23）茜草科：鸡矢藤、猪殃殃、白花蛇舌草。

（24）落葵科：落葵薯。

（25）桑科：薜荔。

（26）石竹科：漆姑草、卷耳、牛繁缕。

（27）伞形科：积雪草（十八缺）、破铜钱、天胡荽、细叶芹、小叶窃衣。

（28）酢浆草科：黄花酢浆草、红花酢浆草。

（29）百合科：菝葜。

（30）桔梗科：半边莲、蓝花参。

（31）马齿苋科：马齿苋、土人参（栌兰）。

（32）天南星科：犁头草、半夏。

（33）堇菜科：紫花地丁。

2. 杂草防除

杂草防除是指对农田、林地生态系统杂草进行人工控制的行为，是保护作物、苗木，避免自然滋生植物与之争夺日光、土地、水和养分；免遭害物的中间寄主传播病虫害；以及防止毒草的致毒等而采取的积极控制手段。人类对付杂草已有几千年的历史，采取手段有人工拔除、水旱轮作、防止草籽传入系统内、诱发田间杂草萌芽耙除或机械清除等，效果虽好，但费劳力。最近几十年实行化学除草技术，省劳力、简便、及时和彻底，一般约增加产量 5%～15%，并可与机械化生产结合。在水田和棉田，甚至免于中耕。现已推广应用化学除草剂 100 余种。化学除草选择性强，其残毒给环境和后作带来污染和伤害，有的耗资多，这些问题均待解决。鉴于此，近年则重视发展杂草生防，包括以菌除草，如鲁保 1 号；以虫除草，如美国引种澳洲两种甲虫（Chrysolina spp.）杀灭美洲草场的克拉克思草；线虫除草也在研究之中。

主要的杂草防除措施有以下几种：

（1）植物检疫。指对国际和国内各地区间所调运的作物种子和苗木等进行检查和处理，防止新的外来杂草远距离传播。这是一种预防性措施，对近距离的交互携带传播无效，须辅以作物种子净选去杂、农具和沟渠清理以及施用腐熟粪肥等措施，以减少田间杂草发生的基数。

（2）人工除草。包括手工拔草和使用简单农具除草。缺点是耗力多、工效低，不能大面积及时防除。现都是在采用其他措施除草后，作为去除局部残存杂草的辅助手段。

（3）机械除草。指使用畜力或机械动力牵引的除草机具。一般于作物播种前、播后苗前或苗期进行机械中耕耖耙与覆土，以控制农田杂草的发生与危害。缺点是工效高、劳动强度低，难以清除苗间杂草，不适于间套作或密植条件，频繁使用还可引起耕层土壤板结。

（4）物理除草。指利用水、光、热等物理因子除草。如用火燎法进行垦荒除草，用水淹法防除旱生杂草。用深色塑料薄膜覆盖土表遮光，以提高温度除草等。

（5）化学除草。指用除草剂除去杂草而不伤害作物。化学除草的这一选择性，是根据除草剂对作物和杂草之间植株高矮和根系深浅不同所形成的“位差”、种子萌发先后和生育期不同所形成的“时差”，以及植株组织结构和生长形态上的差异、不同种类植物之间抗药性的差异等特性而实现的。此外，环境条件、药量和剂型、施药方法和施药时期等也都对选择性有所影响。20 世纪 70 年代出现的安全剂，用以拌种或与除草剂混合使用，可保护作物免受药害，扩大了除草剂的选择性和使用面。由种子萌发的一年生杂草，一般采用持效期长的土壤处理剂，在杂草大量萌发之前施药于土表，将杂草杀死于萌芽期。防除根状茎萌发的多年生杂草，则采用输导作用强的选择性除草剂，在杂草营养生长后期进行叶面喷施，使药剂向下传导至根茎系统，从而更好地发挥药效。化学除草具有高效、及时、省工、经济等特点，适应现代农业生产作业，还有利于促进免耕法和少耕法的应用、水稻直播栽培的实现以及密植程度与复种指数的合理提高等。但大量使用化学物质对生态环境可导致长远的不利影响。这就要求除草剂的品种和剂型向低剂量、低残留的方向发展，同时力求与其他措施有机地配合，进行综合防除，以减少施药次数与用药量。

（6）生物除草。指利用昆虫、禽畜、病原微生物和竞争力强的置换植物及其代谢产物防除杂草。如在稻田中养鱼、鸭防除杂草，20 世纪 60 年代中国利用真菌作为生物除草剂防除大豆菟丝子，澳大利亚利用昆虫斑螟控制仙人掌的蔓延等。生物除草不产生环境污染、成效稳定持久，但对环境条件要求严格，研究难度较大，见效慢。

（7）生态除草。指采用农业或其他措施，在较大面积范围内创造一个有利于作物生长而不利于杂草繁生的生态环境。如实行水旱轮作制度，对许多不耐水淹或不耐干旱的杂草都有良好的控制作用。在经常耕作的农田中，多年生杂草不易繁衍；在免耕农田或耕作较少的茶、桑、果、橡胶园中，多年生杂草蔓延较快，一年生杂草则减少。合理密植与间作、套种，可充分利用光能和空间结构，促进作物群体生长优势，从而控制杂草发生数量与为害程度。

（8）综合防除。农田生态受自然和耕作的双重影响，杂草的类群和发生动态各异，单一的除草措施往往不易获得较好的防除效果；同时，各种防除杂草的方法也各有优缺点。综合防除就是因地制宜地综合运用各种措施的互补与协调作用，达到高效而稳定的防除目的。如以化学防除措施控制作物前期的杂草，结合栽培管理促成作物生长优势，可抑制作物生育中、后期发生的杂草；在茶、桑、果园及橡胶园中，用输导型除草剂防除多年生杂草，结合种植绿肥覆盖地表可抑制杂草继续发生等。从20世纪70年代起，一些国家以生态学为基础，对病、虫、杂草等有害生物进行综合治理，研究探索在一定耕作制条件下，各类杂草的发生情况和造成经济损失的阈值，并将各种除草措施因地因时有机结合，创造合理的农业生态体系，有可能使杂草的发生量和危害程度控制在最低的限值内，保证作物持续高产。

思考与练习题

1. 说明作物的起源、分类。
2. 作物生长生理是怎样的？
3. 土壤与作物生长有什么关系？
4. 肥料与作物生长有什么关系？
5. 说明作物生长与环境条件的关系。
6. 作物新品种的选育方法有哪些？
7. 说明作物病虫害和杂草的概念及防除方法。

第四章 无公害、绿色、有机食品基础知识

内容摘要：本章主要介绍无公害食品、绿色食品及有机食品的概念、基础知识以及无公害农产品、绿色食品、有机食品三者之间的关系；无公害蔬菜的认证、产地环境和生产质量要求。

第一节　无公害食品知识

一、无公害概念

无公害食品，指的是无污染、无毒害、安全优质的食品，在国外称无污染食品、生态食品、自然食品。在我国，无公害食品是生产地环境清洁，按规定的技术操作规程生产，将有害物质控制在规定的标准内，并通过部门授权审定批准，可以使用无公害食品标志的食品。

无公害农产品生产系采用无公害栽培（饲养）技术及其加工方法，按照无公害农产品生产技术规范，在清洁无污染的良好生态环境中生产、加工的，安全性符合国家无公害农产品标准的优质农产品及其加工制品。无公害农产品生产是保障大众食用农产品消费身体健康、提高农产品安全质量的生产。广义上的无公害农产品涵盖了有机食品（又叫生态食品）、绿色食品等无污染的安全营养类食品。

在现实的自然环境和技术条件下，要生产出完全不受有害物质污染的商品蔬菜是很难的。无公害蔬菜，实际上是指商品蔬菜中不含有有关规定中不允许

的有毒物质，并将某些有害物质控制在标准允许的范围内，保证人们的食菜安全。通俗地说，无公害蔬菜应达到“优质、卫生”。“优质”指的是品质好、外观美，Vc和可溶性糖含量高，符合商品营养要求；“卫生”指的是3个不超标：农药残留不超标，不含禁用的剧毒农药，其他农药残留不超过标准允许量；硝酸盐含量不超标，一般控制在432 ppm以下；工业三废和病原菌微生物等对商品蔬菜造成的有害物质含量不超标。

二、国际现状

经济全球化和中国加入WTO后，关税配额“坍塌”，中国失去对农产品的保护和关税控制，绿色技术成为农产品国际贸易中新兴的贸易壁垒，无公害食品的安全性质量控制成为技术壁垒的主要形式，安全的、无污染的优质营养无公害农产品成为提高农产品质量的主要手段，建立无公害农产品生产基地，推广无公害农产品生产技术，清洁生产安全性无公害农产品，成为社会经济发展的客观必然要求。

在国际上，中国农副产品面临着国际间的激烈竞争。发达国家采用食品安全控制方法认证注册 HACCP，对中国和向其进口的境外产品加工企业按危害分析和关键控制点管理，利用质量认证高筑技术壁垒，实行市场准入制度。1995年4月，发达国家通过控制国际标准化组织（IS），实施了《国际环境监察标准制度》，要求产品达到ISO 9000系列标准体系，欧盟启动了ISO 14000环境管理体系技术标准，要求产品从生产前到生产制造、销售使用以及最后的销毁处理全过程，都必须符合环保技术标准要求，对生态环境及人类健康均无损害。1993年4月，第24届联合国农药残留法典委员会讨论通过了176种农药在各种商品中的最高残留量，符合标准者使用“绿色环境标志”。如德国的“蓝色天使”、加拿大的“环境选择”、日本的“生态标志”、欧盟的“欧洲环保标志”等。产品出口到这些国家，必须经申请审查拿到“绿色通行证”。

三、国内现状

目前我国是一个发展中国家，环保水平还比较低，存在农产品的生产方法、加工过程及包装、贮运等诸多不利环节因素，农产品市场卖难问题突出。中国冻鸡曾因不符合欧盟卫生检疫标准，1996年8月1日被禁止进入欧盟市场。1998年，欧盟又以中国部分酱油中含三氯丙醇（致癌物）为由，禁止进口中国非大豆发酵方式生产的酱油，仅此一项限制，就使中国1亿美元酱油出口额降到400万美元。1998年中，国出口农产品因农药残留检测不合格而被退货金额达74亿美元。日本1999年1月6日出台“家畜传染病预防实施细则”中规定，中国等9个国家的猪牛羊肉及其制品须经指定设备加热消毒处理方可进口，无疑增大了出口成本。日本的植物检疫法实施细则使中国大部分蔬菜和瓜果类农产品遭到禁止。显然，农产品安全性质量已严重障碍和制约着农村经济的持续发展。

四、无公害农产品认证

无公害农产品认证是我国农产品认证主要形式之一，虽然是自愿性认证，但与其他的自愿性产品认证相比有本质的区别。

（1）政府推行的公益性认证。无公害农产品是政府推出的一种安全公共品牌，目的是保障基本安全，满足大众消费。无公害农产品执行的标准是强制性无公害农产品行业标准，产品主要是老百姓日常生活离不开的“菜篮子”和“米袋子”产品，如蔬菜、水果、茶叶、猪牛羊肉、禽类、乳品禽蛋和大米、小麦、玉米、大豆等大宗初级农产品。因此，无公害农产品认证实质上是为保障食用农产品生产和消费安全而实施的政府质量安全担保制度，属于公益性事业，实行政府推动的发展机制，认证不收费。

（2）产地认定与产品认证相结合。无公害农产品认证采取产地认定与产品认证相结合的模式。产地认定主要解决生产环节的质量安全控制问题；产品认证主要解决产品安全和市场准入问题。无公害农产品认证的过程是一个自上而下的农产品质量安全监督管理行为，产地认定是对农业生产过程的检查监督行为，产品认证是对管理成效的确认，包括监督产地环境、投入品使用、生产过程的检查及产品的准入检测等方面。

（3）推行全程质量控制。无公害农产品认证运用全过程质量安全管理的指导思想，强调以生产过程控制为重点，以产品管理为主线，以市场准入为切入点，以保证最终产品消费安全。推行“标准化生产、投入品监管、关键点控制、安全性保障”的技术制度，从产地环境、生产过程和产品质量三个重点环节控制危害因素。

第二节 绿色食品知识

一、绿色食品的概念

绿色食品，是指按特定生产方式生产，并经国家有关的专门机构认定，或许使用绿色食品标志的无污染、无公害、安全、优质、营养型的食品。在许多国家，绿色食品又有着许多相似的名称和叫法，诸如“生态食品”、“自然食品”、“蓝色天使食品”、“健康食品”、“有机农业食品”等。由于在国际上，对于保护环境和与之相关的事业已经习惯冠以“绿色”的字样，所以，为了突出这类食品产自良好的生态环境和严格的加工程序，在中国，统一被称作“绿色食品”。

二、产生背景

第二次世界大战以后，欧美和日本等发达国家在工业现代化的基础上，先后实现了农业现代化。一方面大大地丰富了这些国家的食品供应；另一方面也产生了一些负面影响，主要是随着农用化学物质源源不断地、大量地向农田中输入，造成有害化学物质通过土壤和水体在生物体内富集，并且通过食物链进入到农作物和畜禽体内，导致食物污染，最终损害人体健康。可见，过度依赖化学肥料和农药的农业（也叫作“石油农业”），会对环境、资源以及人体健康构成危害，并且这种危害具有隐蔽性、累积性和长期性的特点。

1962 年，美国的雷切尔·卡逊女士以密歇根州东兰辛市为消灭伤害榆树的甲虫所采取的措施为例，披露了杀虫剂 DDT 危害其他生物的种种情况。该市大量用 DDT 喷洒树木，树叶在秋天落在地上，蚯蚓吃了树叶，大地回春后知更鸟吃了蚯蚓，一周后全市的知更鸟几乎全部死亡。卡逊女士在《寂静的春天》一书中写道：“全世界广泛遭受治虫药物的污染，化学药品已经侵入万物赖以生存的水中，渗入土壤，并且在植物上布成一层有害的薄膜……已经对人体产生严重的危害。除此之外，还有可怕的后遗祸患，可能几年内无法查出，甚至可能对遗传有影响，几个世代都无法察觉。”卡逊女士的论断无疑给全世界敲响了警钟。

20 世纪 70 年代初，由美国扩展到欧洲和日本的旨在限制化学物质过量投入以保护生态环境和提高食品安全性的“有机农业”思潮影响了许多国家，一些国家开始采取经济措施和法律手段，鼓励、支持本国无污染食品的开发和生产。自 1992 年联合国在里约热内卢召开的环境与发展大会后，许多国家从农业着手，积极探索农业可持续发展的模式，以减缓石油农业给环境和资源造成的严重压力。欧洲、美国、日本和澳大利亚等发达国家和地区以及一些发展中国家纷纷加快了生态农业的研究。在这种国际背景下，我国决定开发无污染、安全、优质的营养食品，并将它们定名为“绿色食品”。

三、标　志

1990 年 5 月，中国农业部正式规定了绿色食品的名称、标准及标志。绿色食品标志是一个质量证明商标，属知识产权范畴，受《中华人民共和国商标法》保护。这种政府授权专门机构管理绿色食品标志，是一种将技术手段和法律手段有机结合起来的生产组织和管理行为，而不是一种自发的民间自我保护行为。绿色食品（Green food）标志由特定的图形来表示，如图 4.1 所示。绿色食品标志图形由三部分构成：上方的太阳、下方的叶片和中间的蓓蕾，象征自然生态。标志图形为正圆形，意为保护、安全。颜色为绿色，象征着生命、农业、环保。AA 级绿色食品标志与字体为绿色，底色为白色；A 级绿色食品标志与字体为白色，底色为绿色。整个图形描绘了一幅明媚阳光照耀下的和谐生机，告诉人们绿色食品是出自纯净、良好生态环境的安全、无污染食品，能给人们带来蓬勃的生命力。绿色食品标志还提醒人们要保护环境和防止污染，通过改善人与环境的关系，创造自然界新的和谐。

图 4.1　绿色食品图形

四、绿色食品等级

1. 标准规定

产品或产品原料的产地必须符合绿色食品的生态环境标准。

农作物种植、畜禽饲养、水产养殖及食品加工必须符合绿色食品的生产操作规程。产品必须符合绿色食品的质量和卫生标准。产品的标签必须符合中国农业部制定的《绿色食品标志设计标准手册》中的有关规定。

2. 等级分类

绿色食品标准分为两个技术等级，即AA级绿色食品标准和A级绿色食品标准。

（1）AA标准。

AA级绿色食品标准要求：生产地的环境质量符合《绿色食品产地环境质量标准》，生产过程中不使用化学合成的农药、肥料、食品添加剂、饲料添加剂、兽药及有害于环境和人体健康的生产资料，而是通过使用有机肥、种植绿肥、作物轮作、生物或物理方法等技术，培肥土壤、控制病虫草害、保护或提高产品品质，从而保证产品质量符合绿色食品产品标准要求。

（2）A级标准。

A级绿色食品标准要求：生产地的环境质量符合《绿色食品产地环境质量标准》，生产过程中严格按绿色食品生产资料使用准则和生产操作规程要求，限量使用限定的化学合成生产资料，并积极采用生物学技术和物理方法，保证产品质量符合绿色食品产品标准要求。

五、绿色食品的特征

优良生态绿色食品强调产品出自优良的生态环境，通过对原料产地及其周围的生态环境因子（大气、水、土壤等）严格监测，判定其是否具备生产绿色食品的基础条件；实行产前、产中、产后整个产业链条上的监管，通过全程监管确保绿色食品的整体质量；产品依法实行标志管理，标志监督管理包括技术手段和法律手段。

1. 全程监控

绿色食品的生产包括产前、产中、产后多个环节，点多面广，监管难度大。绿色食品认证主要是依据绿色食品标准，通过采样监测、现场检查等多个环节，对产地环境、产品生产加工过程及投入品的使用管理、产品质量检测、产品包装和储运等进行现场检查、审核和评定，认证程序十分严格。

2. 多级联动

“有主管部门、有政策推动、有资金扶持。”在中央明确“支持发展绿色食品”的大背景下，四川省也将“大力发展绿色食品”写入了省委一号文件，《四川省<中华人民共和国农产品质量安全法>实施办法》也明确了“县级以上地方人民政府应当鼓励支持绿色食品认证”。

第三节　有机食品

一、有机食品的概念

有机食品（organic food），通常来自有机农业生产体系，根据国际有机农业生产要求和标准生产加工。农作物在种植过程中没有使用非天然的化学物质或有机物质，作物本身没有经过基因改造，加工过程没有使用化学添加物。

二、有机食品的起源

1939 年，Lord Northbourne 在 Look to the Land 有机认证标志中提出了有机耕作的概念，意指整个农场作为一个整体的有机的组织，而相对的化学耕作则依靠了额外的施肥，而且不能自给自足，也不是个有机的整体。这里所说的“有机”不是化学上的概念——分子中含碳元素，而是指采取一种有机的耕作和加工方式。有机食品是指按照这种方式生产和加工的；产品符合国际或国家有机食品要求和标准；并通过国家有机食品认证机构认证的一切农副产品及其加工品，包括粮食、红枣、菌类、蔬菜、水果、奶制品、禽畜产品、蜂蜜、水产品、调料等。

三、有机食品的主要品种

经认证的有机食品主要包括一般的有机农作物产品（例如粮食、水果、蔬菜等）、有机茶产品、有机食用菌产品、有机畜禽产品、有机水产品、有机蜂产品、采集的野生产品以及用上述产品为原料的加工产品。中国市场销售的有机食品主要是蔬菜、大米、茶叶、蜂蜜等。

四、有机食品的判断标准

（1）原料来自于有机农业生产体系或野生天然产品。

（2）有机食品在生产和加工过程中必须严格遵循有机食品生产、采集、加工、包装、贮藏、运输标准，禁止使用化学合成的农药、化肥、激素、抗生素、食品添加剂等，禁止使用基因工程技术及该技术的产物及其衍生物。

（3）有机食品生产和加工过程中必须建立严格的质量管理体系、生产过程控制体系和追踪体系，因此一般需要有转换期。

（4）有机食品必须通过合法的有机食品认证机构的认证。

食品是否有污染是一个相对的概念。世界上不存在绝对不含有任何污染物质的食品。由于有机食品的生产过程不使用化学合成物质，因此有机食品中污染物质的含量一般要比普通食品低，但是过分强调其无污染的特性，会导致人们只重视对终端产品污染状况的分析与检测，而忽视有机食品生产全过程质量控制的宗旨。

五、有机食品与其他食品的主要区别

（1）有机食品在其生产加工过程中绝对禁止使用农药、化肥、激素等人工合成物质，并且不允许使用基因工程技术；而其他食品则允许有限使用这些技术，且不禁止基因工程技术的使用。如绿色食品对基因工程和辐射技术的使用就未作规定。

（2）在生产转型方面，从生产其他食品到有机食品需要2～3年的转换期，而生产其他食品（包括绿色食品和无公害食品）没有转换期的要求。

（3）在数量控制方面，有机食品的认证要求定地块、定产量，而其他食品没有如此严格的要求。生产有机食品要比生产其他食品难得多，需要建立全新的生产体系和监控体系，采用相应的病虫害防治、地力保护、种子培育、产品加工和储存等替代技术。

六、有机食品的产品标志

“中国有机产品标志”的主要图案由三部分组成：外围的圆形、中间的种子图形及其周围的环形线条标志。外围的圆形形似地球，象征和谐、安全，圆形中的“中国有机产品”字样为中英文结合方式，既表示中国有机产品与世界同行，也有利于国内外消费者识别。标志中间类似于种子的图形代表生命萌发之际的勃勃生机，象征了有机产品是从种子开始的全过程认证，同时昭示出有机产品就如同刚刚萌发的种子，正在中国大地上茁壮成长。种子图形周围圆润自如的线条象征环形道路，与种子图形合并构成汉字“中”，体现出有机产品植根中国，有机之路越走越宽广。同时，处于平面的环形又是英文字母“C”的变体，种子形状也是“O”的变形，意为“China Organic”。绿色代表环保、健康，表示有机产品给人类的生态环境带来完美与协调。橘红色代表旺盛的生命力，表示有机产品对可持续发展的作用。2012 年 3 月 1 日起，有机产品将加唯一编号标志，旧标志 7 月 1 日前有效。国家认监委日前透露，随着国家有机产品认证标志备案管理系统的开通使用，今后市场上销售的有机产品将加施带有唯一编号（有机码）、认证机构名称或其标识的有机产品认证标志，2012 年 7 月 1 日前旧认证标志使用完毕。

第四节　无公害农产品、绿色食品和有机食品的关系

无公害农产品、绿色食品和有机食品构成了我国农产品认证的基本框架，正确理解三者的概念、内涵、相互关系和发展状况，对促进农产品质量、安全工作、推动生产、引导消费、保护农业生态环境有着积极的作用。

一、基本概念

无公害农产品是产地环境、生产过程和产品质量符合国家有关标准和规范的要求，经农业部农产品质量安全中心认证合格，获得认证证书并使用无公害农产品标志的未经加工或者初加工的食用农产品。

绿色食品是遵循可持续发展原则，按照绿色食品标准生产，经中国绿色食品发展中心认证，许可使用绿色食品商标标志的、无污染的安全优质营养食品。

有机食品是根据有机农业原则和有机农产品生产、加工标准生产出来的，经过有资质的有机食品认证机构颁发证书的农产品及其加工品。

二、主要特点

由于无公害农产品、绿色食品和有机食品产生的背景、追求的目标和发展的过程不同，形成了各自典型的特征。

1. 目标定位

无公害农产品定位于规范农业生产，保障基本安全，满足大众消费；绿色食品定位于提高生产水平，满足更高需求、增强市场竞争力；有机食品定位于保持良好生态环境，人与自然和谐共生。

2. 产品质量水平

无公害农产品代表中国普通农产品质量水平，依据标准等同于国内普通食品标准；绿色食品达到发达国家普通食品质量水平，其标准参照国外先进标准制定，通常高于国内同类标准的水平；有机食品达到生产国或销售国普通农产品质量水平，强调生产过程对自然生态友好，不以检测指标高低衡量。

3. 生产方式

无公害农产品生产是科学应用现代常规农业技术，从选择环境质量良好的农田入手，通过在生产过程中执行国家有关农业标准和规范，合理使用农业投入品，建立农业标准化生产、管理体系；绿色食品生产是特优良的传统农业技术与现代常规农业技术结合，从选择、改善农业生态环境入手，通过在生产、加工过程中执行特定的生产操作规程，减少化学投入品的使用，并实施“从土地到餐桌”全程质量监控；有机农产品生产是采用有机农业生产方式，即在认证机构监督下，建立一种完全不用或基本不用人工合成的化肥、农药、生产调节剂和饲料添加剂的农业生产技术和质量管理体系。

4. 认证方法

无公害农产品和绿色食品，依据标准，强调从土地到餐桌的全过程质量控制，检查检测并重，注重产品质量；有机食品实行检查员制度，国外通常只进行检查；国内一般以检查为主，检测为辅，注重生产方式。

5. 运行方式

无公害农产品认证是行政性运作，公益性认证；认证标志、程序、产品目录等由政府统一发布；产地认定与产品认证相结合。绿色食品认证是政府推动、市场运作；质量认证与商标转让相结合。有机食品认证是社会化的经营性认证行为，因地制宜、市场运作。

6. 法规制度

无公害农产品认证遵循的法规文件有农业部与国家质检总局联合令第 12 号《无公害农产品管理办法》、农业部与国家认监委联合公告第 231 号《无公害农产品标志管理办法》、农业部与国家认监委联合公告第 264 号《无公害农产品认证程序》和《无公害农产品产地认定程序》；绿色食品认证遵循农业部“绿色食品标志管理办法”，《中华人民共和国商标法》和《中华人民共和国产品质量法》等有关证明商标注册、管理条文；有机食品认证按照欧盟 2092/91 条例、美国联邦“有机产品生产法”、日本农林产品品质规范（JAS 法）等有关国家或地区的有机农产品法规。我国的《有机产品认证管理办法》正在制定之中。

7. 采用标准

无公害农产品认证采用相关国家标准和农业行业标准，其中产品标准、环境标准和生产资料使用准则为强制性标准，生产操作规程为推荐性标准；绿色食品采用农业行业标准，为推荐性标准；有机食品采用国际有机农业运动联盟（IFOAM）的基本标准为代表的民间组织标准与各国政府推荐性标准并存，我国的“有机产品标准”正在制定之中。

三、相互关系

（1）无公害农产品、绿色食品、有机食品都是经质量认证的安全农产品。

（2）无公害农产品是绿色食品和有机食品发展的基础，绿色食品和有机食品是在无公害农产品基础上的进一步提高。

（3）无公害农产品、绿色食品、有机食品都注重生产过程的管理，无公害农产品和绿色食品侧重对影响产品质量因素的控制，有机食品侧重对影响环境质量因素的控制。

四、发展状况

1. 认证体系主体框架基本建立

无公害农产品：农业部成立农产品质量安全中心，下设 3 个行业分中心，各省明确承办机构 64 个；农产品质量安全中心培训检查员 328 名，委托环境检测机构 115 个，委托产品检测机构 83 个，聘请评审专家 80 名。

绿色食品：中国绿色食品发展中心直接委托省、地级承办机构 42 个，省级委托地市级管理机构 180 个，县级管理机构 840 个，培训检查员 2 369 人，委托环境检测机构 59 个，产品检测机构 20 家，聘请标准专家 40 人、评审专家 50 人、咨询专家 439 人。

有机食品：中绿华夏有机食品认证中心设立分支机构 38 个，培训检查员 78 人，聘请技术专家 32 人。

2. 认证产品迅速增加

截至 2003 年年底，全国统一的无公害农产品认证 2 071 个，产地认定 7 758 个，地方产品认证 7 119 个。顺利完成了 4 省的统一转换，另有 6 个省的转换工作正在进行，基本形成了全国一盘棋；全国绿色食品企业总数达到 2 047 家，有效使用绿色食品标志产品总数达到 4 030 个。产品实物总量 3 260 t，其中加工产品占 70%，初级农产品占 30%，认证有机食品企业 102 家，产品 231 个，实物总量 13.5 万 t，以初级农产品为主。

五、正确处理“三品”的发展

1. 顺应形势，把握重点

鉴于我国农产品质量安全水平状况以及实现“无公害食品行动计划”既定目标的要求，无论是从政府管理公共事务、保证公众安全的职责出发，还是从农业行政管理部门抓农业标准化生产和农产品质量安全工作的普遍性出发，发展无公害农产品是目前农产品认证工作的主攻方向和最为紧迫的任务，也是需要着力解决的主要矛盾。今后，随着农产品质量安全形势的根本好转，农产品质量安全有了保障，生产者和消费者可能更多地追求优质、营养环保和高效，绿色食品可能成为继无公害农产品之后的主要认证产品。有机食品由于我国耕地资源问题，只会是少量产品。因此，当前农产品认证工作应以无公害农产品认证为主体，以绿色食品认证为先导，以有机食品认证为补充。

2. 因地制宜，突出特色

我国幅员辽阔，农业资源丰富，各地经济发展水平差距较大，农业生产技术水平和组织化程度有很大差异。虽然发展无公害农产品是当前抓农产品质量安全带有普遍性的工作，但对部分适宜和已经具备发展绿色食品或有机食品的地区和企业，不能忽略自身的特殊优势，应根据本地区条件和市场的需求状况，积极选择，有所侧重，突出特色，扩大影响。一般来说，立足国内市场的大宗农产品及组织化程度不高的生产单位，适宜开发无公害农产品；面向国内国外两个市场的农产品及组织化程度较高的生产单位，适宜开发绿色食品；针对国外市场并有一定的有机食品市场需求的劳动密集型农产品，适宜开发有机食品。总之，在选择认证产品的种类时，应在认清“三品”特点的基础上，根据本地资源条件和生产水平，结合市场需求状况，准确定位，予以选定。

3. 抓住机进，打造品牌

农产品认证最直接的作用，就是通过第三方的信誉保证，促进产地与市场、生产者与消费者的连接和互动，为生产者树立品牌，帮消费者建立信心。因此，在开发无公害农产品、绿色食品和有机食品时，一定要有品牌意识，应注意赋予产品有利于产权保护的名称和商标，建立有利于不断提升品牌的标准化生产技术和质量管理体系。各地区及企业应积极把握当前国家高度重视农产品质量安全、狠抓农产品认证工作的有利时机，将质量认证与创立和提升产品品牌、企业品牌、地方品牌相结合，发挥市场机制的作用，实现农产品优质优价，使农业发展进入用品牌吸引消费、以消费引导生产、靠市场需求拉动产品供给的良性发展轨道，从根本上解决农业的“三增”问题。

第五节　无公害蔬菜的认证、产地环境与质量要求

一、无公害蔬菜的概念

无公害蔬菜是指蔬菜产地环境、生产过程和品质符合国家有关标准和规范要求，经有关部门认证并允许使用无公害产品标志的未经加工或初加工的蔬菜。这是一个相对概念，是相对于有公害蔬菜而言，这一概念不包括标准更高、

要求更严的绿色食品（分为A级和AA两级）和与国际接轨的有机食品。绿色食品是遵循可持续发展原则，按照绿色食品标准生产，经过专门机构认定，使用绿色食品标志的安全、优质食品。

二、无公害蔬菜的内容

1. 蔬菜产地环境必须符合国家有关标准

所谓产地环境是指影响蔬菜生长发育的各种天然的和经过人工改造的自然因素的总体，包括农业用地、用水、大气、生物等。蔬菜的品质和产量是与环境息息相关的。环境条件符合蔬菜生长发育要求，蔬菜产量和品质就高，就能满足人们的需要，就能保证人们的身体健康，菜农经济效益就高。环境条件不符合蔬菜生长发育特性，其品质和产量就低，就不能满足人们需要，进而种菜效益就差。若产地环境不符合国家有关标准和规范，所生产的蔬菜就会含有对人体有害的重金属等物质，将会被国家强制禁止上市甚至销毁。一般蔬菜基地要求连片，露地栽培面积不少于150亩，日光温室不少于50栋，设施栽培面积不少于100亩。这样才便于控制产地环境。

2. 蔬菜的生产过程必须符合国家有关规定

这里要求蔬菜生产者和经营者必须从栽种到管理、从收获到初加工全程严格按照标准进行，科学合理使用肥料、农药、灌溉用水等农业投入品。

3. 蔬菜品质必须符合国家有关标准

蔬菜的品质是其内在质量，合格的蔬菜品质是生产的必然要求，是人们追求的根本目的，直接关系到消费者身心健康，目前蔬菜品质十分严峻，一方面是农业生态环境破坏加剧、产地环境污染严重；另一方面是农业投入品使用不科学，化肥、农药使用不规范，两者共同作用，致使蔬菜品质下降，不仅影响了其市场竞争力，甚至会造成人畜急性或慢性中毒，危害人体健康。

4. 必须经有认证权的行政部门认证

根据中华人民共和国农业部、国家质检总局《无公害农产品管理办法》规定：一是产地环境认定由省级农业行政主管部门组织实施认定工作；二是生产过程质量控制由申请人（即生产经营单位或个人）严格按照有关标准或规范操作，省级农业行政主管部门组织现场检查；三是蔬菜品质检测由有资质的部级农产品质量检测中心检测；四是由农业部和国家认证认可监督管理委员会核准并公告后颁发《无公害农产品认证证书》，该证书有效期为 3 年。

5. 允许使用无公害蔬菜标志

无公害蔬菜标志可以在证书规定的产品、包装、标签、广告、说明书上使用并且受工商和商标法保护。所获标志仅限在认证的品种、数量等一定范围内使用。如有伪造、冒用、转让、买卖无公害蔬菜产地认定证书、产品认证证书和标志的，则由县级以上农业行政主管部门责令停止，并可处以违法所得 1 ~ 3 倍罚款（最高限罚 3 万元），没有违法所得的处 1 万元以下罚款。对于产地被污染或产地环境没达标的，使用农业投入品不符合标准的，擅自扩大无公害蔬菜产地范围的，省农业厅可以给予警告并限期整改，逾期未改正的则撤销其无公害蔬菜产地认证证书。

6. 蔬菜产品必须是未经加工的或只是初加工的蔬菜

这是为了保证蔬菜原有的风味品质和营养，是无公害蔬菜的本质要求。为了耐贮藏、好运输、便于交易，也可以初加工和包装，如脱水、分级、包装等。

三、无公害蔬菜有关国际标准代号含义

ISO9000——质量管理和质量保证体系系列标准。

ISO14000——环境管理和环境保证体系系列标准。

GMP——良好操作规范。

GAP——良好农业规范。

HACCP——危害分析与关键控制点规范。

IPM——病虫害综合治理规范。

四、无公害蔬菜的产地环境质量及相关标准

1. 灌溉水质标准

用于无公害蔬菜灌溉的地面水、地下水和处理过的污水（废水），必须符合表 4.1 的规定，否则不允许在蔬菜地使用。

表 4.1　农田灌溉水质标准 GB5084—1992（蔬菜部分）

（单位：mg/L）

序号	项　目	蔬　菜
1	生化需氧量（BOD_5）≤	80
2	化学需氧量（COD_5）≤	150
3	悬浮物 ≤	100
4	阴离子表面活性剂（LAS）≤	5.0
5	凯氏氮≤	30
6	总磷（以 P 计）≤	10
7	水温°C≤	35
8	PH 值≤	5.5 ~ 8.5
9	全盐量≤	1 000（非盐碱土地区） 2 000（盐碱土地区） 有条件的地区可以适当放宽
10	氯化物≤	250
11	硫化物≤	1.0
12	总汞≤	0.01
13	总镉≤	0.05
14	总砷≤	0.05
15	铬（六价）≤	0.1
16	总铅≤	0.1
17	总铜≤	1.0
18	总锌≤	2.0
19	总硒≤	0.02
20	氟化物≤	2.0（高氟区）3.0（一般地区）
21	氰化物≤	0.5
22	石油类≤	1.0
23	挥发酚≤	1.0

续表 4.1

序号	项　目	蔬　菜
24	苯≤	2.5
25	三氯乙醛≤	0.5
26	丙烯醛≤	0.5
27	硼≤	1.0（对硼敏感作物，马铃薯、笋瓜、韭菜、洋葱、柑橘等） 2.0（对硼耐受性较强的作物，如：小麦、玉米、青椒、小白 菜、葱等） 3.0（对硼耐受性强的作物，如水稻、萝卜、油菜、甘蓝等）
28	粪大肠菌群数，个/L≤	10 000
29	蛔虫卵数，个/L≤	2

注：蔬菜，如大白菜、韭菜、洋葱、卷心菜等。蔬菜品种不同，灌水量差异很大，一般为 200~500 m³/亩·茬。

2. 土壤质量标准

用于种植无公害蔬菜的耕地必须符合表 4.2 的要求；应尽量杜绝工业或乡镇企业不合标准的废水、废气和固体废弃物、城镇排污、公路主干道的影响；同时防止农药和化肥、未经处理的人畜粪便等污染。

表 4.2　土壤环境质量标准 GB15618—1995（蔬菜部分）

（单位：mg/kg）

		一　级	二　级			三　级
		自然背景	< 6.5	6.5 ~ 7.5	> 7.5	> 6.5
镉≤		0.2	0.3	0.3	0.6	1
汞≤		0.15	0.3	0.5	1	1.5
砷	水田≤	15	30	25	20	30
	旱地≤	15	40	30	25	40
铜	农田等≤	35	50	100	200	400
	果园≤	—	150	200	200	400
铅≤		35	250	300	350	500

续表 4.2

		一 级	二 级			三 级
		自然背景	< 6.5	6.5 ~ 7.5	> 7.5	> 6.5
铬	水田≤	90	250	300	350	400
	旱地≤	90	150	200	250	300
锌≤		100	200	250	300	500
镍≤		40	40	50	60	200
六六六≤		0.05		0.5		1
滴滴涕≤		0.05		0.5		1

3. 大气污染物最高允许浓度

大气污染物最高允许浓度是蔬菜在长期或短期接触的情况下，能正常生长发育并且不发生急性或慢性伤害、保证人畜等免遭危害的浓度标准。

五、无公害蔬菜的认证

1. 无公害蔬菜认证范围

根据农业部无公害农产品标准，目前具备认证条件的蔬菜产品种类有：黄瓜、苦瓜、豇豆、菜豆、萝卜、胡萝卜、菠菜、韭菜、芹菜、蕹菜、大白菜、小白菜、菜薹（菜心）、乌塌菜、薹菜、京水菜、番茄、茄子、辣椒、普通结球甘蓝、花椰菜、青花菜。随着无公害农产品标准的不断制定和完善，认证范围将逐步扩大。

凡生产《实施无公害蔬菜认证的产品目录》内的产品，并取得无公害蔬菜产地认定证书的单位和个人，均可申请无公害蔬菜认证。国家鼓励省级农业行政主管部门统一组织集中申请产品认证。

2. 无公害蔬菜认证程序

申请产品认证的单位和个人（以下简称申请人），向“农产品品质量安全中心”（以下简称“中心”）申领《无公害农产品认证申请书》和相关资料或者从中国农业信息网站申请产品认证，应当向“中心”提交《无公害农产品认证申请书》及以下材料：

① 产地认定证书（复印件）；

② 环境监测报告和现状评价报告；

③ 产地区域范围和生产规模；

④ 产地区域周围示意图及说明；

⑤ 无公害蔬菜生产计划；

⑥ 无公害蔬菜质量控制措施；

⑦ 无公害蔬菜生产操作规程；

⑧ 有关专业技术和管理人员的资质证明材料；

⑨ 保证执行无公害农产品标准和规范的声明；

⑩ 无公害农产品有关培训情况和计划；

⑪ 申请认证产品上个生产周期的生产过程记录档案样本（投入品的使用记录和病虫草鼠害防治记录）；

⑫ 外购原料（包括农业投入品）需附购销合同（复印件）；

⑬ “公司加农户”形式的申请人应当提供公司和农户签订的购销合同范本、农户名单以及管理措施；

⑭ 营业执照、注册商标（复印件）。

“中心”自收到申请材料之日起，在15个工作日内完成申请材料的审查工作。

申请材料不符合要求的，“中心”应当书面通知申请人不予认证，本生产周期内不再受理其申请。

申请材料不规范的，“中心”书面通知申请人补充相关材料。申请人自收到通知之日起，在 15 个工作日内按要求完成补充材料并报“中心”。“中心”在5个工作日内完成重新审查工作。

申请材料符合要求但需要对产地进行现场检查的，“中心”应当在 5 个工作日内完成现场检查计划并组织有资质的检查员组成检查组，同时通知申请人并请申请人予以确认。

现场检查不符合要求的，书面通知申请人。本生产周期内不再受理其申请。

申请材料符合要求不需要对产地进行现场检查的，或者申请材料和产地现场检查符合要求的，“中心”书面通知申请人委托《无公害农产品检测机构名录》内的检测机构对其申报产品进行抽样检验。

检测机构应当在约定的时间内完成抽样检验工作，并出具产品检验报告，分送“中心”和申请人。

产品检验不合格的，“中心”书面通知申请人，本生产周期不再受理其申请。

“中心”依据材料审查意见、产地现场检查意见（需要时）、产品检验报告等，在15个工作日内作出认证结论。

同意颁证的，“中心”主任签发无公害农产品认证证书。

不同意颁证的，书面通知申请人。

3. 认证后的管理

每月10日前，“中心”将上月获得无公害农产品认证的产品目录同时报农业部和国家认监委备案，并由农业部和国家认监委公告。

无公害农产品认证证书有效期为三年，期满如需继续使用的，须在有效期满90日前按《无公害农产品认证程序》，重新办理。

任何单位和个人（以下简称投诉人）对“中心”检查员、工作人员、认证结论、检测机构、获证人等有异议的均可向“中心”提出投诉。

“中心”应当及时调查、处理所投诉事项，并将结果通报投诉人。

投诉人对“中心”的处理结论仍有异议，可向农业部和国家认监委投诉。

“中心”对获得认证的产品进行不定期检查和抽检。

获得产品认证证书，有下列情形之一的，由“中心”予以警告，并责令限期改正；逾期未改正的，撤销其产品认证证书：

① 擅自扩大标志使用范围；

② 转让、买卖产品认证证书和标志。

获得产品认证证书，有下列情形的，“中心”暂停或撤销其产品认证证书：

① 生产过程发生变化，产品达不到无公害农产品质量标准要求；

② 经检查、检验、鉴定，不符合无公害农产品质量标准要求；

③ 产地认定证书被撤销。

4. 无公害蔬菜产地认证

无公害蔬菜产地认定程序为规范无公害农产品产地认定（以下简称产地认定）工作，保证产地认定结论的科学性和公正性，农业部和国家认监委根据《无公害农产品管理办法》，制定了全国统一的《无公害农产品产地认定程序》、《无公害农产品产地认定申请书》、《无公害农产品产地认定证书》的格式。

5. 产地认定程序

申请产地认定的单位和个人（以下简称产地申请人）向所在地农业行政主管部门申领《无公害农产品产地认定申请书》和相关资料或者从中国农业信息网站（www.a.gov.cn）下载获取。

申请产地认定，应当向产地所在地的县级农业行政主管部门提交以下材料：

①《无公害农产品产地认定申请书》；
② 产地的区域范围、生产规模；
③ 产地环境状况说明；
④ 无公害蔬菜生产计划；
⑤ 无公害蔬菜质量控制措施，包括：生产无公害蔬菜的管理措施和无公害蔬菜生产投入品控制措施；
⑥ 专业技术人员的资格证明；
⑦ 保证执行无公害农产品标准和规范的声明；
⑧ 其他应当提交的材料。

县级农业行政主管部门负责对产地认定申请材料的形式审查工作。

① 符合要求的，出具推荐意见，连同产地认定申请材料逐级上报省级农业行政主管部门；

② 不符合要求的，不予推荐，并书面通知产地申请人。

省级农业行政主管部门收到推荐意见和产地认定申请材料后，组织有资质的检查员对产地认定申请材料进行审查。不符合要求的，书面通知产地申请人。

省级农业行政主管部门对产地认定申请材料符合要求的，组织产地检查组进行产地现场检查。产地现场检查不符合要求的，书面通知产地申请人。

省级农业行政主管部门对申请材料和产地现场检查符合要求的，通知产地申请人委托具有资质和能力的检测机构对其产地环境进行检测。

检测机构应当按照标准进行检测，出具检测报告和评价报告，分送省级农业行政主管部门和产地申请人。

环境检测不合格的，省级农业行政主管部门应当作出不予认定的结论，并书面通知产地申请人。对申请材料、产地现场检查和环境检测符合要求的。应当予以认定，并颁发《无公害农产品产地认定证书》。

6. 产地认定后的管理

产地认定证书有效期为三年。期满如需继续使用，产地认定证书持有人应当在有效期满 90 日前按《无公害农产品产地认定程序》的有关规定重新办理。

省级农业行政主管部门已经认定的无公害农产品产地，符合本程序规定的，可以换发本程序规定的《无公害农产品产地认定证书》。

省级农业行政主管部门应当在颁发认定证书后 30 日内将获得产地认定的基地名录报农业部和国家认监委备案。

1. 什么是无公害食品、绿色食品及有机食品？
2. 说明无公害农产品、绿色食品、有机食品三者之间的关系。
3. 怎样对无公害蔬菜进行认证？
4. 无公害食品、绿色食品及有机食品对产地环境和生产质量有哪些要求？

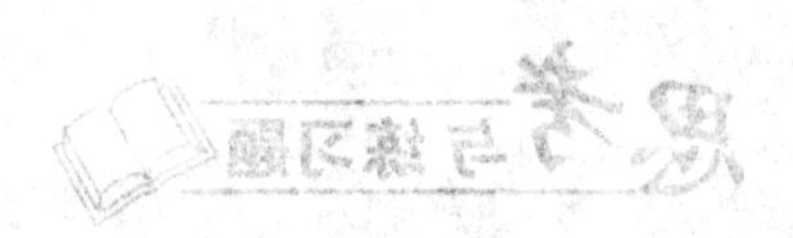

1. 什么是无公害食品、绿色食品及有机食品？
2. 说明无公害农产品、绿色食品、有机食品三者之间的关系。
3. 怎样对无公害蔬菜进行认证？
4. 无公害食品、绿色食品及有机食品对产地环境和生产质量有哪些要求？

第三篇　养殖业生产基本理论、生产过程及环境条件要求

饲料与动物营养原理

内容摘要：本章主要介绍动物的消化系统与消化、营养素及其功能、营养物质在动物体内的相互关系、动物的营养需要与饲养标准；饲料的分类、饲料转化效率、饲料的加工与调制、日粮配合的原则、配合饲料的种类。

第一节　动物的消化系统与消化

饲料中的营养成分，除水、矿物质和维生素可被机体直接吸收利用外，碳水化合物、蛋白质和脂肪都是较复杂的大分子有机物，不能直接吸收，必须在消化道内经过物理的、化学的和微生物的消化，分解成为简单的小分子物质，才能被机体吸收利用。饲料在消化道内的这种分解过程叫消化。饲料经过消化后，营养物质通过消化道黏膜上皮细胞进入血液循环的过程叫吸收。

一、消化系统的结构

消化系统由消化道和消化腺两部分组成。消化道为饲料通过的管道，起始于口腔，经咽、食管、胃、小肠、大肠，止于肛门。消化腺是分泌消化液的腺体。包括唾腺，肝、胰、胃腺和肠腺等。

消化系统根据其不同结构可以分为以下 3 种类型：

（1）单胃类：包括单胃肉食类、单胃杂食类和单胃草食类，如图 5.1 所示。

（2）反刍类：牛是代表，如图 5.2 所示。

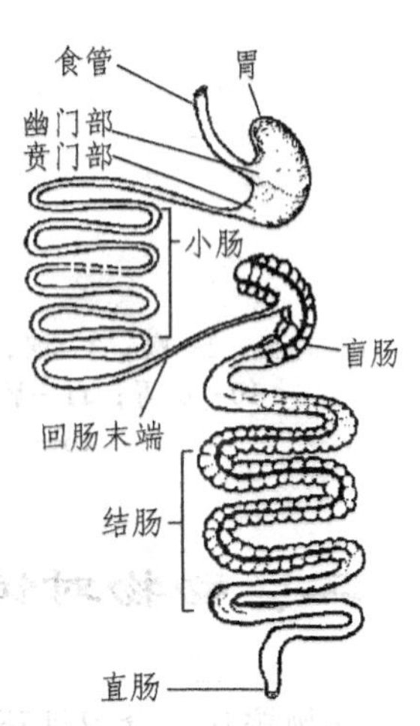

图 5.1　猪的消化系统

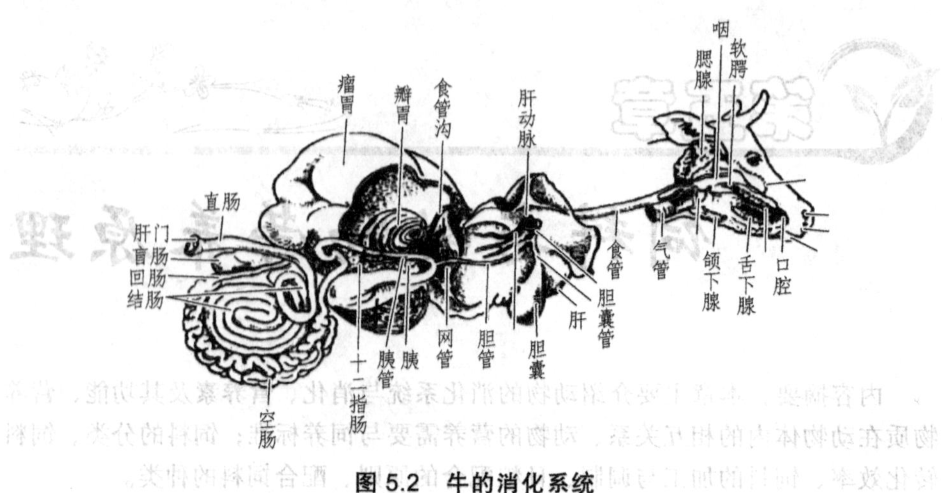

图 5.2 牛的消化系统

（3）禽类：鸡是代表，如图 5.3 所示。

图 5.3 鸡的消化系统

1—口腔；2—喉；3—咽；4—气管；5—食管；6—嗉囊；7—腺胃；8—肝；9—胆囊；10—肌胃；11—胰；12—十二指肠；13—空肠；14—回肠；15—盲肠；16—直肠；17—泄殖腔；18—输卵管；19—卵巢

二、动物对饲料的消化方式

动物按其采食习性可分为肉食类，如狗、猫等；杂食类，如家禽、猪等；

草食类，如牛、马、羊、兔等。它们消化道的构造和功能均有差异，但是它们对饲料中各种营养物质的消化却具有许多共同的规律，其消化方式主要归纳为物理性消化、化学性消化和微生物消化。

1. 物理性消化

（1）口腔中的物理性消化。动物口腔内饲料的消化主要是物理性消化，主要靠动物的咀嚼器官——牙齿和消化道管壁的肌肉运动把食物压扁、撕碎、磨烂，增加食物的表面积，使其易与消化液充分混合，并把食糜从消化道的一个部位运送到消化道的另一个部位。

家禽口腔内没有牙齿，靠喙采食饲料，喙也能撕碎大块食物。鸭和鹅为扁平状的喙，边缘粗糙面具有很多小型的角质齿，也有切断饲料的功能。饲料与口腔内分泌的黏液混合，再吞咽入胃进行酶的消化。猪口腔内牙齿对饲料的咀嚼比较细致，咀嚼时间长短与饲料的柔软程度和猪的年龄有关。一般粗硬的饲料咀嚼时间长，随猪年龄的增加，咀嚼时间相应缩短。

非反刍草食动物，马主要靠上唇和门齿采食饲料，靠臼齿磨碎饲料，咀嚼比猪更细致。咀嚼时间愈多，饲料的润湿、膨胀、松软愈好，愈有利于胃内继续消化。草食性的家兔，靠门齿切断饲料，臼齿磨碎饲料，并与唾液充分混合而吞咽。该类动物的饲料饲喂前适当切短，有助于动物采食和牙齿磨碎。

反刍动物采食饲料后，不经充分咀嚼就吞咽到瘤胃。饲料在瘤胃受水分及唾液的浸润被软化，休息时再返回口腔仔细咀嚼。这是反刍动物特有的反刍现象，也是饲料在口腔内进行的物理性消化。经反刍后的食糜，颗粒很细，有利于微生物的进一步消化。

（2）胃肠内物理性消化。饲料在动物胃、肠内的物理性消化，主要靠管壁肌肉的收缩，对食糜进行研磨和搅拌。家禽靠肌胃壁强有力的收缩磨碎食物，鸡饲料中有少许砂石，更有利于肌胃机械性的磨碎饲料。

2. 化学性消化

动物对饲料的化学性消化主要是酶的消化。酶的消化是高等动物主要的消化方式，是饲料变成动物能吸收的营养物质的一个过程，对非反刍动物的营养具有特别重要的作用。各种消化酶均有其专一作用的特征，可以将酶分为三类：分解碳水化合物的是淀粉酶，分解蛋白的是蛋白酶，分解脂类的是脂肪酶。

不同种动物同一部位消化酶分泌的特点不同，动物口腔分泌物中通常含有黏液，用来润湿食物，便于吞咽。人的唾液中含淀粉酶较多，猪和家禽唾液中含有少量淀粉酶，牛、羊、马唾液中不含淀粉酶或含量极少，但存在其他酶类，如麦芽糖酶、过氧化物酶、酯酶等。唾液淀粉酶在动物口腔内消化很弱，随食糜进入胃内，在胃内还可以进一步消化。反刍动物唾液中所含碳酸氢钠和磷酸盐，对维持瘤胃适宜酸度具有较强的缓冲作用。不同生长阶段的动物，分泌消化酶的种类、数量以及酶的活性都不同。

3. 微生物消化

消化道中的微生物，在动物消化过程中起着积极的不可忽视的作用，这种作用对反刍动物的消化十分重要，是反刍动物能大量利用粗饲料的根本原因。反刍动物的微生物消化场所主要在瘤胃。成年反刍动物瘤胃容积庞大，大型牛为 140 ~ 230 L，小型牛为 95 ~ 130 L，几乎占整个腹腔的一半，约为 4 个胃总容积的 80%，为消化道容积的 70%。瘤胃好似一个厌氧的高效率的发酵罐。瘤胃中经常有食糜流入和排出，食物和水分相对稳定，渗透压接近血浆水平，温度通常保持在 38.5 ~ 40 °C，pH 维持于 5 ~ 7.5，呈中性而略偏酸，很适合厌氧微生物的繁殖。瘤胃微生物种类复杂，主要为嫌气性的纤毛虫和细菌两大类群。其数量随着饲料种类、饲喂制度及动物年龄等因素的不同而变化。一般成年反刍动物每 1 ml 瘤胃液含细菌（0.4 ~ 6.0）$\times 10^6$，含纤毛虫（0.2 ~ 2.0）$\times 10^6$，总体积约占瘤胃内容物的 5% ~ 10%，其中细菌和纤毛虫各半。瘤胃微生物若按鲜重计算，绝对量达 3 ~ 7 kg。瘤胃微生物除纤毛虫和细菌外，也还有酵母类型的微生物和噬菌体等。

瘤胃中微生物能分泌α-淀粉酶、蔗糖酶、呋喃果聚糖酶、蛋白酶、胱氨酸酶、半纤维素酶和纤维素酶等。这些酶可将饲料中的糖类和蛋白质分解成挥发性脂肪酸、氨气等营养性物质，同时微生物发酵也产生甲烷、二氧化碳、氢气、氧气、氮气等气体，通过嗳气排出体外。有试验证明，绵羊由瘤胃转入真胃的蛋白质，约有 82% 属菌体蛋白，可见饲料蛋白质在瘤胃中大部分已转化成了菌体蛋白。瘤胃微生物不仅与宿主存在共生关系，而且微生物之间彼此存在相互制约、相互共生的关系。纤毛虫能吞食和消化细菌，除了菌体能提供营养来源外，还可利用菌体酶类来消化营养物质。

瘤胃微生物在反刍动物的整个消化过程中具有两个优点：一是借助于微生物产生的纤维素分解酶（β-糖苷酶），消化宿主动物不能消化的纤维素、半纤维素等物质，提高动物对饲料中营养物质的消化率；二是微生物能合成必需氨基酸、必需脂肪酸和 B 族维生素等物质供宿主利用。瘤胃微生物消化的不足之处是微生物发酵使饲料中能量损失较多，优质蛋白质被降解和一部分碳水化合物发酵生成甲烷、二氧化碳、氢气及氧气等气体，排出体外而流失。

非反刍草食动物的微生物消化也是比较重要的。如马的盲肠类似瘤胃，食糜

在马盲肠和结肠滞留达 12 h 以上，经微生物充分发酵，饲草中粗纤维 40% ~ 50% 被分解为 VFA（挥发性脂肪酸）、氨气和二氧化碳。家兔的盲肠和结肠有明显的蠕动与逆蠕动，从而保证盲结肠内微生物对食物残渣中粗纤维进行充分消化。

第二节 饲料中的营养物质及分类

按照常规分析，构成动植物体的化合物为水分、粗灰分、粗蛋白质、粗脂肪或乙醚浸出物、粗纤维和无氮浸出物（NFE）六种成分。

1. 水 分

动植物体内的水分一般以两种状态存在：一种含于动植物体细胞间，与细胞结合不紧密，容易挥发，称为游离水或自由水；另一种与细胞内胶体物质紧密结合在一起，形成胶体外面的水膜，难以挥发，称结合水或束缚水。构成动植物体内的这两种水分之和称为总水。

2. 粗灰分

饲料在 550 °C 灼烧后所得的残渣，其中主要是氧化物、盐类等矿物质，也包括混入饲料的泥沙，故称粗灰分或矿物质。

3. 粗蛋白质

根据凯氏法测定出饲料中总氮值，用总氮值再乘以 6.25 所得积，称为饲料中的粗蛋白质。多数蛋白质的含氮量相当接近，一般为 14% ~ 19%，平均为 16%，故测定蛋白质只要测定样品中的含氮量，就可以计算出蛋白质的含量。

$$蛋白质含量 = 样本含氮量 \times 100/16 = 样本含氮量 \times 6.25$$

在动植物体中，除蛋白质外尚有非蛋白质氮，所以按上述测定的含氮量而求得的蛋白质，通常称粗蛋白质。

4. 粗脂肪

粗脂肪包括饲料中可溶于乙醚的成分（包括脂肪、蜡质、有机酸、酯溶性色素、脂溶性维生素等），因此，通常把粗脂肪称为乙醚浸出物。

5. 碳水化合物

碳水化合物是植物性饲料中最主要的组成成分，约占干物质的 50% ~ 80%，是动物日粮中能量的主要来源。按常规分析，可将碳水化合物分为粗纤维和无氮浸出物两部分。

粗纤维由纤维素、半纤维素、多缩戊糖及镶嵌物质（木质素、角质）所组成，是植物细胞壁的主要成分，也是饲料中最难消化的营养物质。

纤维素是葡萄糖分子的配糖键相联结而成的一种低聚糖，化学性质稳定，只有在一定浓度的硫酸作用下，才可达到水解的目的，其营养价值与淀粉相似；半纤维素在植物界的分布最广，能被稀酸或稀碱所水解；木质素是最稳定、最坚韧的物质，在植物中它不是一种营养成分，其含量的多少影响着饲料的营养价值，当木质素含量达 40% 时，一般微生物几乎不能分解。

第三节　营养素及其功能

一、碳水化合物、蛋白质、脂肪、微量元素、维生素的主要营养功能

1. 作为动物体的结构物质

营养物质是动物肌体每一个细胞和组织的构成物质，如骨骼、肌肉、皮肤、结缔组织、牙齿、羽毛、角、爪等组织器官。所以，营养物质是动物维持生命和正常生产过程中不可缺少的物质。

2. 作为动物生存和生产的能量来源

在动物生命和生产过程中，维持体温、随意活动和生产产品所需能量皆来源于营养物质。碳水化合物、脂肪和蛋白质都可以为动物提供能量，但以碳水化合物供能最经济。脂肪除供能外还是动物体贮存能量的最好形式。

3. 作为动物机体正常机能活动的调节物质

营养物质中的维生素、矿物质以及某些氨基酸、脂肪酸等，在动物机体内起着不可缺少的调节作用。如果缺乏，动物机体正常生理活动将出现紊乱，甚至死亡。

除以上功能外，营养物质在动物机体内，经一系列代谢过程后，还可以形成各式各样的离体产品。

二、粗纤维在动物营养中的作用

1. 营养作用

粗纤维可以在反刍动物的瘤胃或单胃动物的大肠中被微生物发酵，产生挥发性脂肪酸，为宿主提供一定的能量。不同动物对粗纤维的消化率不同，如牛羊为 50%～90%，马为 13%～40%，猪为 3%～36%，鸡为 2%～30%。

粗纤维是反刍动物必需的营养物质。实践表明，当反刍动物长期饲喂粗纤维含量低于 7.5%～8% 的日粮，将会引起消化代谢过程紊乱，发生营养和代谢疾病，产生乳酸中毒以及产后皱胃移位等。

猪、禽虽然对粗纤维的消化利用率低，为保证其正常的消化功能，日粮中含有少量粗纤维也是必要的。特别是在母猪营养中粗纤维具有独特的作用，适量的纤维可减少母猪便秘和异常行为的发生率，改善母猪的繁殖性能，还可提高泌乳母猪的采食量，从而改善泌乳性能，提高仔猪的断奶窝重。

2. 填充作用，使家畜有饱感

粗纤维的容积大，吸湿性强且难以消化，可充填胃肠使动物食后有饱感。在猪肥育后期和母猪妊娠期需要限制饲养水平，又要给动物以饱的感觉，常常会提供含纤维多的大容积粗饲料。

3. 促进胃肠蠕动及粪便排泄

因为胃肠是否正常蠕动是影响养分吸收的重要因素。适宜的粗纤维对消化道黏膜有一定刺激作用，可促进胃肠蠕动，排出体内代谢废物。

三、必需氨基酸、非必需氨基酸和限制性氨基酸

1. 必需氨基酸

必需氨基酸指在畜禽体内不能合成或合成速度及数量不能满足动物最佳生长和繁殖的需要，而必须由饲料提供的氨基酸。猪的生长需要氨酸、蛋氨酸、

色氨酸、苏氨酸、缬氨酸、组氨酸、苯丙氨酸、异亮氨酸、亮氨酸、精氨酸。而雏鸡的正常生长，除要满足上述10种必需氨基酸外，还需要甘氨酸、胱氨酸和酪氨酸。

2. 非必需氨基酸

非必需氨基酸指动物可以在体内利用碳架和氨基自行合成，不必由饲料提供的氨基酸。

需要强调的是，上述两类氨基酸对于动物正常的生理和代谢都是必需的。但是，正常的家禽的日粮中都含有充足的非必需氨基酸，因此，单胃动物营养中最重要的是必需氨基酸。

3. 条件性必需氨基酸

有些氨基酸很难划分为必需氨基酸或非必需氨基酸。如初生和早期断奶仔猪可以自身合成精氨酸，但合成的数量不能充分满足幼猪的生长需要。动物随着年龄的增长，体内对精氨酸和组氨酸的合成能力增强，所以组氨酸和精氨酸对应的饲料中，第一限制性氨基酸都是赖氨酸。而在猪的玉米-豆粕型或玉米-杂粕型（如棉粕、花生粕）日粮中，赖氨酸也是第一限制性氨基酸。对于产蛋家禽，玉米-豆粕型日粮中第一限制性氨基酸则为蛋氨酸。

四、能量的作用和来源

能量按其在体内代谢的过程，可分为总能、消化能、代谢能和净能。其中，净能就是纯粹被动物所利用形成机体组织或畜产品的那部分能量。能量支撑着生物的所有生命活动过程，维持着体温，为各种运动和代谢活动提供动力，是构成生命的要素之一。

能量来源于饲料，通常饲料中的可消化纤维、淀粉、糖类、脂肪都是能量的来源。我们把上述营养丰富的饲料称为能量饲料。划分的标准是绝干物质中粗纤维低于18%、蛋白质低于20%的饲料。

五、饲料能量在动物体内的转化

动物摄入的饲料能量伴随着养分的消化代谢过程，发生一系列转化，饲料能量可相应划分成若干部分，如图 5.4 所示。每部分的能值可根据能量守恒和转化定律进行测定和计算。

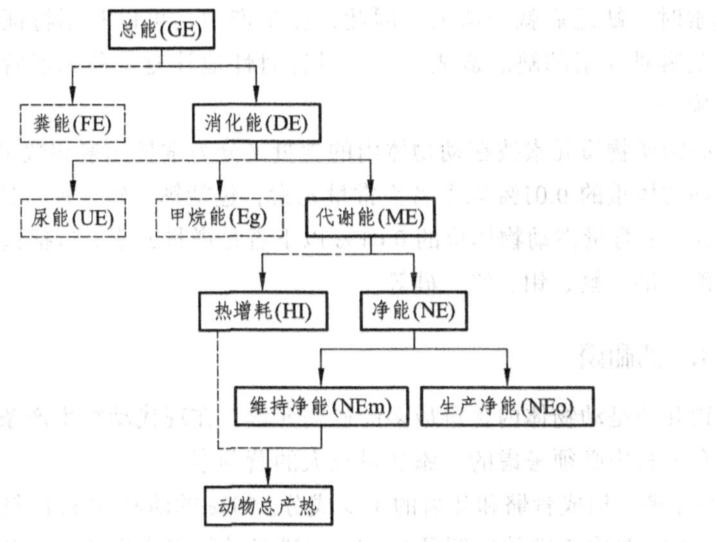

图 5.4 饲料能量在动物体内的分配

---表示不可用能量；——表示可用能量；----表示在冷激情况下有用

六、能量体系

饲料的能量包括总能、消化能、代谢能以及净能。总能 GE 是指饲料中有机物质完全氧化燃烧生成二氧化碳、水和其他氧化物时释放的全部能量，主要为碳水化合物、粗蛋白质和粗脂肪能量的总和。消化能 DE 是饲料可消化养分所含的能量，即动物摄入饲料的总能与粪能之差，被广泛应用于猪日粮的配制当中。代谢能 ME 是指饲料消化能减去尿能及消化道可燃气体的能量后剩余的能量。真代谢能 TME 是指对内源能损失进行校正后的代谢能，它被广泛应用于家禽日粮的配制当中。

七、常量元素与微量元素的划分及种类

矿物质元素是动物营养中一大类无机营养元素，是具有营养生理功能的必需元素，除碳、氢、氧、氮四种外，已知动物必需的矿物质元素有 27 种。

必需矿物质元素都具有以下特点：各种动物都需要在动物体内具有确切的生理功能和代谢作用；当日粮中供给不足或缺乏时会产生缺乏症，当补充相应的元素时，缺乏症就会消失。因此，在生产中，可以利用特征性的症状初步判断是哪种元素的缺乏造成，并通过针对性地补充某种元素后，症状是否消失来确证。

必需矿物质元素按在动物体内的含量又分为常量元素和微量元素两类：含量占动物体重的 0.01% 以上者为常量元素，包括钙、磷、钾、钠、镁、氯、硫等种元素；含量占动物体重的 0.01% 以下者是微量元素，包括铁、铜、锰、锌、钴、碘、硒、氟、钼、铬、硅等。

1. 钙和磷

钙和磷是动物体内含量最多的矿物元素。在现代动物生产条件下，钙和磷是配合饲料中必须考虑的、添加量较大的营养素。

钙、磷是构成骨骼和牙齿的主要成分。99% 的磷和 80% 的钙都存在于骨骼和牙齿中，骨中正常的比例是 2∶1。但满足动物正常生长和生理需要的钙磷比例为 1.3～1.5∶1，而产蛋鸡的比例是 4∶1。钙、磷的供应不足或比例失当均会造成钙、磷的缺乏症。

动物钙和磷的缺乏症表现为：幼畜佝偻症；成年骨软症；家禽出现产软壳蛋，产蛋量下降，孵化率降低。

维生素 D 影响钙、磷的吸收。缺乏维生素的主要病症是佝偻病和成年动物的软骨病。家禽维生素 D 缺乏可降低产蛋量和孵化率，蛋壳变薄变脆。长期舍饲，不直接受日光照射的动物会发生维生素 D 缺乏症，应在饲料中补充。

2. 钠和氯（食盐）

氯化钠（食盐）的主要功能是调节体液的酸碱平衡和维持细胞与血液间渗透压平衡。此外，还有刺激唾液分泌和促进消化酶活动的功能。缺乏时，食欲减退，被毛粗乱，生长缓慢，饲料利用率降低，并出现异食癖。钠对维持体液的酸碱平衡，细胞和体液的渗透压有重要作用，还参与水代谢，并对肌肉和心脏活动起调节作用，植物饲料含钠、氯少，必须添加，一般以 0.1%～0.5% 为宜。

3. 铁、铜、钴

铁、铜、钴这三种元素都与造血功能有关。

（1）铁。铁是血红蛋白、肌红蛋白和多种氧化酶的成分之一，它与血液中氧的运输、细胞的生物氧化过程有密切关系。缺铁的典型症状是贫血。成年猪可从饲料中得到足够的铁。仔猪常因缺铁而引起贫血，特别是哺乳仔猪，需要补充含铁的制剂。

（2）铜。铜可以促进铁的利用，所以缺铜也可发生贫血。铜又是一些酶的成分和激活剂的组成成分。

（3）钴。钴是维生素 B_{12} 的组成成分。维生素 B_{12} 有促进血红素形成的作用，因此，缺钴时发生贫血。

4. 锌

锌是动物体内最重要的必需微量元素之一，作为多种酶的辅酶，广泛参与体内多种生化代谢，对蛋白质、核酸的合成以及生殖腺等都有极为重要的影响。

由于在植物性日粮中含的植酸和草酸会妨碍锌的吸收，夏季天气炎热可导致猪食欲下降，致使锌的摄入量减少。猪日粮中缺锌时会使味蕾萎缩，造成食欲减退、生长缓慢和皮肤不全角化症；公猪睾丸发育受阻，繁殖力降低。鸡缺锌时生长受阻，羽毛发育不良。

5. 锰

锰参与形成骨骼基质中的硫酸软骨素，与维持正常繁殖有关，和糖类及脂肪代谢有关。骨异常是缺锰的典型症状，家禽缺锰时会出现骨短粗症和滑腱症。

6. 硒

硒和维生素具有相似的抗氧化作用，对保护细胞膜的完整性有重要作用。硒缺乏会引起仔猪营养性肝坏死和白肌病，鸡缺硒主要表现为渗出性素质和胰腺纤维变性，羔羊和犊牛缺硒则会发生营养性肌肉萎缩。缺硒还引起繁殖性能紊乱，公猪精液品质下降，种鸡产蛋率下降，母牛产后胎衣不下。在缺硒地区要注意维生素 E 的添加，并注意维生素 E 供给量。

7. 碘

碘的主要功能是参与甲状腺的组成，调节体内代谢。缺碘的典型症状为甲状腺肿大，幼猪生长缓慢，形成侏儒症，成年猪黏液性水肿，妊娠母猪缺碘会引起流产及分娩无毛的弱小仔猪等。

八、脂溶性维生素与水溶性维生素的特点及种类

根据维生素的溶解性质，维生素分为水溶性和脂溶性两大类。

（1）水溶性维生素。水溶性维生素包括维生素 C（抗坏血酸）和 B 族维生素，后者有硫胺素（维生素 B_1）、核黄素（维生素 B_2）、烟酸（维生素 B_3）、叶酸、维生素 B_{12}、维生素 B_6、生物素、泛酸等。此类维生素有两个主要特点：

① 不在体内贮存，当机体内这些营养素充裕时，多余部分便可通过尿液排出。

② 构成机体多种酶系的重要辅基或辅酶，参与机体糖、蛋白质、脂肪等多种代谢。

水溶性维生素的特点是指仅溶于水的维生素；在体内储存量很少，不同个体体内维生素的储存量有变异，必须经常摄取，缺乏后症状出现较快，例如大部分维生素 B 在缺乏的 3～7 天即会出现症状。绝大多数是以辅酶的形式参与酶系统，通过调整蛋白质、脂肪和糖的合成与分解调节能量代谢，多数可通过血或尿液中标记物检测。维生素摄入过多时，水溶性维生素常以原形从尿中排出体外，一般不会引起中毒，但摄入过大（非生理）剂量时，常干扰其他营养素的代谢。

（2）脂溶性维生素脂溶性维生素包括维生素 A（视黄醇）、维生素 D、维生素 E、维生素 K。该类维生素的特点是：

① 化学组成仅含碳、氢、氧。

② 仅溶于脂肪和脂溶剂。

③ 在肠道随脂肪经淋巴系统吸收，大部分储存在脂肪组织，由胆汁少量排出。

④ 可以在肝脏等器官蓄积，过量摄入可以引起中毒。

⑤ 短期缺乏用一般血液指标查不出来。

脂溶性维生素大量摄入时，由于排出较少，可致体内积存超负荷而造成中毒。为此，必须遵循合理原则，不宜盲目加大剂量。

表 5.1　维生素分类及命名

脂溶性维生素	水溶性维生素	
维生素 A（视黄醇）	B 族维生素	维生素 C
维生素 D	• 硫胺素（维生素 B_1）	
维生素 E	• 核黄素（维生素 B_2）	

续表 5.1

脂溶性维生素	水溶性维生素	
维生素 K	• 烟酸（维生素 B_3）	
	• 叶酸	
	• 维生素 B_{12}	
	• 维生素 B_6	
	• 生物素	
	• 泛酸	

九、提高饲料蛋白质利用率的措施

绝大多数饲料中蛋白质的必需氨基酸总是不完全的。所以，日粮中饲料单纯时，蛋白质的利用率就不高。

由两种以上饲料混合饲喂时，饲料中蛋白质的氨基酸之间彼此能取长补短、相互补充，使饲料蛋白质中各种必需氨基酸含量增加，从而提高饲料蛋白质的利用率和营养价值，这种作用称为蛋白质互补作用。

例如，玉米蛋白质利用率为 54%，肉骨粉蛋白质利用率为 42%，如果用两份玉米和一份肉骨粉混合饲喂，其利用率不是两者的平均数 50%，而是 61%。这是由于玉米含有较低的赖氨酸和精氨酸，而骨肉粉含有较高的赖氨酸和精氨酸，将二者混合饲喂，则起互补作用，使必需氨基酸得以平衡，从而提高其利用率。

对于养鸡来说，日粮配合的目的是为了满足鸡的营养需要，提高日粮的利用率，充分发挥鸡的生产性能。采用多种多样的饲料所组成的日粮，能有效地利用饲料蛋白质的互补作用，提高日粮蛋白质的利用率，充分发挥各种饲料蛋白质的营养价值。其次，还可增加日粮的适口性。各种饲料有其不同的适口性，有些饲料含有特殊的味道和气味，鸡不爱吃，如果用多种多样饲料配合日粮，易于调整组成符合营养标准规定的各项营养指标，使日粮营养能满足鸡的健康的需要。所以，鸡的日粮应由多种饲料所组成。

第四节　营养物质在动物体内的相互关系

动物从饲料中摄取六种营养物质后，必须经过体内的新陈代谢过程，才能将饲料中营养物质转变为机体成分、动物产品或提供能量，二者关系可概括为：动物体水分来源于饲料水、代谢水和饮水；动物体蛋白来源于饲料中的蛋白质和氨化物；动物体脂肪来源于饲料中的粗脂肪、无氮浸出物、粗纤维即蛋白质脱氨部分；动物体中的糖分来源于饲料中的碳水化合物；动物体中的矿物质来源于饲料、饮水和土壤中的矿物质；动物体中的维生素来源于饲料中的维生素和动物体内合成的维生素。但这并不是绝对的，因为饲料中各种营养物质在动物体内的代谢过程中存在着相互协调、相互代替或相互拮抗等复杂关系。

第五节　评定饲料营养价值的方法

饲料的营养价值就是指饲料被动物采食后，经过动物体内的消化、吸收和代谢利用过程，能够满足动物机体对养分和能量需要的程度以及用于畜产品生产的能力大小。动物对饲料营养物质和能量的有效利用程度越高，则其营养价值就越高，反之则越低。

一、饲料分析

随着营养学的研究与发展，在科研与生产实践中，在测定粗蛋白的基础上，蛋白质已能进一步分别测定真蛋白质、非蛋白氮、各种氨基酸；粗脂肪指标也已延伸到测定各种脂肪酸；粗纤维则可测定中性洗涤、酸性洗涤纤维、酸性洗涤木质素、纤维素、半纤维素与木质素；粗灰分进一步分别测定各种元素等。

饲料化学分析的结果只能反映饲料中各种养分的含量，而不能反映饲料被动物采食后的消化利用情况，因此有一定的局限性。准确测定饲料中可利用（可消化吸收）的养分含量，是评定饲料营养价值的重要内容，在生产实践中具有重要的意义。

二、消化试验

饲料被动物采食后，其养分被动物消化吸收的部分占摄入饲料养分总量的百分比称为饲料养分的消化率。消化试验的方法可测定饲料中各种养分和能量

的消化率，来计算饲料中可消化养分或消化能的含量，是评定饲料营养价值最常用、最基本的方法之一。

在消化试验中，将供试饲料按试验要求饲喂给动物，然后测定在一定期间内动物摄入饲料的干物质和其他养分的数值以及从粪中排出的干物质和其他养分的数值计算饲料养分的消化率。

所测定的消化率可分为表观消化率和真消化率两种。

$$表观消化率=\frac{食入饲料某养分-粪中某养分}{食入饲料某养分}\times 100\%$$

在消化率的测定过程中，粪中的养分还包含肠道脱落的黏膜上皮、消化液和肠道微生物等内源性产物。如果扣除内源性某种成分后，得到的消化率值则称为真消化率。

$$真消化率=\frac{食入饲料某养分-(粪中某养分-代谢性类产物)}{食入饲料某养分}\times 100\%$$

三、平衡试验

通过消化试验可以测知饲料被消化的养分量，但不能测得养分在动物体内被利用的数量。通过平衡试验（又称代谢试验），测定营养物质的食入、排泄和沉积（包括动物产品中）的数量，可用以估计动物对营养物质的需要量和饲料营养物质的利用率。平衡试验包括物质平衡（氮平衡和碳平衡）试验和能量平衡试验。矿物质和维生素由于内源干扰或肠道微生物的影响，平衡试验测定的结果意义不大。

四、饲养试验

饲养试验是将供试饲料（日粮）直接饲喂动物，然后通过测定供试动物生产性能（如增重、产蛋、产奶、采食量、每增重耗料等），以比较饲料的优劣或确定动物对养分的需要量，是动物营养研究中最常用的一种试验方法。

由于动物的性能受到遗传、性别、年龄、体重、健康状况和温度等因素影响，所以，即使是在同一品种和相同的饲养管理条件下，试验动物之间的差异性也会存在。因此，尽量保持试验组间的一致性（如遗传来源一致，体重和年龄接近，性别均一，身体健康，所有的试验动物在同一栋畜舍由同一个饲养员管理等）；同时，增加每个处理的重复数，以及将动物随机分配到各个重复组，是解决这个问题的有效办法。这就是试验设计中必须遵循的“唯一差异”和“随机化”原则。

第六节　动物的营养需要与饲养标准

不同的动物、不同的生产目的与水平，对营养物质的需要量都不同。动物营养学不仅要研究不同种类动物需要的营养物质的种类和作用，而且还要研究动物对各种营养物质的需要量。

研究和确定动物的营养需要的方法包括综合法和析因法。综合法是营养需要研究中最常用的方法，包括饲养试验法、平衡试验法和屠宰试验法等，其中最常用的是饲养试验法。所谓析因法是指把动物的营养需要剖分成不同生理状态或生产的需要，然后综合成动物总的营养需要。营养需要与饲养标准的制订需要经过大量的科学试验和系统的总结来形成。动物的饲养标准不仅是合理配置日粮的依据，而且对动物的科学饲养有指导意义。

一、动物的营养需要

1. 维持需要

在动物营养中，维持是指动物生存中的一种基本状态。在维持状态下，动物体重不变，分解代谢和合成代谢处于平衡状态。维持需要是指动物既不生产畜产品，又不劳役，维持体重不变、身体健康、体组织成分恒定状况下的营养需要。

动物的维持能量需要是指动物基础（绝食）能量代谢与随意活动二者能量消耗的总和。前者主要包括维持体温、支持体态及各种组织器官生理活动（胃肠蠕动、血液循环、肺脏呼吸、肾脏泌尿等）的能量消耗，后者则是动物非生产性自由活动的能量消耗。

动物在维持状态时，仍有最低限度的体蛋白分解而从尿中排出，称为内源尿氮。动物在采食无氮日粮时经粪中排出的代谢粪氮，则是动物脱落的消化管上皮细胞和胃肠道分泌的消化酶等含氮物质。

动物所摄食的饲料中，一部分用于维持需要，超过维持需要部分才能用于

生产。在一定限度内，供给动物的饲料，超过维持需要越多，产品越多，相对的维持需要占饲料总量的比例越小。动物如处于维持状态对生产是不利的，因为它只消耗饲料，没有生产产品。

2. 生产需要

动物的生产活动很多，包括生长、繁殖、产奶、产蛋、产毛、役用等。生产需要与维持需要之和就是动物总的营养需要。

（1）生长的营养需要。生长是动物达到成熟体重之前体重的增加，是细胞数目增多和细胞体积增大的结果，是体内蛋白质沉积的过程。从更特定的意义上说，"生长"可以理解为结构组织（骨骼、肌肉和结缔组织）整体的增加，同时伴随着身体结构或成分的变化。

动物的生长是与时间相关的过程。动物的体重是各种组织和器官生长的综合反映，通常作为衡量生长的指标。各种器官和组织以及身体各部分的生长发育具有阶段性和不平衡性，同时，动物机体的化学成分也发生了极大的变化。在生长过程中，身体的化学成分最显著的变化是，除出生后早期外，体蛋白在脱脂基础上的比例相当稳定。随着动物的生长和成熟，水分含量显著降低而脂肪含量大量增加，蛋白质和水分基本维持不变。在早期的生长中，增重的成分主要是水分、蛋白质和矿物质；随着年龄的增加，增重的成分中脂肪的比例越来越高。

动物的生长发育规律和影响因素是决定生长的营养需要的基础。生长的营养需要可以通过饲养试验、平衡试验和屠宰试验或析因法来确定。

（2）妊娠母畜的营养需要。母畜受胎后，开始时胚胎很小，妊娠的前 2/3 期内需要的养分不多，而妊娠的后 1/3 期内需要大量营养物质，以供胎儿发育的需要。以猪为例，母猪的妊娠产物几乎有一半以上的能量是妊娠最后 1/4 期内蓄积起来的。

妊娠母猪的能量需要量包括维持需要、组织沉积（蛋白质和脂肪沉积）需要和调节体温需要。组织沉积包括母体组织沉积和胚胎发育的需要。

（3）泌乳的营养需要。泌乳的营养需要包括维持需要和产奶需要。

（4）产蛋的营养需要。产蛋家禽的营养需要包括维持、产蛋和增重这几部分。

二、动物饲养标准的含义与主要内容

1. 饲养标准的概念

根据生产实践中积累的经验，结合消化、代谢、饲养及其他试验，科学地规定了各种动物在不同体重、不同生理状态和不同生产水平条件下，每头每天应该给予的能量和各种营养物质的数量，这种规定的标准称“饲养标准”。饲养标准包括两个主要部分：一是动物的营养需要量表；二是动物饲料的营养价值表。

2. 饲养标准在生产中的应用

饲养标准的制定可使动物的合理饲养有科学依据，避免了饲养的盲目性。根据饲养标准可以配制动物的平衡日粮，而日粮是否合理又直接影响畜牧生产的效益。饲养标准不能生搬硬套，因为标准的制定是在不同国家或地区的不同的条件下制定的，所以应用时应结合当地的实际情况，并根据动物的品种、生产水平、饲料条件及生产反应灵活掌握。随着饲养科学的发展，饲养标准也将不断地改进。

饲养标准中动物对各种营养物质的需要量是指在某一生产水平之下对总的营养物质的需要量，它包括维持需要和生产需要。在饲养标准中，猪、鸡、肉牛不分维持需要和生产需要，而奶牛饲养标准中列有维持需要和生产需要。在计算每日需要量时，先根据奶牛体重查出维持需要，再根据产奶量查出产奶需要，两者相加之和即为每日总营养需要量。家禽只列有日粮中各营养物的百分数，没有每只每日所需的营养物质量。

第七节 饲料的分类

一、饲料的概念

饲料是营养物质的载体，了解各类饲料的营养特点是合理利用饲料的基础。

二、饲料的分类

动物的饲料种类很多，为便于生产中的应用，需要根据各种饲料的性质或营养特点进行分类。目前采用的分类方法主要有以下两种：

（1）国际饲料的分类法。根据国际饲料的命名和分类原则，可将饲料分为八类，即粗饲料、青绿饲料、青贮饲料、能量饲料、蛋白质饲料、矿物质饲料、维生素饲料、添加剂。

（2）我国饲料分类方法：我国现行的饲料分类体系也是根据国际惯用的分类原则将饲料分为八大类，然后结合我国传统饲料分类习惯分为 16 亚类，并对每类饲料进行相应的编码。该饲料编码共 7 数（0-00-0000）。其中，首位数 1 ~ 8 为分类编码；第 2 ~ 3 位数有 01 ~ 16 共种，是表示饲料来源、形态和加工方法等属性的亚类编码。第 4 ~ 7 位数则为同种饲料属性的个体编码。例如，玉米的编码为 4-07-0279，说明玉米为第 4 大类能量饲料，07 表示属第 7 亚类谷实类，0279 则为该玉米的属性编码。

1. 粗饲料

粗饲料是指在饲料中天然水分含量在 60% 以下，干物质中粗纤维含量等于或高于 18%，并以风干物形式饲喂的饲料，如牧草、农作物秸秆、酒糟等。这类饲料的共同特点是粗纤维含量特别高，是草食动物日粮的重要组成部分。

2. 青绿饲料

青饲料（也叫青绿饲料、绿饲料）是指天然水分含量在 45% 以下的青绿植物，包括天然和栽培牧草、各种鲜青绿饲料指天然水分含量高于树叶、水生植物和菜叶以及瓜果多汁饲料等。

青绿饲料的营养特性是水分含量高、干物质少、能量较低，但是蛋白质含量较高，特别是豆科饲料的氨基酸组成优于谷实类饲料，含有各种必需氨基酸，蛋白质生物学价值高。另外，幼嫩的青绿饲料中粗纤维含量低，钙磷比例适宜，维生素含量丰富，特别是胡萝卜素含量较高，是供应家畜维生素营养的良好来源。青绿饲料适口性好，易于消化，用于泌乳期的动物日粮有利于提高产奶量。

青绿饲料应新鲜饲喂，注意防止亚硝酸中毒。叶菜中含硝酸盐，在堆贮或蒸煮过程中会产生亚硝酸盐，饲喂畜禽会导致中毒，如猪会产生“饱溺症”。

3. 青贮饲料

青贮饲料是通过微生物发酵和化学作用，在密闭条件下保存青绿饲料的方法。青贮饲料的优点是能较好地保存青绿饲料的营养物质，解决青饲料常年供应的难题。品质良好的青贮饲料适口性好、易消化，通过青贮保存可以消灭害虫及杂草。

青贮饲料的制作原理是在厌氧条件下，利用乳酸菌发酵产生乳酸，使青贮物的 pH 降至 3.8～4.2，所有微生物都处于被抑制状态，从而达到长期保存青绿饲料营养价值的目的。

一般用于青贮的原料应具备水分含量适宜（为 60%～75%）、糖类含量高的特性，因为乳酸菌的主要养分为糖类，因此，含糖类较多的如青玉米秆、甘薯蔓、禾本科草、块根、块茎等青绿多汁饲料是制作青贮的好原料，而豆科植物则不宜采用此法贮存。

青贮的制作方法是：将原料切成 3～5 cm 的长度，然后将切碎的原料填入窖中，边入料、边压实，创造无氧条件。装填的原料应高出窖面 1 m 左右，表面覆盖一层塑料布并立即加盖 60 cm 厚的泥土严密封埋。经 40～50 天，即可开窖取用。

4. 能量饲料

能量饲料是指饲料干物质中粗纤维的含量低于 18%，并且粗蛋白质含量低于 20% 的饲料，主要包括谷实类、糠麸类、富含淀粉和糖的块根、块茎类，液态的糖蜜、乳清和油脂也属此类。

5. 蛋白质饲料

蛋白质饲料指饲料干物质粗蛋白质含量大于或等于 20%，而粗纤维含量小于 18% 的豆类、饼粕类、动物性蛋白饲料等。人工生产的合成氨基酸也属于蛋白质饲料。

6. 矿物质饲料

矿物质饲料是指天然生成的矿物和工业合成的单一化合物等，包括食盐、钙、磷、微量元素等。

7. 维生素饲料

维生素饲料是指人工合成的各种维生素。作为添加剂的维生素有维生素 A、维生素 D、维生素 E、维生素 K、硫胺素、核黄素、吡哆醇、维生素 B12 氯化胆碱、尼克、维生素酸、泛酸钙、叶酸、生物素等。国内外大量的试验证明，猪日粮应添加的维生素是：维生素 A、维生素 D、维生素 E、维生素 K、烟酸、泛酸、核黄素、维生素 B12，胆碱一般只在种猪的日粮中添加。试验证明，添加生物素可以提高高产母猪的繁殖性能，减少蹄病的发病率。

维生素产品应保存在干燥和凉爽的环境中。除需要外，在使用前，维生素不应与氯化胆碱和微量元素长期贮存在一起。

8. 饲料添加剂

饲料添加剂是指为满足畜禽的营养需要，完善日粮的全价性以及某些特殊需要而向饲料中添加的一类微量物质。添加这类物质的目的在于补充饲料营养成分的不足、改善饲料品质和适口性、预防疾病并增强动物的抗病能力，最终提高动物的生产性能与饲料利用率，改善畜产品品质。广义的添加剂饲料包括营养性添加剂（如微量元素、氨基酸和维生素）和非营养性添加剂两类。此处所述均为非营养性添加剂。

（1）抑菌促生长剂。

抑菌促生长剂包括抗生素、化学合成药物、砷制剂和高铜等。抑菌促生长剂的使用必须遵守我国政府颁布的《饲料添加剂使用条例》，按照规定使用批准的种类、剂量、配伍，执行停药期。同时，应加快抗生素促生长剂替代品的研究和开发，尽早实现畜禽“无抗生素促生长剂”，简称“无抗”生产。

（2）酶制剂。

饲料中使用酶制剂的主要目的是为了提高饲料原料的营养价值，而使用饲用酶制剂的其他理由是：降解饲料中的抗营养因子；提高淀粉、蛋白质和矿物质的利用率；添加动物消化道不能分泌的酶，降解饲料原料中某些特定的化学键；补充幼龄动物内源酶分泌的不足。此外，酶制剂还可以减少原料之间的变异程度，提高饲料配方的精确性，提高动物生产性能。此外，还可以降低粪排放量，减少畜牧业对环境的污染。

常用的酶制剂有纤维降解酶、蛋白酶、淀粉酶和植酸酶。

（3）益生素。

益生素是指通过饲料食入后，能通过对肠道菌群的调控，促进有益菌的生长繁殖，抑制有害菌的生长繁殖的活的微生物制剂。用作益生素的主要微生物种类是乳酸菌、双歧杆菌、酵母菌、链球菌、某些芽孢杆菌、无毒的肠道杆菌和肠球菌等。由于这些添加剂可通过改善胃肠道内微生物群落，竞争性排斥病原微生物，维持胃肠道内环境的动态平衡，此外，活菌体还含有多种酶，丰富的蛋白质和维生素，从而达到改善饲料转化率、增强机体免疫功能、预防疾病、促进生长的效果，尤其是动物出生、断奶、转群、气温突变等应激状态下使用益生素效果更加显著。

（4）酸化剂。

酸化剂是一些有机酸如柠檬酸、延胡索酸、甲酸、甲酸钙、乳酸或无机酸

（正磷酸）的单一或复合产品。其作用机理被认为包括以下几方面：降低胃中的 pH；柠檬酸、延胡索酸和乳酸是动物能量代谢中三羧酸循环的中间产物，能起到提供能量的作用；促进矿物质吸收；改善日粮的适口性，提高仔猪的采食量。

由于酸化剂本身是天然产物或性质上与天然产物一致，多数国家都允许在日粮中使用。

（5）饲料保藏剂和加工辅助剂。

饲料保藏剂是减少饲料在贮藏过程中营养物质损失的有效方法。保藏剂主要包括抗氧化剂和防霉剂两类。常用的抗氧化剂有乙氧喹啉（简称山道喹）、丁羟甲苯、丁羟基甲氧苯。常用的防霉剂有丙酸钠、丙酸钙等。

加工辅助剂是一些黏结剂、抗结块剂、乳化剂和吸附剂等，可以改进原料的加工性能，提高饲料产品质量，有利于产品的贮藏、颗粒的成型和耐久性等。

第八节　饲料转化效率

饲料转化率也称为饲料报酬，指消耗单位风干饲料重量与所得到的动物产品重量的比值，是畜牧业生产中表示饲料效率的指标。它表示每生产单位重量的产品所耗用饲料的数量，也称为料肉比，即饲喂一斤饲料动物能长多少肉，如料肉比为 2.5：1，则是饲喂 2.5 kg 饲料长 1 kg 肉，所以养殖户都希望能降低料肉比。

一、饲料转化效率的表示方法

饲料转化率一般用耗料增重比（料重比、料肉比、饲料消耗比）来表示，即每增加 1 公斤活重所消耗的标准饲料公斤数。计算公式为：

耗料增重比（料重比）= 标准饲料公斤数/增重公斤数

在计算饲料报酬时，用“耗料增重比”较“料肉比”的概念更准确，因增加的不是“肉”，而是体重，否则，将缺乏可比性。也可从相反角度，用饲料转换率（饲料消耗率）来表示。标准饲料量是指按饲养标准配制的饲粮量。

饲料转换率（%）= 消耗的饲料量/增加的活量

二、影响饲料转化效率的因素

1. 动物类别

动物种类不同，其消化器官、消化代谢有很大差别，同一种饲料的转化率也不一样。猪是单胃杂食动物。牛羊等是有四个胃的反刍家畜，其中瘤胃里的微生物可利用含粗纤维较多的青粗饲料合成菌体蛋白。马介于猪牛之间，也是单胃，但有发达的盲肠和结肠，也能消化利用含粗纤维较多的青粗饲料。鸡有嗉囊、腺胃和肌胃，但没有牙齿，只能靠喙将某些食物撕碎，且肠道短，食物在消化道停留的时间短。

2. 饲料本身因素

生大豆含抗胰蛋白酶和血凝因子，它们都有抑制蛋白分解酶的作用，使饲料蛋白消化率降低。如经加热处理，有害作用即可消失。

谷实和青饲料含有一种还原性物质，它容易和饲料中氨基酸结合，发生“褐变反应”，生成难以分解的物质，青饲料中的硝酸盐和亚硝酸盐在消化道中会破坏胡萝卜素，妨碍维生素 A 的形成，并有碍维生素 D 和维生素 E 的吸收作用；亚硝酸盐还能破坏血中携带氧的亚铁血红蛋白，造成机体缺氧状态，影响机体的正常消化代谢过程。另外，棉子饼中的棉酚、马铃薯中的龙葵精、菜子饼中的芥子甙等，对饲料中营养物质的消化、吸收都产生不良影响。

3. 饲料加工储藏

同一种饲料因加工方法不同，蛋白质的营养价值也不一样。饲料粉碎得过细，使饲料在瘤胃停留的时间缩短，减少了微生物作用于饲料的时间，可降低消化率 10%~15%。饲料储藏时间的延长，常导致饲料中脂肪和维生素等营养物质的破坏，可利用能量的降低幅度可达 20%~60%，若是储藏不好，发霉变质，轻的会严重影响适口性和利用率，严重的会导致发生疾病。针对饲料的特性进行膨化、碱化、氨化等多种方法处理，消化率可提高 20%~40%，饲料转化率也会相应提高。

4. 饲料配合的科学性

各种饲料的营养成分差别很大，没有哪一种饲料能完全满足动物对各种营养物质的需要。在饲养实践中，常把多种饲料搭配饲用。只要配合得当，蛋白质、能量、矿物质元素及各种氨基酸均达到饲养标准要求的平衡状态，就能提高饲料的转化率；相反则必然造成饲料营养物质的浪费。在猪、鸡饲料中添加某些必需氨基酸、维生素、矿物质、微量元素，就是为了提高饲料转化率。

5. 饲养环境和动物的应激状态

动物所处的饲养环境，如舍温、湿度、光照、空气中有害气体（如硫化氢、氨气等）的含量、运动和休息场所、产蛋箱的多少、食槽的式样或长短、饮水器的足缺、饲料营养的完善程度等和突然变化都会导致动物出现各种异常现象，即应激，重者还会促使发病。另外，动物体内外寄生虫等疾病的发生都会对营养物质的消化、吸收有着极其有害的影响。

第九节　饲料的加工与调制

一、谷实类饲料的加工方法

1. 粉　碎

谷实是最主要的一种能量饲料。若将谷粒完整投喂动物，则其消化率一般较低，其原因是种皮和其内淀粉粒具有抗裂解性。将谷粒粉碎，可增大谷料与消化酶接触面，从而提高其消化率和利用率。但将谷粒磨得过细，一方面降低其适口性；另一方面在消化道内易形成小团，因而也不易被消化。对鱼类来说，谷粒粉碎的适宜程度为：粉料 98% 通过 0.425 mm（40 目）筛孔，80% 通过 0.250 mm（60 目）筛孔。但用于猪、禽的饲料其谷粒粉碎粒度不同。玉米、高粱等谷实类饲料粉碎的粒度在 700 μm 左右时，猪对其消化率最高。对用于喂牛、羊、马的谷粒料，可破碎。谷粒粉碎后，与空气接触面增大，易吸潮、氧化和霉变等，不易保存。因此，应在配料前才给谷粒粉碎或破碎。

2. 焙　炒

籽实饲料，特别是禾谷类籽实饲料，经过 130 ~ 150 °C 短时间焙炒后，部分淀粉转化成糊精，从而提高了淀粉的利用率。焙炒还可消灭有害细菌和虫卵，使饲料香甜可口，从而使饲料的卫生性、诱引性和适口性增强。

3. 微波热处理

近年来，欧美发明了饲料微波热处理技术。谷物经过微波处理后饲喂动物，其消化能值、动物生长速度和饲料转化率都有显著提高。这种方法是将谷类经过波长 4～6 μm 红外线照射，使其中淀粉粒膨胀，易被酶消化，因而提高其消化率。经此法处理后，玉米消化能值提高 4.5%，大麦消化能值提高 6.5%。90 秒的微波热处理，可使大豆中抑制蛋氨酸、半胱氨酸的酶失去活性，从而提高其蛋白质的利用率。

4. 糖 化

糖化是利用谷实和麦芽中淀粉酶作用，将饲料中淀粉转化为麦芽糖的过程。例如，玉米、大麦、高粱等都含 70% 左右的淀粉，而低分子的糖分仅为 0.5%～0.2%。经糖化后，其中低分子糖含量可提高到 8%～12%，并能产生少量的乳酸，从而改善饲料的适口性，提高了消化率。

糖化饲料的方法是：将粉碎的谷料装入木桶内，按 1：2～2.5 的比例加入 80～85 °C 水，充分搅拌成糊状，使木桶内的温度保持在 60 °C 左右。在谷料表层撒上一层厚约 5 cm 的干料面，盖上木板即可。糖化时间约需 3～4 小时。为加快糖化，可加入适量（约占干料重的 2%）麦芽曲（大麦或燕麦经过 3～4 天发芽后干制磨粉而成，其中富含糖化酶）。

糖化饲料储存时间最好不要超过 10～14 天，存放过久或用具不洁，易引起饲料酸败变质。

5. 发 芽

籽实的发芽是一种复杂的质变过程。籽实萌发过程中，部分糖类物质被消耗，储存的蛋白质转变为氨基酸，许多代谢酶以及维生素大量增加。例如，大麦在发芽前几乎不含胡萝卜素，发芽后（芽长 8.5 cm 左右）每千克可产生 73～93 mg 胡萝卜素，核黄素含量由 1.1 mg 增加到 8.7 mg，蛋氨酸含量增加 2 倍，赖氨酸含量增加 3 倍，但无氮浸出物减少。

谷实发芽的方法如下：将谷粒清洗去杂后放入缸内，用 30～40 °C 温水浸泡一昼夜，必要时可换水 1～2 次。等谷粒充分膨胀后即捞出，摊在能滤水的容器内，厚度不超过 5 cm，温度一般保持在 15～25 °C，过高易烧坏，过低则发芽缓慢。在催芽过程中，每天早、晚用 15 °C 清水冲洗一次，这样经过 3～5 天即可发芽。在开始发芽但尚未盘根期间，最好将其翻转 1～2 次。一般经过 6～7 天、芽长 3～6 cm 时即可饲用。

二、粗饲料的加工方法

常用的加工调制方法有物理加工、化学处理和生物学处理三种。

1. 物理加工

（1）机械加工：利用机械将粗饲料铡短、粉碎或揉搓，这是利用粗饲料最简便而又常用的方法。尤其是秸秆饲料比较粗硬，加工后便于咀嚼，减少能耗，提高采食量，并减少饲喂过程中的饲料浪费。

（2）铡短：利用铡草机将粗饲料切短成 1 ~ 2 cm，稻草较柔软，可稍长些，而玉米秸较粗硬且有结节，以 1 cm 左右为宜。玉米秸青贮时，应使用铡草机切碎，以便踩实。

（3）粉碎：粗饲料粉碎可提高饲料利用率，便于与精饲料混拌。冬春季节饲喂绵、山羊的粗饲料应加以粉碎。粉碎的细度不应太细，以便反刍。粉碎机筛底孔径以 8 ~ 10 mm 为宜。如果用作猪、禽配合饲料的干草粉，要粉碎成面粉状，便于充分搅拌。

（4）揉搓：揉搓机械是近年来推出的新产品，为适应反刍家畜对粗饲料利用的特点，可将秸秆饲料揉搓成丝条状，揉碎的玉米秸可饲喂牛、羊、骆驼等反刍家畜。秸秆揉碎不仅提高了适口性，也提高了饲料利用率，是当前利用秸秆饲料比较理想的加工方法。

（5）盐化：盐化是指铡碎或粉碎的秸秆饲料，用 1% 的食盐水与等重量的秸秆充分搅拌后，放入容器内或在水泥地面上堆放，用塑料薄膜覆盖，放置 12 ~ 24 h，使其自然软化，可明显提高适口性和采食量。

2. 化学处理

利用酸碱等化学物质对秸秆饲料进行处理，降解纤维素和木质素中部分营养物质，以提高其饲用价值。在生产中广泛应用的有碱化、氨化和酸处理。

（1）碱化：碱类物质能使饲料纤维内部的氢键结合变弱，使纤维素分子膨胀，也使细胞壁中纤维素与木质素间的联系削弱，从而溶解半纤维素，有利于反刍动物对饲料的消化，提高粗饲料的消化率。碱化处理所用原料，主要是氢氧化钠和石灰水。

（2）氢氧化钠处理：将粉碎的秸秆放在盛有 1.5% 氢氧化钠溶液池内浸泡 24 h，然后用水反复冲洗，晾干后喂反刍家畜，可提高有机物的消化率，但此法用水量大，许多有机物被冲掉，且污染环境。也可以用占秸秆重量 4% ~ 5%

的氢氧化钠，配制成 30% ~ 40% 的溶液，喷洒在粉碎的秸秆上，堆积数日，不经冲洗直接喂用，可提高有机物消化率 12% ~ 20%。这种方法虽有改进，但牲畜采食后粪便中含有相当数量的钠离子，对土壤和环境有一定的污染。

（3）石灰水处理：生石灰加水后生成的氢氧化钙，是一种弱碱溶液，经充分熟化和沉淀后，用上层的澄清液（即石灰乳）处理秸秆。具体方法是：每 100 kg 秸秆，需 3 kg 生石灰，加水 200 ~ 250 kg，将石灰乳均匀喷洒在粉碎的秸秆上，堆放在水泥地面上，经 1 ~ 2 天后即可直接饲喂牲畜。这种方法成本低，方法简便，效果明显。

（4）氨化：秸秆饲料蛋白质含量低，经氨化处理后，粗蛋白质含量可大幅度地提高，纤维素含量降低 10%，有机物消化率提高 20% 以上，是牛、羊反刍家畜良好的粗饲料。利用尿素、碳酸氢铵作氨源。靠近化工厂的地方，氨水价格便宜，也可作为氨源使用。氨化饲料制作方法简便，饲料营养价值提高显著。

（5）氨化池氨化法：选择向阳、背风、地势较高、土质坚硬、地下水位低、而且便于制作、饲喂、管理的地方建氨化池。池的形状可为长方形或圆形。池的大小根据氨化秸秆的数量而定，而氨化秸秆的数量又决定于饲养家畜的种类和数量。一般每立方米池（窖）可装切碎的风干秸秆 100 kg 左右。1 头体重 200 kg 的牛，年需氨化秸秆 1.5 ~ 2 t。挖好池后，用砖或石头铺底，砌垒四壁，水泥抹面。将秸秆粉碎或切成 1.5 ~ 2 cm 的小段。将秸秆重量 3% ~ 5% 的尿素用温水配成溶液，温水多少视秸秆的含水量而定，一般秸秆的含水量为 12% 左右，而秸秆氨化时应使秸秆的含水量保持在 40% 左右，所以温水的用量一般为每 100 kg 秸秆用水 30 kg 左右。将配好的尿素溶液均匀地喷洒在秸秆上，边喷洒边搅拌，或者装一层秸秆均匀喷洒 1 次尿素水溶液，边装边踩实。装满池后，用塑料薄膜盖好池口，四周用土覆盖密封。

（6）窖贮氨化法：选择地势较高、干燥、土质坚硬、地下水位低、距畜舍近、贮取方便、便于管理的地方挖窖，窖的大小根据贮量而定。窖可挖成地下或半地下式，土窖、水泥窖均可。但窖必须不漏气、不漏水，土窖壁一定要修整光滑，若用土窖，可用 0.08 ~ 0.2 mm 厚的农用塑料薄膜平整铺在窖底和四壁，或者在原料入窖前在底部铺一层 10 ~ 20 cm 厚的秸秆或干草，以防潮湿，窖周围紧密排放一层玉米秸，以防窖壁上的土进入饲料内。将秸秆切成 1.2 ~ 2 cm 的小段。配制尿素水溶液（方法同上）。秸秆边装窖边喷洒尿素水溶液，喷洒尿素溶液要均匀。原料装满窖后，在原料上盖一层 5 ~ 20 cm 厚的秸秆或碎草，上面覆土 20 ~ 30 cm 并踩实。封窖时，原料要高出地面 50 ~ 60 cm，以防雨水渗入。并经常检查，如发现裂缝要及时补好。

（7）塑料袋氨化法：塑料袋大小以方便使用为好，塑料袋一般长度为 2.5 m、宽 1.5 m，最好用双层塑料袋。把切断秸秆用配制好的尿素水溶液（方法同上）均匀喷洒，装满塑料袋后，封严袋口，放在向阳干燥处。存放期间，应经常检查，若嗅到袋口处有氨味，应重新扎紧，发现塑料袋破损，要及时用胶带封住。

（8）氨-碱复合处理：为了使秸秆饲料既能提高营养成分含量，又能提高饲料的消化率，把氨化与碱化二者的优点结合利用。即秸秆饲料氨化后再进行碱化。如稻草氨化处理的消化率仅 55%，而复合处理后则达到 71.2%。当然复合处理投入成本较高，但能够充分发挥秸秆饲料的经济效益和生产潜力。

3. 生物学处理

生物学处理主要是指微生物的处理，包括青贮料和糖化饲料。

（1）加尿素青贮：为了提高青贮饲料中的粗蛋白质含量，满足肉牛对粗蛋白质的需求，可在每吨青贮原料中添加 5 kg 尿素。添加的方法是：在原料装填时，将尿素充分溶于水，制成水溶液，然后均匀喷洒在原料上即可。除尿素外，还可以在每吨青贮原料中加入 3 ~ 4 kg 的磷酸脲，这样不仅能增加青贮原料中的氮、磷养分含量，还能使青贮饲料的酸度较快达到标准，有效地保存青贮饲料中的营养。

（2）加微量元素青贮：为提高青贮饲料的营养价值，可在每吨青贮原料中添加硫酸铜 0.5 g、硫酸锰 5 g、硫酸锌 2 g、氯化钴 1 g、碘化钾 0.1 g、硫酸钠 0.5 kg。把这几种微量元素充分混合溶于水后，均匀喷洒在原料上密闭青贮即可。

（3）加乳酸菌青贮：接种乳酸菌能促使乳酸发酵，增加乳酸含量，以保持青贮饲料的质量。目前使用的菌种主要是德氏乳酸杆菌（当地医药公司或医院有售），一般添加量为每吨青贮原料加乳酸菌培养物 0.5 L 或者是乳酸菌剂 450 g，添加时应注意与饲料混合均匀。

（4）添加甲醛（又名福尔马林）青贮：可以有效地抑制杂草，在青贮过程中的霉变。一般每吨青贮饲料添加浓度为 85% 的甲醛 3 ~ 5 kg，能保证青贮过程中无腐败菌活动，从而使饲料中的干物质损失减少 50% 以上，而饲料的消化率则能提高 20%。

（5）加酸青贮：加入适量的酸进行青贮，可补充发酵产生的酸度，进一步抑制腐败菌和霉菌的生长。常用的添加物有甲酸，每吨禾本科牧草加 3 kg，每吨豆科牧草加 5 kg，但玉米茎秆青贮一般不用加甲酸。使用甲酸时应注意不要与皮肤接触，以免造成灼伤。

（6）半干青贮：把青贮饲料晾晒至半干，水分含量为 45% ~ 55% 时，铡碎密闭青贮。这种半干青贮饲料的干物质比一般青饲料高出 1 倍左右，且营养丰

富，酸味低，气味芳香，适口性好，比青干草和一般的青饲料更能提高肉牛的食欲与消化，达到较快育肥的目的。

（7）糖化发酵饲料：糖化发酵就是把酵母、曲种等在饲料中接种，产生有机酸、酶、维生素和菌体蛋白，使饲料变得软熟香甜，略带酒味，还可分解其中部分难以消化的物质，从而提高了粗饲料的适口性和利用效率。

（8）曲种的制法：取麦麸 5 kg、稻糠 5 kg、瓜干面、大麦面、豆饼面各 1 kg（料不全时可全用麦麸），曲种 300 g，水约 13 kg（料和水的重量相同），混合后放在曲盆中或地面上培养，料厚 2 cm，12 h 左右即增温，要控制温度不超过 45 °C。经 1 天半，曲料可初步成饼，进行翻曲 1 次，3 天成曲。曲种应放在阴凉通风、干燥处存放，避免受潮和阳光照射。

（9）发酵饲料的制法：可选择各种粗饲料如农作物秸秆、蔓叶和各种无毒的树叶、野草、野菜，粉碎后作为原料，原料不能发霉腐烂，以豆科作物作为原料时，必须同禾本科植物混合，否则质量差，味道不正。取粗饲料 50 kg，加曲适量，加水 50 kg 左右，拌匀后，以手紧握，指缝有水珠而不滴落为宜。冬天可加温水以利升温发酵，堆厚为 20 cm，冬季盖席片，待堆温上升到 40 °C 时即可喂饲。

第十节　日粮配合的原则

一、日粮的定义

日粮是指在一昼夜内一头动物所采食的全部饲料量。但是在生产实践中，单独饲喂的家畜是很少的，而绝大多数畜禽是群养。因此，实际工作中，日粮是为同一生产目的、按畜禽营养需要配合而成的大批混合饲料，然后按日分次喂养，这种按日粮饲料的百分比例配合的大量混合饲料称为饲粮。

二、日粮的配合原则

1. 营养性原则

在设计配合饲料时，必须满足动物的营养需要，即营养性原则。配方的营养水平必须以选定合适的饲养标准为基本依据，要根据动物的遗传类型、生产水平及饲料条件参考适宜的标准，确定日粮的营养物质含量，经过饲养实践再不断完善。计算配方前，可以在所选定的饲养标准所附的饲料成分表中，查到所用原料的各种营养成分。有条件的情况下，最好对原料中的营养成分含量进行实际测定。

2. 经济性原则

在满足营养需要的同时，应尽可能选用当地来源广、价格低廉的原料，以降低饲料成本。另外，掌握使用适度的原料种类和数量，对于降低饲料生产成本也具有重要意义。

应该注意的是，配方设计不能仅仅用配方成本作为唯一标准，还要考虑动物的生产性能和经济效益。

3. 安全性原则

安全的含义包括对动物安全和对人安全，还要考虑环境安全。因此，要使用符合饲料卫生要求的原料，不可使用有毒有害的原料；添加剂的使用要符合安全法规，严格执行停药期等。环境安全是指能减少动物采食饲料后的排泄物的量以及其中的各种有害物质的含量，降低对环境的污染。

三、日粮的配合方法

1. 联立方程式法

此法也叫公式法或代数法。它是利用数学上联立方程求解法来计算两个未知饲料的用量，具有条理清晰、方法简单的优点。缺点是当饲料种类多时，计算就比较麻烦，先要将某些饲料自行定量，余下种饲料再用联立方程求解。

2. 试差法

试差法也叫试差平衡法，是手工配方时最常用的一种方法。它是根据经验粗略地拟出各种原料的比例，然后乘以每种原料的营养成分百分比，计算出配方中每种营养成分的含量，然后与饲养标准进行比较，若某一营养成分不足或超量时，通过调整相应的原料比例再计算，直至完全满足营养需要为止。

由于每种原料的特性不同，如有的原料适口性差，有些原料本身含有毒素

如棉籽饼、菜籽饼等，有些原料中粗纤维含量高，因此，对每种原料在饲粮中所占的比例，都应有所限制。由于饲养标准中规定的指标很多，为了便于进行计算，通常只考虑主要的几项营养指标，如消化能、粗蛋白、赖氨酸、钙、磷等。试差法配制饲粮的具体步骤如下：

（1）查营养需要量表，确定日粮中营养物质含量。

（2）确定饲料种类，查饲料营养成分表，列出所用饲料的营养成分含量。

（3）初步拟定各种原料的大致比例，计算配方中主要营养成分含量，并与确定的营养需要量。

第十一节　配合饲料的种类

配合饲料通常按饲料的营养成分和用途分为以下四种：

1. 添加剂预混料

添加剂预混料是指由一种或多种饲料添加剂与载体或稀释剂，按照科学配方生产的均匀混合物。其中，载体是一种能接受和承载活性微量成分的可食物质，一般用于承载有机微量组分，如维生素和药物等。稀释剂仅仅是混合到微量组分中，用以稀释其浓度的物料，一般用于稀释无机微量组分。

2. 浓缩饲料

浓缩饲料是由添加剂预混料、蛋白质饲料、常量矿物质饲料等按比例配合而成。浓缩饲料不能直接饲用，必须与一定比例的能量饲料混匀后才能使用。

3. 配合饲料

配合饲料又称全价配合饲料，是可以直接饲用的饲料，多用于猪、禽。

4. 精料混合料

精料混合料由平衡用混合料加精料而成，多用于牛、羊、马等。使用说明书上应注明精料混合料在日粮中所占的数量及尚需喂给多少粗料和多汁饲料等。

配合饲料的形态有粉状、颗粒状和液状。粉料中各单种饲料的粉碎细度应一致，才能均匀配合而成营养全面的配合饲料。

思考与练习题

1. 什么叫消化?
2. 介绍典型动物的消化系统。
3. 说明营养素和种类及其功能。
4. 介绍营养物质在动物体内的相互关系。
5. 举例说明动物的营养需要与饲养标准。
6. 饲料分为哪些类型?
7. 什么是饲料转化效率?
8. 怎样进行饲料的加工与调制?
9. 说明畜禽日粮配合的原则。
10. 请介绍配合饲料的种类。

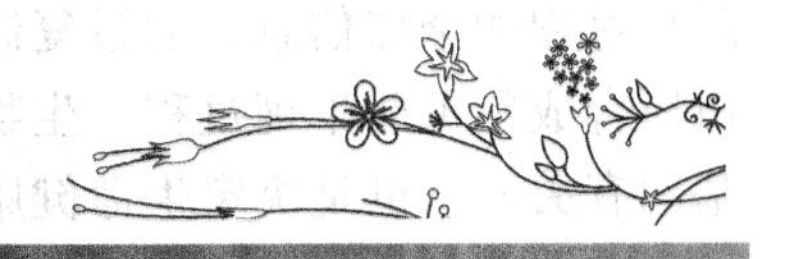

动物遗传与动物育种基本知识

内容摘要： 本章从了解动物遗传基本知识入门，介绍遗传基本定律、动物的品种、动物的选种、育种等知识。

第一节 动物遗传基本知识

“种瓜得瓜，种豆得豆”，自然界中各种各样的生物，它们的下一代和亲代之间，在形态结构、代谢类型等种种性状上都有非常相似之处。但是，相似不等于完全相同，虽然亲代和子代之间都有非常相似的地方，但又有些不同之处。生物都能通过繁殖来延续生命，并将其特征和特性传递给下一代，这种现象叫遗传；但亲代和子代又不可避免地会出现差异，这种差异就是变异。遗传和变异是生物普遍存在的生命现象。生物的遗传性和变异性都是可以控制和调节的。

生物进化首先要有变异，其次是通过生存斗争的自然选择。如果个体的遗传性产生变异，通过人工选择，使有利变异在种群内发展，即其基因频率的增高，长期选择下去，使种群的隔离和性状分歧加深，最终可以育成新品种。

一、基因与染色体

基因（遗传因子）是遗传的基本单元，是 DNA 或 RNA 分子上具有遗传信息的特定核苷酸序列。基因通过复制把遗传信息传递给下一代，使后代出现与亲代相似的性状。也通过突变改变这自身的缔合特性，储存着生命孕育、生长、凋亡过程的全部信息，通过复制、转录、表达，完成生命繁衍、细胞分裂和蛋白质合成等重要生理过程。生物体的生、长、病、老、死等一切生命现象都与基因有关。它也是决定生命健康的内在因素。因此，基因具有双重属性：物质性（存在方式）和信息性（根本属性）。

染色体（Chromosome）是细胞内具有遗传性质的物体，易被碱性染料染成深色，所以叫染色体（染色质）；其本质是脱氧核糖核酸，是细胞核内由核蛋白组成、能用碱性染料染色、有结构的线状体，是遗传物质基因的主要载体。

染色体是细胞核中载有遗传信息（基因）的物质，在显微镜下呈圆柱状或杆状，主要由脱氧核糖核酸和蛋白质组成，在细胞发生有丝分裂时期容易被碱性染料（例如甲紫和醋酸洋红）着色，因此而得名。

在无性繁殖物种中，生物体内所有细胞的染色体数目都一样；而在有性繁殖大部分物种中，生物体的体细胞染色体成对分布，称为二倍体。

性细胞如精子、卵子等是单倍体，染色体数目只是体细胞的一半。

二、基因效应

1. 加性效应

加性效应就是影响数量性状的多个微效基因的基因型值的累加，也称性状的育种值，是性状表型值的主要成分。

亲本里中亲值的差成为加性效应。若用 aa 表示较小的亲本基因型，AA 表示较大的亲本基因型，P_1 表示 P_1（AA）的平均表现，P_2 表示 P_2（aa）的平均表现，则亲本中亲值 $m = 1/2(P_1 + P_2)$，加性效应 a 即为 $1/2(P_1 - P_2)$。

基因的加性效应就是影响数量性状的多个微效基因的基因型值的累加，也称性状的育种值，是性状表型值的主要成分。

在基因的传递过程中，加性遗传效应是相对稳定的。

任何一个选育计划的中心任务，就是通过近交加选择增加有利基因的频率，来提高性状的加性效应值（育种值），产生遗传进展。选择反应的公式：

$$\Delta G = \Delta P \times h^2 = i \times \delta A \times h^2$$

其中，ΔG 为选择获得的理论遗传进展，ΔP 为留种群体平均数和群体平均数的差值，h^2 为该性状的遗传力，i 为选择强度，δA 为遗传标准差，与选择强度和留种率有关。

2. 显性效应

基因位点内等位基因之间的互作效应是可以遗传但不能固定的遗传因素，是产生杂种优势的主要部分。生物体的基因有显性（大写表示）和隐性之分（小写表示），在同源染色体表达的过程中，不同染色体同一位置上有显性基因存在时，表达为显性，不表达为隐性。即AA表现为A，Aa表现为A，aa表现为a。但有的生物中也存在不完全显性的现象，即Aa表现与AA、Aa都不同。

显性效应只适用于单基因控制性状遗传分析中，若是多个基因（无论是否在同一组染色体上）同时控制某一性状，则显性效应不适用。

3. 上位效应

一对基因显性基因的表现受到另一对非等位基因的作用，这种非等位基因间的抑制或遮掩作用叫上位效应。起抑制作用的基因称为上位基因，被抑制的基因称为下位基因。

三、遗传基本定律

1. 分离定律

分离定律是遗传学中最基本的一个规律，它从本质上阐明了控制生物性状的遗传物质是以自成单位的基因存在的。基因作为遗传单位在体细胞中是成双的，它在遗传上具有高度的独立性，因此，在减数分裂的配子形成过程中，成对的基因在杂种细胞中能够彼此互不干扰，独立分离，通过基因重组在子代继续表现各自的作用。这一规律从理论上说明了生物界由于杂交和分离所出现的变异的普遍性。

2. 自由组合定律

自由组合定律（又称独立分配规律）是在分离规律的基础上，进一步揭示了多对基因间自由组合的关系，解释了不同基因的独立分配是自然界生物发生变异的重要来源之一。按照自由组合定律，在显性作用完全的条件下，亲本间有2对基因差异时，F_2有$2^2=4$种表现型；4对基因差异，F_2有$2^4=16$种表现型。设两个亲本有20对基因的判别，这些基因都是独立遗传的，那么F_2将有$2^{20}=1\,048\,576$ 种不同的表现型。这个规律说明通过杂交造成基因的重组，是生物界多样性的重要原因之一。现代生物学解释为：当具有两对（或更多对）相对性状的亲本进行杂交，在子一代产生配子时，在等位基因分离的同时，非同源染色体上的非等位基因表现为自由组合。

3. 连锁与交换定律

连锁遗传定律，就是原来为同一亲本所具有的两个性状，在 F_2 中常常有联系在一起遗传的倾向，这种现象称为连锁遗传。连锁遗传定律的发现，证实了染色体是控制性状遗传基因的载体。通过交换的测定进一步证明了基因在染色体上具有一定的距离的顺序，呈直线排列。这为遗传学的发展奠定了坚实的科学基础。在生殖细胞形成时，一对同源染色体上的不同对等位基因之间可以发生交换，称为交换律或互换律。

第二节　动物的选种

一、动物的品种

品种是指具有一定的经济特性，能满足人们的需要，经过定向的人工选择，主要性状的遗传性比较一致且遗传稳定的生物群体。品种必须能适应一定的自然和人工饲养条件，在产量和品质上符合人类的要求，因此是人类的农业生产资料，是人工选择的历史产物，是畜牧学科中的重要概念。

畜禽生产中必然会遇到扩群繁育问题，针对畜禽提供产品的特点，合理、经济、高效地组织畜禽的选种、选配，提高畜禽质量和数量是畜禽生产十分关键的策略问题。

二、选种的概念与意义

选种是育种中十分重要的工作，按照选择的外界因素，可将选择分为自然选择（即由自然界的力量完成的选择过程）和人工选择（即由人类施加措施实现的选择过程）。人工选择的实质在于由育种者来决定哪些家畜作为种畜来繁殖后代，即打破了繁殖的随机性，仅选择性能表现优异的个体参与繁殖，而剥

夺其他个体繁殖的机会，由此实现所谓的“选优去劣”。

在被估测个体出生前，选种工作只能利用祖先等亲属资料，个体出生后可逐渐结合个体本身的资料，个体有后代，则后代成绩是选种的主要依据。

三、影响选种效果的因素

1. 遗传力

遗传力高的性状，遗传给后代的部分就大，取得的进展就快；反之，遗传力低的性状，遗传给后代的部分小，取得的进展就慢。

2. 选择差

选择差是指选留个体其性状的平均数与畜群平均数之差：

$$S = Pi - P$$

S 为选择差，Pi 为被选个体的平均值，P 为畜群群体平均值。选择差越大，选择反应就大，取得的遗传进展就大。

3. 留种率

留种率指选留个体数与全群总数之比：

$$留种率(\%) = 留种数 / 全群总数 \times 100\%$$

留种率的大小决定选择差的大小。留种率大，选择差小；留种率小，选择差大。

4. 选择强度

选择强度指选择差与标准差之比：

$$i = S / \delta$$

式中 i 为选择强度，S 为选择差，δ 为标准差。

5. 世代间隔

上一代出生至下一代出生间隔时间，各种动物的世代间隔不同，鸡为 7 ~ 8 个月，鸭 8 ~ 9 个月，鹅 9 ~ 10 个月，奶牛 4 岁，水牛 4 岁，人 21 ~ 24 岁。

6. 性状间的相关

在育种实践中，发现同一个体两个性状间有的是正相关，有的负相关。若呈正相关的两个性状，选择 X 性状的同时，Y 性状也同时得到改进。若呈负相关的两个性状，选择 X 性状时，Y 性状则降低。

7. 选择性状的数目

选择单一性状的选择反应为 1，同时选择几个性状时，每个性状的选择反应为 $1/\sqrt{2}=0.71$；若同时选择四个性状，每一性状的选择反应为 $1/\sqrt{4}=1/2=0.5$。因此，选择时应突出重点性状，不宜同时选择过多的性状。

8. 近　交

在育种中采用近交，增加基因的纯合性，以便使优良性状巩固下来。但是，由于近交退化，造成各种性状的选择效果不同程度的降低。

9. 环　境

任何数量的表型值都是遗传和环境共同作用的结果，环境改变了，表型值也发生改变。

四、种用畜禽种用价值的评定

种用价值评定指对种用畜禽遗传型的鉴定。种用价值评定的办法有：

1. 性能测定

根据个体本身成绩的优劣评定个体的好坏，决定是否留作种用。个体成绩根据不同性状，有的性状向上选择，例如乳牛的产奶量，役牛的役力、持久力，鸡的产蛋量，猪的瘦肉率，猪的产仔数，畜禽的成活率，平均日增重等性状，数值越大成绩越好；有的性状向下选择，例如料重比、料蛋比、背膘厚、禽的开产日龄、猪的脂肪率等性状，其数值越小成绩越好。此种评定须在个体本身表现出成绩才能进行。

2. 系谱测定

系谱指某一个体的祖先及其性能的记载。它包括畜名、畜号、配种、产仔、

体重、体尺外貌、主要经济性状、饲料消耗、遗传疾病等各项内容的全面准确的记录资料，转录到种公畜或种母畜的卡片上。系谱评定就是根据祖先的各性状记录的成绩，尤其是父母的成绩，决定其后代是否选留。此法可在个体成绩未表现出来之前的幼年、青年时期即可基本确定选留个体。但被选个体是否就是优良个体不能确定。

3. 同胞测定

全同胞：同父母的子女之间称全同胞。全同胞个体的亲缘相关为 0.5。

半同胞：同父异母或同母异父的子女之间称为半同胞。半同胞之间的亲缘相关为 0.5。由于公畜可配的母畜数量多，同父异母的半同胞亦多。在育种工作或被选个体表现不出某些性状时，根据其个体的全同胞或半同胞的成绩优劣测定被选个体种用价值。

4. 后裔测定

根据后代的成绩优劣评定父亲或母亲的种用价值。这是评定种用价值最可靠的方法，因为选种就是要选出能产生优秀后代的种用畜禽，其优良性能真实遗传给后代。但后裔测定需要时间太长，尤其是大家畜。

在育种工作中，对种用畜禽在幼年期根据系谱作初选，青年期根据同胞、半同胞的成绩作选择，待本身表现出成绩再作一次选择，最优秀的个体作后裔测定。

五、单性状的选择方法

单性状选择即利用个体表型值和家系均值进行选种，分为个体选择、家系选择、家系内选择和合并选择。

1. 个体选择

又称大群选择，是传统的选种方法，即根据个体本身单性状的表型值大小进行排序选种，当性状具有较高遗传力时，这种方法也可获得较大的遗传进展。

2. 家系选择

以整个家系作为一个选种单位，只根据家系均数的大小决定是否留种。家系指的是全同胞家系和半同胞家系。在家系选择中又有两种情况：其一，当被选个体就在家系均数之内的选择称为家系选择；其二，当被选个体不被包括在家系均数之内的，实际上是同胞选择。

家系选择适合于遗传力偏低的性状，这是由于当家系很大时，个体间的环境偏差在家系均数中相互抵消了大部分，使得家系表型值均数接近于育种值均数。

3. 家系内选择

在稳定的群体结构下，不考虑群体均数的大小，只根据个体表型值与家系均数的偏差来选留种畜，在每个家系中选留最好的个体可以避免家系内共同环境效应较大时所带来的选种偏差。

4. 合并选择

对于家系均数和个体、家系的偏差给予不同的加权，将加权后的数值合并为一指数，以这一指数进行选种，其准确性高于以上各法。

六、多性状的选择方法

实际生产中涉及生产效益的性状往往不止一个，而且各性状间往往存在着不同程度的遗传相关，因此，在育种中应对多个有经济意义的性状进行选择，以获得最大的经济效益。多性状选择有顺序选择法、独立淘汰法、综合指数法、最佳线性无偏预测法和分子标记辅助等方法。

1. 顺序选择法

对所要选择性状，一个一个地依次选择，前一个性状达到目标后，再选下一个性状。此种方法耗时太长，而且对一些性状，有可能一个性状提高，导致另一个性状下降。

2. 独立淘汰法

选出几个主要性状顶出一个中选标准，几个性状都达到中选标准的个体选种作用。此种选择方法的结果，往往留下所选性状刚达标准的家畜家禽，而把那些只是某一个性状未达中选标准，其他性状优秀的个体淘汰掉。

3. 选择指数法

选择几个主要性状，按各性状的重要给予不同的加权值，再乘以各性状的遗传力及个体表型值与群体平均表型之比，再计算其总和，作出选择指数。

选择指数公式：

$$I = W_1h_1^2(P_1-\bar{P}_1)+W_2h_2^2(P_2-\bar{P}_2)+\cdots+W_nh_n^2(P_n-\bar{P}_n)$$
$$=\sum_{i=1}^{n}W_ih_i^2(P_i-\bar{P}_i)$$

式中，I 为选择指数，W 为性状的加权值（$0<W<1$），h 为性状遗传力，P 为个体表型值，$\bar{P}$ 为畜群平均表型值。

此种方法同时选择几个性状，均取得选择进展，大大综合短育种时间。但各性状的表型值要在相同的环境条件下测定，数值要准确，同时各种性状的加权值要给得合理。

第三节　家畜的选配

一、选配的概念、意义与作用

1. 选配的概念

选配指有明确目的地决定动物雌雄交配，有意识地组合成后代的基因型，以达到培育和利用良种的目的。

2. 选配的意义与作用

通过选种，可以选出优秀的雌雄个体，但它们的后代不一定全是优良的，还会有很大的性状差异。例如伟大的生物学家达尔文与其舅父的女儿艾玛结婚，生六个孩子，其中三个夭折，其余三个终生不育。因为一个动物后代的优劣，不仅取决于双亲的遗传素质，即基因的优劣，还取决于双亲交配后的基因型组合是否优劣。因此，要获得优良的后代，除了必须做好选种外，还须做好选配。

3. 选种与选配的关系

选种和选配是相互联系而又彼此促进的，利用选种改变动物群体的基因频率，利用选配以有意识地组合后代的遗传基础。选种是选配的基础，有了良好种源才能选配；反过来，选配产生优良的后代，才能保证在后代中选种。

二、近交的概念与用途

近交是指有亲缘关系的个体间的交配或配子的结合，包括自交（selfing）、全同胞交配、半同胞交配、表兄妹间交配和回交等。自交是近交的极端类型，一般只出现在植物界中，动物界中是极其罕见的。同胞交配类似于自交，但纯度低于自交。因为自交的雌雄配子都来自同一个个体，如果该个体是纯种，则配子完全是相同的；同胞交配就不一定是完全相同的。

近交的一个最重要的遗传效应就是近交衰退，表现为近交后代的生活力下降，适应能力减弱，抗病能力较差，或者出现一些畸形性状。

近亲交配的结果，性状会产生分离，优良的、劣质的、处于中间阶段的个体都会得到表现的机会。育种者正可以从近交后代中表现出来的各种不同的个体当中，筛选出能满足自己育种目的的个体。无论它是理想的个体，还是基本满足要求的个体。

三、近交衰退的原因及其防止方法

近交退化的一个重要原因是这种交配方式提高了隐性基因纯合个体的出现频率。生物在长期进化过程中，有不良效应的基因多半以隐性基因状态存在，以一定的频率保留在群体之中，当近亲交配时，群体中不同个体携带的隐性基因将有较多的机会形成纯合子，从而表现出不良的隐性性状。

在近亲配育种过程中，近亲到已经出现变异时，应尽量采取远交选配法来繁育后代，而当采取远亲配时，应采用差异配，即选择性状不同的，这样做主要是使所培育的品种外观特征上一致。

近交衰退的避免措施：

（1）防止种群传代的中断，父（母）可参与近交，但不计算近交代数。

（2）增加饲料营养保证子代生长发育正常。

（3）选择体质健康、生殖力旺盛的后代。

（4）为防止近交繁育过程中出现致死基因，不必用同窝兄妹交配，用同父异母或者同母异父交配。

四、种畜系谱，近交系数，杂种优势，品系

近交系数（inbreeding coefficient）是指根据近亲交配的世代数，将基因的纯化程度用百分数来表示即为近交系数，也指个体由于近交而造成异质基因减少时，同质基因或纯合子所占的百分比也叫近交系数。普通以 F 或 f 来表示。

杂种优势是杂合体在一种或多种性状上优于两个亲本的现象。例如不同品系、不同品种、甚至不同种属间进行杂交所得到的杂种一代往往比它的双亲表现更强大的生长速率和代谢功能，从而导致器官发达、体型增大、产量提高，或者表现在抗病、抗虫、抗逆力、成活力、生殖力、生存力等的提高。这是生物界普遍存在的现象。

品系是品种的结构单位。具有明显特征、特性，遗传性稳定的小种群，群内个体间有一定的亲缘关系。品系可用作杂交育种的材料；具有经济价值的可直接在生产上应用，也可繁育成为品种。品系由于育成期短，经济价值高、杂交效果好，已在畜禽生产中日益发挥其独立作用。

五、杂交组合的一般选择方法

杂交创造的变异材料要进一步加以培育选择，才能选育出符合育种目标的新品种。培育选择的方法主要有系谱法和混合法。

系谱法是自杂种分离世代开始连续进行个体选择，并予以编号记载直至选获性状表现一致且符合要求的单株后裔（系统），按系统混合收获，进而发育成品种。这种方法要求对历代材料所属杂交组合、单株、系统、系统群等均有按亲缘关系的编号和性状记录，使各代育种材料都有家谱可查，故称系谱法。

典型的混合法是从杂种分离世代 F2 开始各代都按组合取样混合种植，不予选择，直至一定世代才进行一次个体选择，进而选拔优良系统以育成品种。

在典型的系谱法和混合法之间又有各种变通方法，主要有：改良系谱法、混合-系谱法、改良混合法、衍生系统法、一粒传法。

杂交方式亲本确定之后，采用什么杂交组合方式，也关系育种的成败。通常采用的有单杂交、复合杂交、回交等杂交方式。

1. 单杂交

单杂交即两个品种间的杂交（单交）用甲 × 乙表示，其杂种后代称为单交种，由于简单易行、经济，所以生产上应用最广，一般主要是利用杂种第一代，如丰鲤、福寿鱼。

2. 复合杂交

复合杂交即用两个以上的品种、经两次以上杂交的育种方法。如果单交不能实现育种所期待的性状要求时，往往采用复合杂交，其目的在于创造一些具有丰富遗传基础的杂种原始群体，才可能从中选出更优秀的个体。复合杂交可分为三交、双交等。三交是一个单交种与另一品种的再杂交，可表示为（甲×乙）×丙。双交是两个不同的单交种的杂交，可表示为（甲×乙）×（丙×丁）或（甲×丙）×（乙×丙）。

3. 回 交

交回即杂交后代继续与其亲本之一再杂交，以加强杂种世代某一亲本性状的育种方法。当育种目的是企图把某一群体乙的一个或几个经济性状引入另一群体甲中去，则可采用回交育种。

六、配合力、一般配合力和特殊配合力

配合力指一个亲本（纯系、自交系或品种）材料在由它所产生的杂种一代或后代的产量或其他性状表现中所起作用相对大小的度量。又称结合力、组合力。亲本的配合力并不是指其本身的表现，而是指与其他亲本结合后在杂种世代中体现的相对作用。在杂种优势利用中，配合力常以杂种一代的产量表现作为度量的依据；在杂交育种中，则体现在杂种的各个世代，尤其是后期世代。

一般配合力（gca）指一个亲本与一系列亲本所产生的杂交组合的性状表现中所起作用的平均效应。特殊配合力（sca）指一个亲本在与另一亲本所产生杂交组合的性状表现中偏离两亲本平均效应的特殊效应。

第四节　动物的育种方法

一、良种繁育体系的概念

良种繁育体系，包括品种资源—纯系培育—配合力测定—曾祖代—祖代—父母代—商品代，把这些环节有机地联系起来，形成一套完整的体系。体系的

规模有一定的伸缩性，但当中的任何环节缺一不可，更不能乱杂乱配，否则影响商品代的生产性能。

二、良种繁育体系的结构

良种繁育体系建设的主要内容包括基础设施建设、疫病防控体系建设、技术服务体系建设、法制体系建设。

1. 基础设施建设

基础设施建设包括良种繁育场、畜禽核心群、配种设备器材、商品场等内容的建设。

2. 疫病防控体系建设

疫病防控体系建设规划通过巩固、完善、提高区、乡、村三级防疫基础设施，建立健全动物疫病监测预警与控制、动物疫情应急反应、动物卫生监督、动物疫病可追溯、动物疫病现场快速诊断等体系，规范改造规模养殖场区防疫设施，提高重大动物疫病全程预防控制能力。

主要建设内容有：

① 动物疫病监测预警与控制体系，建立规模养殖场免疫效果和疫情监测网点。

② 动物疫情应急反应体系，建立动物疫情应急指挥平台和防疫物资储备库。

③ 动物卫生监督体系，完善区动物卫生监督所的各项规章制度和目标责任，加强乡镇动物卫生监督力量。

④ 动物疫病可追溯体系，依托应急指挥平台，建设畜禽标识信息数据库。

⑤ 建设完善产业带区域内规模养殖场（小区）兽医室。

3. 技术服务体系建设

建设市、县、乡三级家畜改良工作站、家畜冷冻精液配种站点及人工配种员队伍建设。建立起乡镇、村、重点场（户）的人工授精站（点），建立区、乡镇、村和重点场（户）五级良种服务体系网络。对养殖场（小区）和养殖大户进行集中系统培训，从圈舍建设、品种改良、科学饲养、人工授精、饲料配合到疫病防控等各方面进行指导；从各级畜牧兽医部门抽调精干力量，深入生产第一线，与养殖户签订技术经济承包合同，积极推广先进适用技术。

4. 法制体系建设

贯彻执行畜禽繁育相关法律法规，建立高素质的执法队伍。

思考与练习题

1. 何谓基因？何谓染色体？
2. 介绍遗传基本定律。
3. 动物的品种是指什么？
4. 动物的选配方法有哪些？
5. 动物的育种方法有哪些？

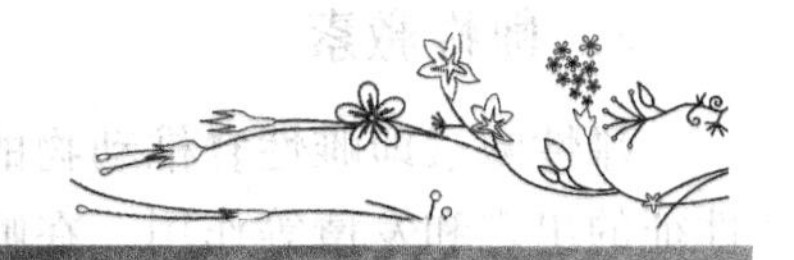

家畜繁殖基础知识与繁殖技术

内容提要：本章介绍动物生殖激素、家畜的发情、人工授精、动物妊娠、动物繁殖技术进展等知识。

第一节　生殖激素

一、类固醇激素（雌激素、孕激素、雄激素）的作用

类固醇激素是一类脂溶性激素，它们在结构上都是环戊烷多氢菲衍生物。性激素属于类固醇类激素，它们与动物的性别及第二性征的发育有关；性激素的分泌受脑垂体的促性腺激素调节。

1. 雄性激素

雄性激素中重要的有睾酮、雄酮、雄二酮和脱氢异雄酮。睾酮由睾丸的间质细胞分泌，是体内最重要的雄性激素。雄酮、雄二酮和脱氢异雄酮是睾酮的代谢产物（睾酮→雄酮→雄二酮→脱氢异雄酮）。

肾上腺皮质也能分泌一种雄性激素，即肾上腺雄酮。

雄性激素主要是促进雄性的性器官和第二性征的发育和维持，以及促进蛋白质合成，使身体肌肉发达。雄性激素中睾酮的活性最高，分别是雄酮的 6 倍和脱氢异雄酮的 18 倍。各种雄性激素可分为两类。

2. 雌性激素

雌性激素即雌性脊椎动物的性激素。由卵巢分泌的发情激素具有促进第二性征的出现和发情等作用，在哺乳动物中还可使排卵后的滤泡细胞变为黄体，并能分泌被称为第二雌激素的黄体激素，具有控制妊娠、哺乳的功能。雌性激素可分为两类（均为类固醇激素），即雌性激素（又称“动情激素”）和孕激素。

3. 卵泡素

卵泡素由卵巢分泌，包括雌酮、雌二醇和雌三醇。具有促进性性器官发育、排卵，以及促进第二性征发育等功能。其中以雌二醇的活性最高，约为雌酮的6倍，雌三醇的200倍。这三种激素在体内可以相互转化。

4. 黄体激素（孕激素）

黄体激素由卵巢的黄体分泌的产生，主要是黄体酮（又称为孕酮），其具有促进子宫及乳腺发育，防止流产等作用。

雄性激素和雌性激素的功能虽然很不相同，但它们在结构上却很相似。两类性激素都可以从胆固醇衍生而来，而且二者在体内可以相互转变。已经证明，不论雄性和雌性动物体内部都存在一定比例的两类性激素，它们之间存在着一种平衡，雄性动物体中含有更多的雄性激素，而雌性动物体内则含有更多的雌性激素。

二、垂体前叶促性腺激素（促卵泡素、促黄体素）的作用

促卵泡激素与黄体生成素统称促性腺激素。具有促进卵泡发育成熟作用，与黄体生成素一起促进雌激素分泌。

促黄体素又称黄体生成素（luteinizing hormone，LH），是由脑垂体分泌的一种促性腺激素，其纯品化学性质比较稳定，有冻干时不易失活。对雌性，促黄体素可促使卵巢血流加速；在促卵泡素作用的基础上引起卵泡排卵和促进黄体的形成。在牛、猪方面已证实促黄体素可刺激黄体释放孕酮。对雄性，促黄体素可刺激睾丸间质细胞合成和分泌睾酮。这对副性腺的发育和精子的最后成熟起决定性的作用。

促黄体素和促卵泡素具有协同作用。

三、促性腺激素释放激素、催产素、胎盘促性腺激素（孕马血清促性腺激素，人绒毛膜促性腺激素）

促性腺激素释放激素是下丘脑分泌产生的神经激素，对脊椎动物生殖的调控起重要作用。向雌性动物注射促性腺激素，可以促进其超数排卵。对供体雌性动物和受体动物注射促性腺激素，可以促进其同期发情，从而提高胚胎在受体雌性动物体内的成活几率。

催产素（Oxytocin，OT，又称缩宫素）是一种哺乳动物激素。可以在大脑下视丘“室旁核”与“视上核”神经元所自然分泌，经下视丘脑下垂体路径神经纤维送到后叶分泌。

胎盘激素（placental hormone）是由胎盘分泌的激素，主要为促性腺激素，因为它是由胎盘的绒毛膜组织分泌的，所以也称为绒毛膜促性腺激素。此外，随着动物的不同，也有分泌雌激素的（马、人），人的是雌三醇。还有分泌孕激素的，但鼠和兔并不分泌性激素，在维持妊娠中具有重要作用。包括人绒毛膜促性腺激素（HCG）、人绒毛膜生长激素（HCS）或称人胎盘催乳激素（HPL）以及人绒毛膜促甲状腺激素（HCT）等。另一类为类固醇激素，包括雌激素和孕激素。

孕马血清促性腺激素（PMSG）是一种经济实用的促性腺激素。在生产上常用以代替较昂贵的FSH而广泛应用于动物的诱发发情、超数排卵或增加排卵率（如提高双羔率）；对卵巢发育不全或雄性生精能力衰退等也都可收到一定疗效。

妊娠中的雌性哺乳类，不仅其脑垂体前叶分泌促性腺激素，而且胎盘的绒毛膜也可分泌。后者即称为绒毛膜促性腺（激）素。孕妇尿中的这种物质称人绒毛膜促性腺激素（human chorionic gonadotropin，HCG），成分为糖蛋白，有类似促黄体激素的作用。

四、下丘脑—垂体—性腺轴系

下丘脑、垂体和性腺 （睾丸或卵巢）之间存在的神经—内分泌调控体系。在动物的整个生殖过程中，如生殖器官的发育、性成熟，母畜卵子的发生、卵泡发育、发情的周期性变化、排卵、妊娠、分娩和哺乳，公畜的精子的发生和交配活动等机能必须相互协调，并按一定的顺序，使有关的组织和器官产生相应的变化。所有这些都与下丘脑—垂体—性腺轴的活动和分泌激素的作用有着密切的关系。

下丘脑分泌促性腺激素释放激素（GnRH），GnRH可促进垂体分泌促黄体生成素（LH）、卵泡刺激素（FSH）和泌乳素（PRL），泌乳素作用在乳腺上，促进乳腺发育及乳汁的产生。LH和FSH作用在卵巢上，促进卵巢分泌孕酮（P）和雌二醇（E2）；作用在睾丸上，促进睾丸分泌睾酮（TTE）。当然卵巢也会分泌少量的睾酮，睾丸也会分泌少量的P和TTE。孕酮是孕早期保持妊娠继续的重要的激素，可使体温升高 0.3 ~ 0.5 °C，E2 可促使雌性动物生殖系统的发育及第二性征的出现及维持。同时E2和P协同作用在子宫内膜上，维持动物发情周期。TTE是维持畜禽性欲必要的激素。

第二节　家畜的发情

一、初情期、性成熟和初配适龄

幼年家畜开始具有正常繁殖能力的发育阶段。此时母畜表现有周期性的发情和排卵；公畜能产生具有正常受精能力的精子。当母畜发育到第1次出现发情、排卵时，或公畜第1次排出具有受精能力的精子时，称为初情期。此时虽可能有繁殖能力，但尚未达到具有正常繁殖能力的成熟阶段，因此可以看作是性成熟的预备期。

动物生长发育到一定年龄，生殖器官已经发育完全，生殖机能达到了比较成熟的阶段，基本具备了正常的繁殖功能，称为性成熟。

当家畜的生殖器官发育到具有生殖能力的时期为性成熟。但性成熟并不意味着就可以配种，因为此时畜体仍处于生长发育阶段，需再经一定时间后才达到体成熟，体成熟后初次配种的年龄为初配适龄。

二、发情与发情鉴定

1. 发情，发情周期，发情持续期，母畜的产后发情

发情为性成熟的雌性哺乳动物在特定季节表现的生殖周期现象，在生理上

表现为排卵、准备受精和怀孕，在行为上表现为吸引和接纳异性。首先是卵巢上的卵泡正在成熟，继而排卵；卵泡分泌的雌性激素引起性欲，接受雄性动物的爬跨；同时发生生殖导管的黏膜充血、水肿，黏液增多，子宫颈放开等生理变化。

出现发情行为和生殖生理变化持续的时间为发情期。动物的两次发情期之间所处的时期为休止期。发情期和休止期有规律的交替出现，这种周期性的变化称为发情周期。发情持续期指从发情开始至本次发情结束所持续的时间。产后发情是指母畜分娩后出现的第一次发情。

2. 发情鉴定的方法

发情鉴定是动物繁殖工作的重要环节。通过发情鉴定，可以判断动物的发情阶段和预期排卵时间，以确定适宜配种时间，及时进行配种或人工授精，从而达到提高受胎率的目的。

发情鉴定的方法有多种，主要有外部观察法、试情法、阴道检查法、直肠检查法、生殖激素检测法等。但无论采用何种方法，在发情鉴定前，均应了解动物的繁殖历史和发情过程。

几种母畜的发情鉴定

（1）牛：母牛发情期较短，但发情是外部表现较明显，因此母牛的发情鉴定主要靠外部观察，并结合试情法和阴道检查法。

外部观察：母牛有爬跨行为或接受爬跨是发现发情母牛的常用方法。母牛发情时常有公牛或其他母牛爬跨，并且爬跨其他母牛。发情初期的母牛并不接受爬跨，发情期才愿意接受爬跨，此时表现静立不动，两后肢叉开举尾。发情母牛精神不安，食欲减退、鸣叫、反刍减少、产奶量下降，常弓腰举尾，频频排尿。发情盛期阴户肿胀、充血、皱襞展开、潮红、湿润，阴道、子宫黏膜充血，子宫颈口开张，从阴门流出大量透明黏液，牵缕性强。发情后期黏液量少，黏性差，呈乳白色而浓稠，流出的黏液常沾在阴唇下部或臀部周围。

直肠检查：在进行母牛直肠检查时，寻找卵巢卵泡的方法是：将手掌伸进直肠狭窄部之后，手指并拢，手心向下，轻轻下压并左右抚摸，在骨盆上方摸到子宫颈，然后沿子宫颈向前移动，便可摸到子宫体、子宫角沟沟和子宫角，再向前并向下，在子宫角弯曲处即可摸到卵巢，此时可用手指仔细触诊感觉卵巢大小、形状、质地和卵泡的发育情况。触摸完一侧，按同样的顺序摸另一侧子宫角及卵巢。

（2）猪：发情时，外阴部特征及行为表现明显，因此发情鉴定主要采用外部观察法。此外，母猪发情时，对公猪反应特别敏感，可利用公猪试情，根据接受爬跨的安定程度，判断其发情期的早晚。如无公猪，也可采用压背法，即用手按压母猪背部，如母猪静立不动，出现“静立反射”，则表示该母猪的发情已达到高潮。亦可把母猪赶至公猪栏外，让其听公猪叫声，嗅气味，或让其听公猪求偶时叫声录音，如母猪发情，则有竖耳拱背、呆立不动的表现。

（3）羊：发情期短，外部表现不太明显，特别是绵羊。因此母羊的发情鉴定以试情法为主，并结合外部观察法。一般是将试情公羊（结扎输精管）按一定比例每日一次或早晚各一次定时放入母羊群中，也可以试情公羊的腹部戴上标记装置（发情鉴定器）或在胸前涂搽染料，当公羊爬跨时就可将标志印在母羊臀部，从而识别发情母羊。母羊在发情时，主动接近公羊或被公羊尾随时摇尾示意，求偶要求明显，当公羊用前蹄踢其腹部及爬跨时，则静立不动，或回顾公羊，或让公羊嗅闻其尿。发情母羊外阴部充血肿胀不明显，只有少量黏液分泌，有的甚至看不到黏液，发情母羊很少爬跨其他母羊。

三、母畜常见的异常发情

1. 隐性发情

隐性发情是有生殖能力的母牛、母猪、母羊等母畜外观无发情表现或外观表现不很明显。发情症状微弱，母畜的外阴部不红不肿，食欲略减但不突出，鸣叫不安的状况不明显。这种情况如不细心观察，往往容易被忽视。这种母畜在发情时，由于脑下垂体前叶分泌的促卵泡生长素量不足，卵泡壁分泌的雌激素量过少，致使这两种激素在血液中含量过少所致。另一方面母畜年龄过大，或膘情过于瘦弱，使役过重往往也会出现脑下垂体前叶分泌的促卵泡素和卵泡壁分泌的雌激素量少，也会出现隐性发情的现象。

2. 假性发情

假性发情是指母畜在妊娠期的发情和母畜虽有发情表现，实际上是卵巢根本无卵泡发育的一种假性发情。母畜在妊娠期间的假性发情，主要是母畜体内分泌的生殖激素失调所造成的，当母畜发情配种受孕后，妊娠黄体和胎盘都能分泌孕酮，同时胎盘又能分泌雌激素，孕酮有保胎作用，雌激素有刺激发情的作用，通常妊娠母畜体内分泌的孕酮、雌激素能够保持相对平衡。因此，母畜妊娠期间不会出现发情现象。但是当两种激素分泌失调后，即孕酮激素分泌减少，雌激素分泌过多，将导致母畜血液里雌激素增多，这样个别母畜就会出现妊娠期发情现象，这也是一种异常发情现象，必须做好母畜的保胎工作。母

畜无卵泡发育的假性发情，多数是由于个别年青母畜虽然已经性成熟，但卵巢机能尚未发育完全，此时尽管发情，往往没有发育成熟的卵泡排出。或者是个别母畜患有子宫内膜炎，在子宫内膜分泌物的刺激下也会出现无卵泡发育的假性发情。

3. 持续发情

持续发情是母畜发情时间延长，并大大超过正常的发情期限。这主要是由于母畜有卵巢囊肿或母畜两侧卵泡不能同时发育所致。

卵巢囊肿，主要是卵泡囊肿。这时发情母畜的卵巢有发育成熟的卵泡，越发育越大，但就是不破裂，而卵泡壁却持续分泌雌性激素。在雌激素的作用下，母畜的发情时间就会延长。此时假如发情母畜体内黄体分泌较少，母畜发情的表现则非常强烈；相反体内黄体分泌过多，则母畜发情表现沉郁。

两侧卵泡不同时发育，主要表现是当发情母畜发情时，一侧卵巢有卵泡发育，但发育几天即停止了，而另一侧卵巢又有卵泡发育，从而使母畜体内雌激素分泌的时间拉长致使母畜的发情时间延长。

4. 不能按时发情

繁殖母畜的发情周期一般在 18 ~ 25 天，到时就会出现发情现象，但是也有少数母畜一直不出现发情症状。此种情况多数为母畜营养不良，或年龄偏大，或使役过重，或患有子宫膜炎和卵巢有持久黄体等原因所造成。

第三节　人工授精

一、人工授精的优点

人工授精的优点在于可以打破时间、空间和雌雄个体差异较大等限制，最大限度地利用优良公畜的潜在繁殖能力。可大大缩减品质低劣公畜的头数，这样就不但节约了成本，可以迅速提高畜群的生产质量，还能减少或防止本交引起的传染性疾患，如布氏杆菌病、滴虫病、胎儿弧菌病和马烤疫等。如能同时使母畜同期发情，则更可大大提高人工授精的效率，使它成为一种很有效的改良家畜的手段。然而，要获得良好效果，就必须建立一支符合规格的技术队伍，精确地执行操作规程，否则不但不能发挥人工授精的优点，而且反会导致传染性疾患的扩散、受胎率降低、畜群品质和畜产品质量下降等弊端。

二、精子活力评定的指标

精子活力系指精子活动的能力或强度。活动的精子是穿透宫颈黏液，进入输卵管并与卵细胞结合的最基本条件，因此是精液常规分析内容之一。对精子活动的常规检测为显微镜检查，可将精子活动强度进行初步的分级；进一步的深入研究还有显微摄影术，即定时曝光照相术及计算机对精子活力评判系统，但只作为研究而不作常规检查之用。

一般分为 5 个等级：0 级表示精子不能活动；1 级表示精子活动能力差，只在原地蠕动；2 级表示精子活动力一般，只向前曲线运动；3 级表示精子活动很好，直线向前运动；4 级表示精子活动极好，呈快速直线前向运动。正常时，3 级与 4 级之和应超过 50%，活动精子中至少有 25% 的精子呈直线快速运动。

第四节　妊　娠

一、胎膜和胎盘

胎膜和胎盘是对胚胎起保护、营养、呼吸和排泄等作用的附属结构，有的还有一定的内分泌功能。胎儿娩出后，胎膜、胎盘与子宫蜕膜一并排出，总称衣胞。

1. 胎　膜

胎膜（fetal membrane）包括绒毛膜、羊膜、卵黄囊、原囊和脐带。

（1）绒毛膜。

绒毛膜（chorion）由滋养层和衬于其内面的胚外中胚层组成。植入完成后，滋养层已分化为合体滋养层和细胞滋养层两层，继之细胞滋养层的细胞局部增殖，形成许多伸入合体滋养层内的隆起，这时，表面有许多突起的滋养层和内面的胚外中胚层合称为绒毛膜。绒毛膜包在胚胎及其他附属结构的最外面，直接与子宫培膜接触，膜的外表有大量绒毛（villi）。绒毛的发育使绒毛膜与子宫蜕膜接触面增大，利于胚胎与母体间的物质交换。第 2 周末的绒毛仅由外表的合体滋养层和内部的细胞滋养层构成，称初级绒毛干。第 3 周时，胚外中胚层逐渐伸入绒毛干内，改称次级绒毛干。此后，绒毛干内的间充质分化为结缔组织和血管，形成三级绒毛干。绒毛干进而发出分支，形成许多细小的绒毛。同时，绒毛干末端的细胞滋养层细胞增殖，穿出合体滋养层。伸抵蜕膜组织，将绒毛干固着于蜕膜上。这些穿出的细胞滋养层细胞还沿蜕膜扩展，彼此连接，形成一层细胞滋养层壳，使绒毛膜与子宫蜕膜牢固连接。绒毛干之间的间隙，称绒毛间隙（intervillous space）。绒毛间隙内充以从子宫螺旋动脉来的母体血。胚胎藉绒毛汲取母血中的营养物质并排出代谢产物。

胚胎早期，整个绒毛膜表面的绒毛均匀分布。之后，由于包蜕膜侧的血供匮乏，绒毛逐渐退化、消失，形成表面无绒毛的平滑绒毛膜（smooth chorion）。基蜕膜侧血供充足，该处绒毛反复分支，生长茂密，称丛密绒毛膜（villous chorion），它与基蜕膜组成胎盘。丛密绒毛膜内的血管通过脐带与胚体内的血管连通。此后，随着胎的发育增长及羊膜腔的不断扩大，羊膜、平滑绒毛膜和包蜕膜进一步凸向子宫腔，最终与壁蜕膜愈合，子宫腔逐渐消失。

绒毛膜为早期胚胎发育提供氧气，从密绒毛膜参与组成胎盘。在绒毛膜发育过程中，若血管未通连，胚胎可因缺乏营养而发育迟缓或死亡。若绒毛膜发生病变，如滋养层细胞过度增生、绒毛内结缔组织变性水肿（水泡状胎块）、滋养层细胞癌变（绒毛膜上皮癌）等，不仅严重影响胚胎的发育，还危及母体健康。

（2）羊膜。

羊膜（amnion）为半透明薄膜，羊膜腔内充满羊水（amniotic fluid），胚胎在羊水中生长发育。羊膜最初附着于胚盘的边缘，随着胚体形成、羊膜腔扩大和胚体凸入羊膜腔内，羊膜遂在胚胎的腹侧包裹在体蒂表面，形成原始脐带。羊膜腔的扩大逐渐使羊膜与绒毛膜相贴，胚外体腔消失。羊水呈弱碱性，含有脱落的上皮细胞和一些胎儿的代谢产物。羊水主要由羊膜不断分泌产生，又不断地被羊膜吸收和被胎儿吞饮，故羊水是不断更新的。羊膜和羊水在胚胎发育中起重要的保护作用，如胚胎在羊水中可较自由的活动，有利于骨骼肌的正常发育，并防止胚胎局部粘连或受外力的压迫与震荡。临产时，羊水还具扩张宫颈冲洗产道的作用。随着胚胎的长大，羊水也相应增多，分娩时约有 1 000～15 000 ml。羊水过少（500 ml 以下），易发生羊膜与胎儿粘连。影响正常发育，羊水过多（2 000 ml 以上），也可影响胎儿正常发育。羊水含量不正常，还与某些先天性畸形有关，如胎儿无肾或尿道闭锁可致羊水过少，胎儿消化道闭锁或神经管封闭不全可致羊水过多，穿刺抽取羊水，进行细胞染色体检查或测定羊水中某些物质的含量，可以早期诊断某些先天性异常。

（3）卵黄囊。

卵黄囊（yolk sac）位于原始消化管腹侧。鸟类胚胎的卵黄很发达，囊内贮有大量卵黄，为胚胎发育提供营养。人胚胎的卵黄囊内没有卵黄，卵黄囊不发达，它的出现也是种系发生和进化的反映。人胚胎卵黄囊被包入脐带后，与原始消化管相连的卵黄蒂于第6周闭锁，卵黄囊也逐渐退化，但人类的造血干细胞和原始生殖细胞却分别来自卵黄囊的胚外中胚层和内胚层。

（4）尿囊。

尿囊（allantois）是从卵黄囊尾侧向体蒂内伸出的一个盲管，随着胚体的形成而开口于原始消化管尾段的腹侧，即与后来的膀胱通连。尿囊闭锁后形成膀胱至脐的脐正中韧带。鸟类胚胎的尿囊发达，具气体交换和储存代谢废物的功能。人胚胎的气体交换和废物排泄由胎盘完成，尿囊仅为遗迹性器官，但其壁的胚外中胚层形成脐血管。

（5）脐带。

脐带（umbilical cord）是连于胚胎脐部与胎盘间的索状结构。脐带外被羊膜，内含体蒂分化的黏液性结缔组织。结缔组织内除有闭锁的卵黄蒂和尿囊外，还有脐动脉和脐静脉。脐血管的一端与胚胎血管相连。另一端与胎盘绒毛血管续连。脐动脉有两条，将胚胎血液运送至胎盘绒毛内，在此，绒毛毛细血管内的胚胎血与绒毛间隙内的母血进行物质交换。脐静脉仅有一条，将胎盘绒毛汇集的血液送回胚胎。胎儿出生时，脐带长40～60 cm，粗1.5～2 cm，透过脐带表面的羊膜，可见内部盘曲缠绕的脐血管。脐带过短，胎儿娩出时易引起胎盘过早剥离，造成出血过多；脐带过长，易缠绕胎儿肢体或颈部，可致局部发育不良，甚至胎儿窒息死亡。

2. 胎 盘

（1）胎盘的结构

胎盘（placenta）是由胎儿的丛密绒毛膜与母体的基蜕膜共同组成的圆盘形结构。足月胎儿的胎盘重约500 g，直径15～20 cm，中央厚、周边薄，平均厚约2.5 cm。胎盘的胎儿面光滑，表面覆有羊膜，脐带附于中央或稍偏，透过羊膜可见呈放射状走行的脐血管分支。胎盘的母体面粗糙，为剥离后的基蜕膜，可见15～30个由浅沟分隔的胎盘小（cytoledon）。

在胎盘垂直切面上，可见羊膜下方为绒毛膜的结缔组织，脐血管的分支行于其中。绒毛膜发出约 40～60 根绒毛干。绒毛干又发出许多细小绒毛，干的末端以细胞滋养层壳固着于基蜕膜上。脐血管的分支沿绒毛干进入绒毛内，形

成毛细血管。绒毛干之间为绒毛间隙，由基蜕膜构成的短隔伸入间隙内，称胎盘隔（placental septum）。胎盘隔将绒毛干分隔到胎盘小叶内，每个小叶含 1～4 根绒毛干。子宫螺旋动脉与子宫静脉开口于绒毛间隙，故绒毛间隙内充以母体血液，绒毛浸在母血中。

（2）胎盘的血液循环和胎盘膜。

胎盘内有母体和胎儿两套血液循环，两者的血液在各自的封闭管道内循环，互不相混，但可进行物质交换。母体动脉血从子宫螺旋动脉流入绒毛间隙，在此与绒毛内毛细血管的胎儿血进行物质交换后，由子宫静脉回流入母体。胎儿的静脉血经脐动脉及其分支流入绒毛毛细血管，与绒毛间隙内的母体血进行物质交换后，成为动脉血，又经脐静脉回流到胎儿。

胎儿血与母体血在胎盘内进行物质交换所通过的结构，称胎盘膜（placental membrane）或胎盘屏障（placental barrier）。早期胎盘膜由合体滋养层、细胞滋养层和基膜、薄层绒毛结缔组织及毛细血管内皮和基膜组成。发育后期，由于细胞滋养层在许多部位消失以及合体滋养层在一些部位仅为一薄层胞质，故胎盘膜变薄，胎血与母血间仅隔以绒毛毛细血管内皮和薄层合体滋养层及两者的基膜，更有利于胎血与母血间的物质交换。

（3）胎盘的功能。

物质交换：进行物质交换是胎盘的主要功能，胎儿通过胎盘从母血中获得营养和 O_2，排出代谢产物和 CO_2。因此胎盘具有相当于出生后小肠、肺和肾的功能。由于某些药物、病毒和激素可以透过胎盘膜影响胎儿，故孕妇用药需慎重。

内分泌功能：胎盘的合体滋养层能分泌数种激素，对维持妊娠起重要作用。主要为：绒毛膜促性腺激素，其作用与黄体生成素类似，能促进母体黄体的生长发育，以维持妊娠，HCG 在妊娠第 2 周开始分泌，第 8 周达高峰，以后逐渐下降；绒毛膜促乳腺生长激素（human chorionic somatomammotropin，HCS），能促使母体乳腺生长发育，HCS 于妊娠第 2 月开始分泌，第 8 月达高峰，直到分娩；孕激素和雌激素，于妊娠第 4 月开始分泌，以后逐渐增多。母体的黄体退化后，胎盘的这两种激素起着继续维持妊娠的作用。

二、妊娠诊断的方法

1. 妊娠诊断的意义

母畜配种或输精后经过一定时间及早进行妊娠诊断对保胎防流、减少空怀、提高母畜繁殖率等具有重要意义。通过妊娠诊断对确诊为妊娠的母畜可以

按照孕畜所需要的条件加强饲养管理确保母畜和胎儿的健康防止流产对确诊未妊娠的母畜可查明原因及时改进措施查情补配提高母畜的繁殖率。

2. 妊娠诊断的方法

（1）外部观察法。

通过观察母畜的外部症状进行妊娠诊断的方法。此法适用各种母畜。其缺点是不易做出早期妊娠诊断对少数生理异常的母畜易出现误诊因此常作为妊娠诊断的辅助方法。母畜妊娠后发情周期停止食欲增加膘情好转被毛光亮行动谨慎怕拥挤易离群。妊娠初期外阴部干燥收缩、紧闭、有皱纹至后期变为水肿状态。妊娠后一定时期牛、马 5 个月左右、羊 34 个月、猪 2 个月左右可见腹围增大且向一侧伸展牛、羊向右腹部突出猪腹部下垂马通常左腹部突出。在饱食或饮水后可见胎动能听到胎儿心音。妊娠后期乳房发育膨大有时四肢下部及下腹出现水肿排粪尿次数增多。在产前 1 周左右能从乳房中挤出清亮的乳汁。

（2）腹部触诊法。

腹部触诊法是用手触摸母畜的腹部感觉腹内有无胎硬块或胎动来进行妊娠诊断的方法。此法多用于猪和羊。腹部触诊法只适于妊娠中后期。

猪的触诊：先用抓痒法使猪侧卧然后用一只手在最后两对乳头的上腹壁下压并前后滑动如能触摸到若干个大小相似的硬块胎儿即确诊为妊娠。

羊的触诊：检查者面向羊的尾部用双腿夹持母羊颈部进行保定，然后将两手从左右两侧兜住羊的下腹部并前后滑动触摸，如能摸到胎儿硬块或黄豆粒大小的胎盘子叶，即为妊娠。

（3）阴道检查法。

阴道检查法是用开膣器打开母畜的阴道根据阴道黏膜和子宫颈口的状况进行妊娠诊断的方法。母畜妊娠后阴道黏膜苍白表面干燥、无光泽、干涩插入开膣器时阻力较大。子宫颈口关闭有子宫栓存在。随着胎儿的发育、子宫重量的增加，子宫颈往往向一侧偏斜。此法的缺点是当母畜患有持久黄体、子宫颈及阴道有炎症时易造成误诊。阴道检查往往不能做出早期妊娠诊断如果操作不慎还会导致孕畜流产，故应作为一种辅助妊娠诊断法。

（4）直肠检查法。

直肠检查法是用手隔着直肠壁触摸卵巢、子宫、子宫动脉的状况及子宫内有无胎儿存在等来进行妊娠诊断的方法适合于大家畜。其优点是诊断的准确率高，在整个妊娠期均可应用。但在触诊胎泡或胎儿时动作要轻缓，以免造成流产。

妊娠母牛的直肠检查：妊娠 18 ~ 25 d 子宫角变化不明显一侧卵巢上有黄体存在。妊娠 30 d 两侧子宫角不对称孕角比空角略粗大、松软有波动感收缩反应不敏感空角较有弹性。妊娠 45 ~ 60 d 子宫角和卵巢垂人腹腔孕角比空角约大 2 倍孕角有波动感。用指肚从角尖向角基滑动中可感到有胎囊由指间掠过角间沟稍变平坦。妊娠 90 d 孕角大如婴儿头波动明显空角比平时增大 1 倍角，间沟已不清楚。妊娠 120 d 子宫沉入腹底；只能触摸到子宫后部及子宫壁上的于叶子叶直径约 2 ~ 5 cm。子宫颈沉移耻骨前缘下方不易摸到胎儿。子宫中动脉逐渐变粗如手指并出现明显的妊娠脉搏。

妊娠母马的直肠检查：妊娠 14 ~ 16 d 少数马的子宫角收缩呈火腿肠状角壁肥厚内有实心感略有弹性。一侧卵巢中有黄体存在体积增大。妊娠 17 ~ 24 d 子宫角收缩变硬更明显轻捏子宫角尖端捏不扁呈里硬外软。非孕角多出现弯曲孕角基部有如乒乓球大的胚泡子宫底部形成凹沟子宫收缩性不敏感。卵巢上黄体稍增大。妊娠 25 ~ 35 d 孕角变粗缩短空角稍细而弯曲子宫角坚实如猪尾巴胚泡大如鸡蛋柔软有波动。妊娠 36 ~ 45d 子宫位置开始下沉前移胚泡大如拳头直径 8 cm 左右壁软有明显波动感。妊娠 46 ~ 55 d 胚泡大如充满尿液的膀胱并逐渐伸至空角基部变为椭圆形横径达 10 ~ 12 cm 触之壁薄波动明显。孕角和空角分叉处的凹沟变浅卵巢位置稍下降。

（5）实验室诊断法。

实验室诊断法包括血浆及乳汁孕酮测定法、子宫颈—阴道黏液结晶检查法、子宫颈—阴道黏液结晶煮沸法、蒸馏水煮沸法、子宫颈阴道黏液比重法、尿液的碘酒测定法、乳汁的硫酸铜测定法、超声波探测法和免疫学妊娠诊断法。利用 A 型超声波诊断仪探测胎水、胎儿运动、胎心搏动及心脏和血管中血液的流动等情况来进行妊娠诊断。此法适用于马、牛、羊、猪等，操作方法简单、准确率高，还可以测定胎儿的死活，能比较早地作出妊娠诊断，很有推广意义。

第五节 繁殖技术进展

一、发情控制

发情控制技术是为了最大限度地挖掘雌性动物繁殖潜力，对处于乏情（包括生理和病理的）状态的母畜，利用激素或其他措施控制它的发情进程或排卵数量与时间的技术。早在 20 世纪 40 年代，人们便开始探讨控制母畜发情的方法。几十年来，在发情控制技术方面已取得重大进展，并进入实用化阶段。广义的发情控制技术包括：诱发发情、同期发情、排卵控制和超数排卵。

二、排卵控制

发情和排卵主要受神经内分泌和生殖激素的共同作用调节。当母畜生长发育到初情期时，下丘脑的某些神经细胞所分泌的促性腺激素释放激素（GnRH），可促使脑垂体前叶分泌促性腺激素，包括促卵泡素（FSH）和促黄体素（LH）。其中促卵泡素可促使卵巢中的卵泡发育并分泌雌激素，引起母畜一系列的发情表现和生殖器官的相应变化。同时，雌激素的分泌导致垂体分泌促黄体素的高峰，进而引起排卵，并在排卵的卵泡内形成黄体。此时，黄体分泌孕酮；孕酮的反馈作用抑制垂体分泌促性腺激素，同时也抑制了卵泡发育和发情。如母畜未妊娠，则经过一段时间后由子宫产生的前列腺素 F2α，可促使黄体迅速退化，从而体内孕酮量下降。此时垂体因失去了孕酮的抑制作用而又开始分泌促性腺激素，再次促使卵泡发育，引起发情和排卵。当母畜在发情期间经配种而受胎时，则前列腺素 F2α 促使黄体退化的作用受到抑制，因此卵巢中的黄体不消失，而转变为妊娠黄体，一般继续存在到妊娠后期。

根据上述原理，常可用人工方法改变母畜的正常发情和排卵规律，进行发情控制，主要的方法有：

1. 同期发情

同期发情即用人为方法控制群体母畜在预定的时间内集中发情排卵，并进行人工定时授精，以节省发情鉴定的劳力和提高配种效率，使群体母畜集中妊娠，集中产仔，利于集约经营。控制母畜同期发情可用孕激素制剂处理群体母畜（通过注射、口服、埋藏或阴道栓等方法），待群体母畜卵巢中的周期黄体都退化消失后，再停止孕激素的处理。此时群体母畜因失去孕激素控制，就同时出现发情。也可用前列腺素 F2 α 制剂处理群体母畜，促使黄体同时消失和孕酮失去来源，而使群体母畜同时出现发情。上述方法常用于牛和羊。母猪的同期发情采用集中断奶的方法也常可取得较好的效果。

2. 诱发发情

对处于乏情状态的母畜，如非发情季节中的母羊或处于哺乳乏情期的母牛，可使用促性腺激素制剂，包括促卵泡素，孕马血清促性腺激素（PMSG）或促性腺激素释放激素等诱发母畜发情排卵，从而使母羊一年产羔两次，或缩短母牛的产犊间隔，提高经济效益。

3. 超数排卵

在发情周期中的卵泡期将开始时，用适量的促性腺激素如促卵泡素或孕马血清促性腺激素处理母畜，可促使其卵巢有超出正常数量的卵泡发育和排卵，并在输精后使排出的卵子正常受精，以提高产仔数。多用于提高绵羊双羔率；也用于胚胎移植，以获得尽量多的受精卵。家畜超数排卵的效果存在个体差异。牛、羊一般一次可排出 5 ~ 10 个卵子。

三、胚胎移植

胚胎移植又称受精卵移植，俗称借腹怀胎，是指将雌性动物的早期胚胎，或者通过体外受精及及其他方式得到的胚胎，移植到同种的、生理状态相同的其他雌性动物体内，使之继续发育为新个体的技术。

利用胚胎移植，可以开发遗传特性优良的母畜繁殖潜力，较快地扩大良种畜群，在自然情况下，牛、马等母畜通常一年产 1 胎，一生繁殖后代仅仅 16 只左右；猪也不过百头。采用胚胎移植则使优良母畜免去了冗长的妊娠期，胚胎取出后不久即可再次发情、配种和受精，从而能在一定时间内产生较多的后代。如果向母畜注射促性腺激素，还可诱发其在一个发情期中排出比自然情况下更多的卵子，取得多个胚胎供移植之用。另外，由于胚胎可长期保存和远途运输，还为家畜基因库的建立，品种资源的引进和交换，以及减少疾病传播等提供了更好的条件。

四、胚胎分割

胚胎分割是指采用机械方法将早期胚胎切割成 2 等份、4 等份或 8 等份等，经移植获得同卵双胎或多胎的技术。

胚胎分割需要的主要仪器设备为实体显微镜和显微操作仪。

进行胚胎分割时，应选择发育良好的桑葚胚或囊胚，用分割针或分割刀进行分割，对囊胚进行分割时，要注意将内细胞团均等分割，否则会影响胚胎的恢复和进一步发育。

胚胎分割主要用于优良品种的繁殖，以牛为例，有的牛奶多，但繁殖慢。这时，就用促性腺激素促使该良种母牛超数排卵，然后把卵从该母牛体内取出，在试管内与人工采集的精子进行体外受精，培育成胚胎，再把胚胎送入经过同期激素处理、可以接受胚胎、孕期相同的母牛子宫内，孕育出小牛。

尽管胚胎分割技术已在多种动物中取得成功，但仍存在一些问题，如刚出生的动物体重偏低，毛色和斑纹还存在差异等。实践证明，采用胚胎分割技术产生同卵多胚的可能性是有限的，到目前为止，最常见的是经分割产生的同卵双胎，而同卵多胎成功的比例都很小。

五、性比控制

动物的性别控制（sex control）技术是通过对动物的正常生殖过程进行人为干预，使成年雌性动物产出人们期望性别后代的一门生物技术。性别控制技术在畜牧生产中意义重大。首先，通过控制后代的性别比例，可充分发挥受性别限制的生产性状（如泌乳）和受性别影响的生产性状（如生长速度、肉质等）的最大经济效益。其次，控制后代的性别比例可增加选种强度，加快育种进程。通过控制胚胎性别还可克服牛胚胎移植中出现的异性孪生不育现象，排除伴性有害基因的危害。性别控制可以通过精子分离或胚胎性别鉴别来实现。

六、核移植

核移植是将供体细胞核移入去核的卵母细胞中，使后者不经精子穿透等有性过程即可被激活、分裂并发育，让核供体的基因得到完全复制。培养一段时间后，在把发育中的卵母细胞移植到人或动物体内的方法。核移植的细胞来源主要分为：供体细胞来源和受体细胞的来源两种。核移植主要用于细胞移植和异种器官移植，细胞移植可以治疗由于细胞功能缺陷所引起的各种疾病。

通过显微操作，将细胞核移入去核卵母细胞中，培育发育成重组胚胎的技术。细胞核具有全能性，将核移植到去核卵母细胞中，可以发育成正常后代，并表现为供核个体的遗传特性。

七、转基因动物生产

将外源重组基因转染并整合到动物受体细胞基因组中，从而形成在体表达外源基因的动物，称为转基因动物。转基因动物表达系统包括外源基因、表达载体和受体细胞等，基因组的转移则是细胞核移植和动物克隆技术，人工合成

与设计基因、全基因乃至基因组的转基因技术是合成生物学。

哺乳类动物基因转移方法，是将改建后的目的基因（或基因组片段）用显微注射等方法注入实验动物的受精卵（或着床前的胚胎细胞），然后将此受精卵（或着床前的胚胎细胞）再植入受体动物的输卵管（或子宫）中，使其发育成携带有外源基因的转基因动物。

根据外源基因导入的方法和对象的不同，目前制作转基因动物的方法主要有显微注射法、反转录病毒法、胚胎干细胞（embryonic stem cell，ES 细胞）法、电脉冲法、精子载体导入法等。

八、体外生产动物胚胎

体外生产胚胎技术是胚胎工程技术的基础，其过程涉及卵母细胞的体外成熟、精子获能和体外受精、胚胎的体外培养这三个方面。

九、体细胞克隆

体细胞克隆技术是指把动物体细胞经过抑制培养，使细胞处于休眠状态。采用核移植的方法，利用细胞拆合或细胞重组技术，将卵母细胞去核作为核受体，以体细胞或含少量细胞质的细胞核即核质体作为核供体，将后者移入前者中，构建重组胚，供体核在去核卵母细胞的胞质中重新编程，并启动卵裂，开始胚胎发育过程，妊娠产仔，克隆出动物的技术，又可称之为体细胞核移植技术。

思考与练习题

1. 动物生殖激素有哪些种类？分别有什么作用？
2. 家畜的发情表现是什么？怎样鉴定家畜是否发情？
3. 人工授精有什么优点？
4. 怎么诊断动物妊娠？
5. 动物繁殖技术有哪些进展？

第八章 动物疾病的防治

内容提要：本章从动物疾病的概念入手，介绍疾病的分类、动物传染病的防治方法、动物中毒性疾病和营养代谢病。

第一节 疾病的分类

一、动物疾病的概念

动物疾病是指动物机体受到内在或外界致病因素和不利影响的作用而产生的一系列损伤与抗损伤的复杂过程，表现为局部、器官、系统或全身的形态变化和（或）功能障碍。在健康情况下，动物与其环境之间保持一种动态平衡，机体的结构和功能处于正常状态；疾病则使这种平衡受到破坏。在这一过程中，若损伤大于机体的防御能力，则疾病恶化，甚至导致死亡；反之则疾病痊愈，机体康复，间或遗留某些不良后果。

二、动物疾病的分类

1. 传染病

传染病的病原包括病毒、细菌、立克次氏体、衣原体、霉形体和真菌等微生物。特点是：

（1）每一种传染病都由一种特定的微生物所引起，而且宿主谱宽窄各不相同。如猪瘟和炭疽分别是由猪瘟病毒和炭疽杆菌所引起的；猪瘟只能感染猪属动物，而炭疽则几乎能感染所有哺乳动物，包括人类。

（2）具有传染性。病原微生物能通过直接接触（舐、咬、交配等），间接接触（空气、饮水、饲料、土壤、授精精液等），死物媒介（畜舍用具、污染的手术器械等），活体媒介（节肢动物、啮齿动物、飞禽、人类等）从受感染的动物传于健康动物，引起同样疾病。

（3）分别侵害一定的器官、系统甚或全身，表现特有的病理变化和临诊症状。

（4）动物受感染后多能产生免疫生物学反应（免疫性和变态反应），人类可借此创造各种方法来进行传染病的诊断、治疗和预防（见家畜传染病）。

2. 寄生虫病

寄生虫主要包括原虫、蠕虫和节肢动物三大类。前二者多为内寄生虫，后者绝大多数为外寄生虫。寄生虫多有较长的发育期和较复杂的生活史，有的需要在一种、甚至几种宿主体内完成其发育，多数寄生虫都有其固定的终宿主。它们可以通过直接接触（如疥螨、马媾疫锥虫、钩虫丝状蚴、血吸虫尾蚴），吞入含感染性虫卵、幼虫或卵囊等的土壤、饮水或饲料（例如蛔虫、圆线虫、球虫）以及蜱、虻等外寄生虫作媒介（例如血液原虫）而传播（见家畜寄生虫病）。

3. 普通病

普通病主要包括内科、外科和产科疾病三类。内科疾病有消化、呼吸（家畜）、泌尿、神经、心血管、血液造血器官、内分泌、皮肤、肌肉、骨骼等系统以及营养代谢、中毒、遗传、免疫、幼畜疾病等，其病因和表现多种多样。外科疾病主要有外伤、四肢病、蹄病、眼病等。产科疾病可根据其发生时期分为怀孕期疾病（流产、死胎等），分娩期疾病（难产），产后期疾病（胎衣不下、子宫内膜炎、生产瘫痪）以及乳房疾病、新生幼畜疾病等。随着畜牧业对家畜繁殖率和家畜品质要求的提高，产科学的领域已扩展到人工授精、胚胎移植以及交配和输精感染及不育症的防治等，从而又分化出母畜科分支（见家畜内科病，兽医产科）。但上述分类并非绝对的。有些原虫所致的疾病如球虫病、弓形虫病、梨形虫病和锥虫病等由于传播、流行和表现方式与传染病非常相似，有些学者也将其归入传染病。由蟠尾丝虫侵害马项韧带所致的鬐甲瘘，既是一种寄生虫病，又可归属于外科病。肿瘤只能用手术切除者属于外科疾病，非手术所能达到者为内科疾病。至于因重视幼畜的培育及强调幼畜的解剖生理特点而设置的幼畜病分支，其内容则传染病、寄生虫病和普通病三类俱备。分类为便于叙述和应用，并无不可逾越的界限。

4. 群发病

一般传染病、寄生虫病、中毒和营养缺乏病多为群发，但也有例外，如破伤风虽为一种传染病，但必须有破伤风梭菌存在于缺氧的深创伤中才能发生，故仅散发。有些传染病如钩端螺旋体病以及部分寄生虫病，如弓形虫病和血吸虫病在畜群中常表现为隐性感染，多属散发，仅偶有群发。

5. 散发病

在群发疾病中，又可根据其流行方式分为地方性、流行性和大流行性疾病。普通病虽多为散发，但某些中毒疾病和营养缺乏、特别是微量元素缺乏疾病，由于其病因多与某一地区饲料和土壤的特性有关，亦常呈地方性流行。在传染病和寄生虫病中，有的因其病原（例如炭疽杆菌、恶性水肿梭菌及其芽孢）常存在于某一地区的土壤中，或者其中间宿主（如含血吸虫尾蚴的螺、带梨形虫的蜱）只限于某一水域或者地区中，所以只呈地方性流行。但大多数烈性传染病如牛瘟、猪瘟、鸡新城疫等常同时在广大地区蔓延发生，以流行性疾病著称；其中部分尚可同时迅速在洲际散播，构成大流行或世界性流行疾病。

第二节　动物传染病的防治

一、传染和传染病的概念

旧谓因病疫传播蔓延而致病。现代医学指病原体从有病的生物体侵入别的生物体。通过语言或行动引起他人相同的思想感情和行为。人和高等动物会受到各种病原微生物的侵害，当这些病原为微生物侵入机体后，在一定条件下他们会克服机体的防御机能，破坏集体内部环境的相对稳定性，在一定部位生长繁殖，引起不同程度的病理过程，这个过程称为传染。

传染病（Infectious Diseases）是由各种病原体引起的能在人与人、动物与动物或人与动物之间相互传播的一类疾病。病原体中大部分是微生物，小部分为寄生虫，寄生虫引起者又称寄生虫病。有些传染病，防疫部门必须及时掌握其发病情况，及时采取对策，因此发现后应按规定时间及时向当地防疫部门报告，称为法定传染病。中国目前的法定传染病有甲、乙、丙 3 类，共 39 种。

传染病是一种可以从一个动物，经过各种途径传染给另一个动物的感染

病。通常这种疾病可借由直接接触已感染的个体、感染者的体液及排泄物、感染者所污染到的物体，可以通过空气传播、水源传播、食物传播、接触传播、土壤传播、垂直传播等。

二、传染病的传播方式和途径

1. 传染病传播

传染病传播指病原体从已感染者排出，经过一定的传播途径，传入易感者而形成新的传染的全部过程。传染病得以在某一动物群体中发生和传播，必须具备传染源、传播途径和易感动物三个基本环节。

（1）传染源。

在体内有病原体生长繁殖，并可将病原体排出的动物，即患传染病或携带病原体的动物。患传染病的病畜是重要的传染源，其体内有大量的病原体。

病原携带者指已无任何临床症状，但能排出病原体的动物。携带者分为病后携带者和健康携带者两种。前者指临床症状消失、机体功能恢复，但继续排出病原体的个体。健康携带者无疾病既往史，但用检验方法可查明其排出物带病原体。

（2）传播途径。

传播途径指病原体自传染源排出后，在传染给另一易感者之前在外界环境中所行经的途径。一种传染病的传播途径可以是单一的，也可以是多个的。传播途径可分为水平传播和垂直传播两类。由于生物性的致病原于动物机体外可存活的时间不一，存在动物机体内的位置、活动方式都有不同，都影响了一个感染症如何传染的过程。为了生存和繁衍，这类病原性的微生物必须具备可传染的性质，每一种传染性的病原通常都有特定的传播方式。

直接接触传染是指在没有任何外界因素参与下，由病畜与健康畜直接接触（如交配、舔咬等）而引起的传染。这种传播方式比较少见，如狂犬病的传播是通过咬伤而引起传染，是一种典型的直接接触传染方式。直接接触传染由于传播受到限制，一般不易造成广泛流行。

间接接触传染是在有外界环境因素的参与下，致病微生物通过媒介物（如饲料、水源、土壤、用具等），间接地传染给健康动物而引起传染。大多数传染病是通过这种方式传播的。间接接触传染一般通过下列几种方式传播：

① 经污染的物体、饲料和饮水传播。这是最常见的一种方式。患病动物

的分泌物、排泄物及病死尸体等，污染了牧草、饲料、饲槽、水源、用具、运载工具以及畜产品等，引起以消化道作要侵入途径的传染病的传播。如口蹄疫、猪瘟、新城疫、炭疽等传染病都是通过这一途径传播的。

② 经空气（飞沫和尘埃）传播。空气虽然不适于病原微生物的生存，但空气中的飞沫和尘埃均可成为传染媒介。患病动物在咳嗽、打喷嚏及鸣叫时喷出的带有致病微生物的飞沫，如果被易感动物吸入，可引起传染，形成“飞沫传染”，如猪喘气病、结核病、鸡传染性支气管炎和鸡霉形体病等易造成飞沫传染。另一种叫“尘埃传染”，是患病动物的排泄物和分泌物及处理不当的病尸污染了土壤，经干燥后，病原体随尘埃在空气中飞扬，易被动物吸入而造成尘埃传染。如结核病、炭疽病及痘病等就是尘埃传染的。这些能借助尘埃传播的病原微生物一般对干燥环境产生较强的抵抗力。

③ 经土壤传播。致病微生物随患病动物的排泄物及分泌物等进入土壤，并经污染的土壤而进行的传播称为经土壤传播。主要见于一些对外界环境抵抗力较强，而又能在土壤内存活时间较长的致病微生物，如炭疽、破伤风、猪丹毒等传染病。

④ 经活的传播媒介传播。致病微生物除了能经污染物、空气以及土壤等传播外，昆虫及啮齿类动物等是许多传染病的传播媒介，但是这些活的传播媒介绝大多数都是属于机械性的带毒传播，如蛇类通过吸血可能传播炭疽、马传染性贫血等；蚊能传播各种脑炎、猪丹毒、禽痘等；蝇活动于畜体与排泄物、尸体之间，易造成多种传染病的传播；野生动物、鸟类在受到感染后，既可以成为传染源，同时又成为传播媒介，从而造成疫病传播。如狼能传播狂犬病，鼠类、鸟类能传播钩端螺旋体、口蹄疫、鸡新城疫等；经常与病畜禽接触的饲养人员、兽医，如果不能坚持遵守卫生防疫制度，在消毒不严时，也可机构地散播病原，从而传播疫病。

三、传染病的预防措施和扑灭措施

1. 动物传染病的预防措施

（1）贯彻实行“自繁自养”原则，防止传染源传入。

（2）有计划有目的地定期预防接种和适时补针，增强机体免疫力。

（3）做好预防性消毒和杀虫、灭鼠工作是综合性防疫措施的重要一环，它对于切断传播途径和控制疫病蔓延具有重要作用。

（4）搞好动物、动物产品的检疫检验与疫病监测，以便及早发现传染源并及时采取相应的防疫措施，控制和消灭传染病。

2. 发生动物传染病时的控制和扑灭措施

当发生畜禽传染病时，主要针对消灭传染源、切断一切传播途径和提高畜禽群体对传染的抵抗力等三个环节采取措施，尽最大努力将传染病消灭在萌芽时期，或将其控制在最少的发病头数以减少损失。

（1）及时发现疫情并尽快确诊。

如果有几头动物同时或先后发生相同症状，应当怀疑为传染病或中毒性疾病。

（2）隔离。

如经过兽医确诊为传染病或疑似传染病时，任何单位或个人应及时向当地动物防疫监督机构报告，认真执行他们提出的防治办法和措施。

疫点一般是指动物所在的栏圈、厩舍、场院、放牧地及饮水点等。疫区是若干疫点连接且范围较大的地区，凡病动物发病前后一定时间内曾经到过的地区都应划入疫区。受威胁区为疫区周围和可能受到传染的地区。

封锁区内必须采取的措施是：

首先根据诊断结果，将疫点、疫区内的易感动物分为病动物、可疑感染动物（无任何症状但与病动物及其污染的环境有过明显的接触）和假定健康动物（疫区内其他易感动物，而且与病动物没有明显接触者），并采取相应防疫措施。对死亡的病动物尸体应焚烧、化制或深埋，病动物及其同群者进行治疗、急宰或扑杀；对假定健康群和受威胁区易感动物进行预防接种。

在疫区的边界、交通要道、河桥、渡口等设立“禁止通行”标志，并指出绕行道。必要时设立岗哨和消毒站，禁止易感动物出入或穿过封锁区。

严禁畜禽及畜禽产品或其他饲养动物出入；必须出入的人员、车辆需经有关兽医人员许可，并进行严格消毒；病畜的栏舍及其污染的场地、用具等进行彻底消毒；病畜的粪便、垫草要经过发酵处理或烧毁。

停止集市贸易和动物、动物产品的交易。

疫区内最后一头病动物痊愈或扑杀后，经过一个该病的最长潜伏期以上的监测、观察，再没有出现该病动物，经过全面彻底的消毒后即可解除封锁。有些疫病的病愈动物，在解除封锁后，还需要根据该疫病带毒时间的长短，限制这些动物在疫区内活动，不得随便调到安全区。

（3）彻底消毒。

消毒是扑灭传染病的一项重要措施。消毒的目的是把病动物排出到周围环境中的病原体消灭掉。

（4）妥善处理尸体。

及时而正确地处理尸体，对防止疫病扩大蔓延和维护公共卫生都有很重要的意义。在运送尸体时，为了防止病原体扩散，要用消毒药喷洒尸体，尸体的耳、鼻、口、肛门、阴道等天然孔要用消毒药棉球塞上，放入不漏水的搬运工具中。搬运尸体的人员、工具等在尸体处理完后均要严格彻底消毒。

第三节　动物中毒性疾病和营养代谢病

一、中毒的概念、原因及其预防

机体过量或大量接触化学毒物，引发组织结构和功能损害、代谢障碍而发生疾病或死亡者，称为中毒。中毒的严重程度与剂量有关，多呈剂量-效应关系；中毒按其发生发展过程可分为急性中毒、亚急性和慢性中毒。一次接触大量毒物所致的中毒，为急性中毒；多次或长期接触少量毒物，经一定潜伏期而发生的中毒，称慢性中毒；介于两者之间的，为亚急性中毒。有时也难以划分。

1. 中毒的原因

饲料：亚硝酸盐中毒、生氰糖甙（高粱再生苗）、谷物、霉败饲料、有毒植物。

污染：农药、化肥、工业污染、矿物和重金属毒物。

药物、微量元素、维生素和其他添加剂过量。

2. 中毒的预防措施

动物中毒病不仅造成巨大的经济损失，而且影响动物性食品的质量与安全。因此，必须全面掌握动物中毒病的种类、分布及发生的规律，切实贯彻“预防为主”的方针。

（1）加强宣传教育。

主要是加强全民的科技素质教育，宣传普及科学养殖、中毒病的防治及动物源性食品质量与安全的知识，提高动物饲养者防范中毒病发生的意识。在某些中毒病（如氟中毒、有毒植物中毒）多发地区，放牧动物时应根据实际情况指导农牧民采取禁牧、轮牧、限制放牧时间或脱毒利用等有效预防措施。

（2）规范兽药及饲料添加剂的使用。

应严格执行兽药和饲料添加剂管理条例和安全使用规定，并逐步开展在养殖企业对饲料和动物源性食品中违禁药物和含量超标的药物实施监控，兽医临床上治疗疾病应严格按照《兽药典》规定使用药物，从源头上杜绝兽药和饲料添加剂滥用对动物健康的危害。

（3）做好饲料加工、贮藏。

注意饲料的加工与调制，防止产生有毒物质。妥善贮存饲料，严格控制环境的温度和湿度，防止发霉变质。对已经被霉菌污染的饲料或含有其他有毒物质的饲料，必须经过脱毒处理后才能使用。

（4）严格执行农药和杀鼠药使用规范。

农药和杀鼠药要妥善保管，使用过程中应避免污染水源或饲料，严禁使用喷洒过农药的植物或种子作为动物饲料。毒饵应放在安全地方，以免动物误食。毒死的鼠类尸体应妥善处理，防止造成肉食动物的二次中毒。

（5）改善生态环境。

重视生态环境保护，通过治理工业“三废”，加强规模化养殖业及饲料加工业中的生态文明建设，切实控制重金属及其他污染物对环境的污染，减少环境污染物通过食物链对动物的影响。

二、营养代谢性疾病的概念及病因

1. 营养代谢性疾病的概念

营养物质缺少或过多，以及某些与生产不相适应的内外环境因素的影响，都可引起营养物质的平衡失调，导致新陈代谢和营养障碍，使机体生长发育迟滞，生产力、繁殖力和抗病力降低，甚至危及生命。这类疾病统称营养代谢病。

营养代谢性疾病是营养性疾病和代谢障碍性疾病的总称。前者是指动物所需的某类营养物质缺乏或过多（包括绝对性的和相对性的）所致的疾病；后者是指因机体内的一个或多个代谢过程异常，导致机体内环境紊乱而引起的疾病。畜禽营养代谢性疾病包括糖、脂肪和蛋白质代谢障碍，矿物质和水、盐代谢紊乱，维生素缺乏症及微量元素缺乏症或过多症等四个主要部分。

2. 营养代谢性疾病的病因

（1）营养物质摄入不足或过剩：饲料的短缺、单一、质地不良，饲养不当等均可造成营养物质缺乏。特别是在放牧条件、自然牧草受地质资源、季节等因素影响或表现某一种或几种微量营养素不足，或在相当长的枯草季节整体营养水平低下。在集约化大规模条件下，在理论上不应该存在配合饲料的营养问题，但实际操作过程中，由于某方面的疏忽，造成的某些营养缺乏症是经常见到的。为提高畜禽生产性能，盲目采用高营养饲喂，常导致营养过剩，如日粮中动物性蛋白饲料过多，常引发痛风；高钙日粮，造成锌相对缺乏等。

（2）营养物质需要量增加：产蛋及生长发育旺期，对各种营养物质的需要量增加；慢性寄生虫病、马立克氏病、结核等慢性疾病对营养物质的消耗增多。

（3）营养物质吸收不良：见于两种情况，一是消化吸收障碍，如慢性胃肠疾病、肝脏疾病及胰腺疾病；二是饲料中存在干扰营养物质吸收的因素，如磷、植酸过多降低钙的吸收等。

（4）参与代谢的酶缺乏：一类是获得性缺乏，见于重金属中毒、有机磷农药中毒；另一类是先天性酶缺乏，见于遗传性代谢病。

（5）内分泌机能异常：如锌缺乏时血浆胰岛素和生长激素含量下降等。

（6）机体自身机能降低：如消化器官、消化腺的疾病，使饲料消化、吸收、运输、合成受到不同程度的影响。很明显，这一方面的影响多数是个体的，不会造成群体性问题。

（7）与动物生产有关的营养物质转化失调：如奶牛的奶产量已由20世纪30年代的2 000 kg增加到6 000～10 000 kg，如此高的产奶量，必然要求相应的营养素供应充分并在不同营养素之间要严格保持平衡。否则极易引发某方面的代谢性疾病。

思考与练习题

1. 动物疾病的含义是什么？
2. 介绍动物疾病的种类。
3. 什么是传染和传染病？
4. 疾病传播的方式与途径有哪些？
5. 动物传染病的控制与扑灭措施有哪些？
6. 什么是中毒？中毒的原因是什么？怎样预防中毒？
7. 营养代谢病的概念是什么？产生的原因是什么？

动物养殖的环境与环境保护

内容提要：本章从环境的概念开始，介绍外界环境因素对动物的影响，明确畜舍环境及其环境保护的重要性。

第一节　外界环境因素对动物的影响

环境为畜禽的生存、生长发育提供了生存的必要条件，同时，环境也存在对畜禽机体有害的各种因素，对畜禽的健康有着一定的影响。因此，我们必须创造有利于畜禽健康的外界环境条件，尽量消除对畜禽生理机能发生不良影响的有害因子，提高畜禽的健康水平和抵抗疾病的能力，保证畜禽正常的生理机能及较高的生产力。

环境不仅对畜禽健康有影响，而且对机体的生长发育、繁殖和生产畜禽产品等生产性能也有影响。外界环境中的诸多因素，以各种不同的方式与途径，作用与影响畜禽机体，引起各种各样的反应。因此，为畜禽创造良好的生活条件，可以提高畜禽的生产力，充分发挥畜禽的利用价值，达到保证畜禽健康和提高生产力水平的目的。

一、环境的概念及环境因素

环境指的是作用于机体的一切外界因素，畜禽环境是与畜禽生活和生产有关的一切外界环境。畜禽的外界环境，可分为自然环境和社会环境两大类。

1. 自然环境

自然环境是指地球表面的大气、土壤、岩石、水和生物（动物、植物、微生物）等。自然环境包含极其复杂的内容，由许多性质不同又相互关系的事物和过程构成。空气环境、水环境、土壤环境、生物环境四大环境要素有各自独特的存在和发展规律，彼此间相互联系且不可分割，对畜禽生产起着综合作用。

2. 社会环境

社会环境是指人类在自然条件基础上通过劳动创造出来的并且和人类进化一起发展的外界条件。畜禽不能离开人类社会条件而单独存在。畜禽赖以生存和发展的环境是在自然环境的基础上通过人类的改造加工而形成的。人们给畜禽建立牧场、草场、禽舍及根据各种畜禽的特性进行不同的饲养管理、训练和利用等，体现了人类利用和改造自然的性质和水平。社会环境对畜禽的生存、健康和发展起着决定性的影响。

二、温热环境

温热环境是指炎热、寒冷或温暖、凉爽的空气环境，是影响畜禽健康和生产力的重要环境因素之一，主要是由空气温度、湿度、气流速度和太阳辐射等温热因素综合而成。温热环境主要通过热调节对畜禽发生作用。温热环境对畜禽健康和生产力的影响，因畜禽种类、品种、个体、年龄、性别、被毛状态以及对气候的适应性等条件的不同而不同。

1. 气温、气湿、气流、光照对家畜的影响

（1）空气温度。

空气温度是影响畜禽健康和生产力的首要温热因素。空气温度对畜禽的影响主要表现在热交换上，当温度低于畜禽体表温度时，畜禽体内的热量即以辐射、传导、对流方式散入周围环境；当温度高于畜禽体表温度时，畜禽的散热除传导、对流、辐射方式外，还有蒸发方式，通过体热调节，使体温稳定在一定范围之内，这对于保证畜禽的正常生理活动、健康状况和生产性能，都具有决定性的意义。

气温与家畜疾病冷、热应激原都可以使机体的抵抗力减弱，从而使一般非病原性微生物引起畜禽疾病。对动物的直接伤害有冻伤、热痉挛、热射病和日射病等。动物感冒、支气管炎、肺炎等病因或诱因与低温袭击有关。适宜的温度和湿度有利于各种病原体和媒介虫类的生存和繁殖，夏季是蝇、蚊、虻等血吸虫类大量孳生的季节，可引发和传播猪丹毒、炭疽等病。极端的天气条件会

影响畜禽的饲养管理和营养状态。天气炎热，动物采食量下降，引起营养不良，影响家畜对传染性疾病的抗病力。低温常使块根、块茎、青贮等多汁饲料冰冻，使家畜患胃肠炎、下痢等。

（2）空气湿度。

空气中水汽含量的物理量称为空气湿度。空气中的水汽来自海洋、江湖等水面和植物、潮湿土壤等的水分蒸发。大气中水汽本身所产生的压力称为水汽压，空气中实际水汽压与同温度下饱和水汽压之比称为相对湿度。相对湿度说明水汽在空气中的饱和程度，是一个常用的指标。在畜舍中由于家畜皮肤和呼吸道，以及潮湿地面、粪尿、污湿垫料等的水分蒸发，往往舍内湿度大于舍外。湿度对动物的影响常与温度共同作用，影响畜体体热调节和生产性能。

一般认为，环境在 14 °C ~ 23 °C、相对湿度为 50% ~ 80% 时，猪的肥育效果最好；在气温为 24 °C 以上时，湿度的升高会影响奶牛的产乳量和采食量；冬季相对湿度高于 85% 以上时，影响蛋鸡的产蛋量。

（3）气流。

空气由高气压地区向低气压地区流动形成的气流称为风。风自某一方向吹来，称为该方向的风向，如南风是指风从南向北吹。风向是经常变化的，常发风向为主风向。主风向在选择牧场地、建筑物配置和畜舍设计上都有重要的参考价值。

气流影响畜体的对流和蒸发散热。加大气流速度可加快对流散热，高温时加大风速，有利于畜体散热，减弱高温的不利影响；可促进蒸发，对排汗动物有利散热，避免降低畜禽的生产力水平。低温和适温时，风速加大会导致畜体失热过多，体温可能下降，以至受冻，严重时可以冻伤、冻死。

畜舍内适宜的气流速度，视天气条件而异。寒冷季节气流速度应为 0.1 ~ 0.2 m/s，不超过 0.25 m/s；炎热的夏季应尽量加大气流速度加强通风，以缓解高温对畜禽带来的不利影响。

2. 温热环境的综合作用

温热环境的各种因素对畜禽健康和生产力的作用是综合的，各因素间相辅相成、相互制约，在高温、高湿情况下，如果风速很小，畜体对流散热效果降低，动物感到很难忍受，如加大风速，则可缓和温度、湿度对畜禽的不利影响。又如低温高湿遇气流加大，将是一种很恶劣的环境，使畜体失热量大而迅速，很快受冻甚至冻死，隆冬的暴风雪就是这样一种环境。采取温热环境的综合评定方法，能反映畜禽所处的温热环境质量，评价对比不同温热环境的综合影响。

（1）有效温度。

有效温度亦称“实感温度”，指能够较有效地代表环境温热程度的空气温度。有效温度是根据气温、气湿、气流对人体产生温热感觉的综合作用指标。由于家畜对环境感受不能表达，只能根据人们观察到的动物表现加以总结。家畜的等热区是家畜的较适宜温度，但气温、气湿和气流相结合，表示各种动物舒适程度的资料较少，只是以空气干球温度和湿球温度对动物热调节的变化，经计算得出的有效温度来表示，如：

牛：$ET = 0.35T_d + 0.65T_m$

猪：$ET = 0.65T_d + 0.35T_m$

鸡：$ET = 0.75T_d + 0.25T_m$

式中 T_d 为干球温度，T_m 为湿球温度。

温湿度指标是气温和气湿相结合用以估计炎热程度的一种指标。牛的温湿度指标计算公式为：

$$THI = 0.72(T_d + T_m) + 40.6$$

THI 愈大，表示热应激不应超过愈严重。在生产上，THI 不应超过 70。一般欧洲牛 THI 在 69 以上时，已开始受热的影响，表现为体温升高，采食粮、生产力和代谢率下降。通常 THI 在 76 以下时，乳牛经过一段时间适应后产乳量可逐渐恢复正常。

（2）风冷指标。

风冷指标是气温和风速相结合以估计寒冷程度的一种指标。风冷却温度愈低，冷应激愈严重。

第二节　畜舍环境

畜舍环境状况的好坏，直接决定着畜禽生产水平的高低。其环境状况主要取决于饲养管理工艺和水平、自然气候类型、舍外环境状况、畜舍类型及畜舍结构、舍内设施与设备配置、畜舍环境调控技术等的影响。

一、畜舍空气中的灰尘和微生物

1. 空气中微粒

空气中的微粒主要来源于地面和工农业生产活动，地面条件、土壤特性、

植被状态、季节和天气以及工业生产、农事活动、居民生活等，对空气中微粒的数量和性质都会产生影响。尘埃，畜舍内空气中的微粒主要包括尘土、皮屑、饲料、垫草及粪便、粉粒、等尘埃，这些都是微生物的载体。

猪舍尘埃含量：带仔母猪和哺乳仔猪舍昼夜平均不大于 1.0 mg/m^3，育肥舍不得大于 3.0/m^3，其他猪舍不得高于 1.5 mg/m^3。

2. 空气微生物

舍外空气中微生物的数量与人和家畜的密度、植物的数量、土壤和地面的铺装情况、气温与气湿、日照与气流等因素有关。

二、畜舍中的有害气体

1. 氨（NH_3）

氨对集体的损伤作用取决于氨气浓度和作用时间，氨气一方面通过直接接触作用损伤黏膜而引起炎症，如结膜炎、呼吸道炎症（支气管炎、肺炎、和肺水肿）；另一方面氨还可以通过肺泡进入血液，引起呼吸道和血管中枢兴奋，高浓度的氨气可直接刺激机体组织，是组织溶解坏死，引起中枢神经系统麻痹、中毒性肝病和心肌损伤等。

猪舍内氨气浓度不能超过 20 ~ 30 mL/m^3。如果超过 100，猪日增重将减少 10%，饲料利用率降低 18%；如果超过 400 ~ 500 mL/m^3，会引起黏膜出血，发生结膜炎、呼吸道炎症，导致坏死性支气管炎、肺水肿、中枢神经系统麻痹，甚至死亡。

2. 硫化氢（H_2S）

硫化氢为无色、易挥发、有恶臭的气味，刺激性很强，易溶于水，比空气重，靠近地面浓度更高。

硫化氢易溶解在畜禽呼吸道黏膜和眼结膜上，并与钠离子结合成硫化钠，对黏膜产生强烈刺激作用，使黏膜充血水肿，引起结膜炎、支气管炎、肺炎和肺水肿，表现流泪、角膜混浊、畏光、咳嗽等症状；硫化氢还可通过肺泡进入血液，被氧化成硫酸盐等影响细胞代谢。硫化氢气体是一种强毒性神经中毒剂，高浓度时还会使呼吸中枢麻痹。畜舍内硫化氢超过 550 mL/m^3 就可以直接抑制呼吸中枢，使猪、鸡窒息而亡。畜舍内硫化氢的浓度不宜超过 10 mL/m^3。

3. 二氧化碳（CO_2）

二氧化碳为无色、无臭、略带酸味的气体。二氧化碳无毒，但舍内二氧化碳含量过高，氧气含量相对不足时，会使畜禽出现慢性缺氧，精神萎靡、食欲下降、增重缓慢、体质虚弱等症状，易使畜禽降低抵抗力和感染慢性传染病。猪、鸡舍二氧化碳的浓度以每立方米空气不能超过 4% 为宜。尤其在冬季，为了保温而降低通风量时影响更明显，舍内二氧化碳的含量不应超过 0.15%。

4. 一氧化碳（CO）

一氧化碳为无色、无味气体，难溶于水。妊娠后期母猪、带仔母猪、哺乳仔猪和断奶仔猪舍一氧化碳不得超过 5 mg/m^3，种公猪、空怀和妊娠前期母猪、育成猪舍不能超过 15mg/m^3，育肥猪舍不得超过 20 mg/m^3，以上值均为一次允许的最高浓度，禽舍允许最高浓度为 24 mg/m^3。

第三节　畜牧场的环境保护

随着畜牧业的不断发展，特别是畜牧业的集约化程度越来越高，由于畜禽粪便及其他废弃物对环境造成的污染越来越严重，从而威胁到人类的健康，对畜牧业本身的发展也起到一定的制约作用。

一、畜牧场环境污染的来源和危害

1. 畜牧场环境污染的来源

（1）畜牧业由分散经营转为集约化经营。20 世纪 50 年代后，畜牧业发展迅速，畜牧业逐渐转为集约化，生产规模越来越大。从而产生了大量粪尿污水、有害气体和恶臭等。如不及时处理，随时都能对人类和畜禽环境造成严重污染。

（2）畜牧场场址选择不当。目前大多数集约化的畜牧场建在人口较密集、土地占有量相对较少、交通方便的城市郊区和工矿区，从而造成农牧脱节，家畜粪肥不能及时施用于农田而造成污染。

（3）化学肥料增多。家畜粪尿体积大，使用量多，装运不方便，费力费工，使用越来越少、农业上有机肥逐渐转向化肥，结果使大量畜禽粪便等有机肥积压浪费，造成公害。

（4）兽药、饲料添加剂使用不当。抗生素、维生素、激素、金属微量元素等在畜产品中的残留，通过人们摄食转移到人体内而影响人们的健康，而且有害物质通过畜禽的排泄，造成土壤和水源污染，对人类生存环境构成威胁。

2. 畜牧场环境污染的危害

（1）畜牧场对空气的污染。

畜牧场对空气的污染主要是家畜的粪尿或其他废弃物产生的难闻气味及畜牧场排放出的烟尘、灰尘等，由畜舍或工作间经风机排出或直接散发至畜牧场及附近居民区上空，影响人畜的生理机能，其中含有的微生物飘浮于大气中，可在本场造成疾病的传播，甚至随风散落至附近居民区，扩大传染的范围。此外，受工业废气污染的大气也会给家畜造成危害。

（2）畜牧场对水体的污染。

畜牧场对水体的污染主要是家畜粪尿及畜牧场污水不经处理直接排放到江、河、湖泊，引起水中有机物和微生物含量超标，造成水体污染。畜产废弃物中的碳氢化合物、蛋白质、脂肪等腐败性有机物大量排放至水中，首先使水质混浊，同时如果水中氧气充足，则好气菌发挥作用，可分解有机氮为氨、亚硝酸盐，最终为硝酸盐类的稳定无机物。水中溶解氧耗尽后，则有机物进行厌气分解，产生甲烷、硫化氢、硫醇之类的恶臭物质，使水质恶化不适于饮用。又由于有机物分解的产物是优质营养素，使水生生物大量繁殖，更加大了水的混浊度，消耗水中氧气，产生恶臭，威胁贝类、藻类的生存，造成鱼类死亡。如作为农业用水，则因水中含有过量的氨态氮等能导致水富营养化，使农作物徒长、倒伏、晚熟或不熟。水源被病原微生物污染后，可引起某些传染病的传播与流行，影响畜牧业生产。另外，受到工业废水等污染的水体中，常常含有大量的有毒物质、致癌物质和放射性物质，往往经生物转化、浓集及食物链富集等作用，直接或间接影响家畜健康，威胁畜产品的安全。

（3）畜牧场对土壤的污染。

土壤的基本机能是：① 它具有肥力，可以生长植物；② 可以分解物质。这两方面构成了自然循环的主要环节，因而土壤是地球上生命活动不可缺少的场所，是自然界物质循环的主要承载者，它的机能健全与否直接影响作物的生长和产品质量，并通过产品影响人畜健康。人们向土壤堆放和倾倒大量的废弃物，使土壤中积累了过量的有毒有害物质，破坏了土壤的基本机能，则构成土壤污染。畜产废弃物中的家畜粪尿易被分解，提供有机物，使土壤维持其原有的机能，但在过量的情况下，超过了土壤的自净分解能力会使土壤有机物质过多，影响作物生长，造成土壤污染。特别是由于粪尿灭菌处理不当，其中含有的病原微生物和寄生虫卵，可以在土壤中长期生存或继续繁殖，保护和扩大了传染源。

（4）畜牧场引起的昆虫、噪音等污染。

畜牧场的家畜以及饲料、粪便等，易于招引或孳生蚊蝇，会骚扰附近居民并传播疾病；还有家畜的嘶叫啼鸣和使用机械及运输车辆所产生的噪音等都会污染环境。

二、畜牧场对环境造成污染的物质

畜禽粪便中含大量的氮和磷的化合物，这些氮和磷进入土壤后会转化为硝酸盐和磷酸盐，含量过高会使土地失去生产价值，造成地表水和地下水污染，使水体富营养化，引起低等浮游生物、藻类大量繁殖，使水中溶解氧减少，导致鱼虾等水生动物因缺氧而死亡。粪便中含有硫化氢、粪臭素、硫醇、胺类和氨气等也会污染畜舍环境及危害人类健康。患病或隐性带病畜禽排出多种致病菌和寄生虫卵，如不适当处理，不仅会造成大量蚊虫孳生，而且还会成为传染源，造成疫病传播，影响人类和畜禽健康。

目前在农村，畜禽养殖的散户占居多数，畜禽粪尿无序排放，很难收集；而大型集约化畜禽养殖，则因经营者环保意识薄弱，把逐年增多的畜禽粪便未经任何处理便随意堆放，其还田量和处理率没有得到相应提高，遇到下雨就被冲进河流造成水体污染，甚至会使地下水质也受到影响。目前，畜禽养殖业废水 COD 排放量已接近工业废水 COD 的排放总量，造成了较为严重的环境污染。

三、畜牧场环境保护的主要措施

1. 从环境保护的观点合理规划畜牧场

合理规划畜牧场是搞好环境保护的先决条件。在对一个畜牧场选点、建设之初，就必须从环境保护着眼，依据相关法规科学规划，合理布局，合理选择地理位置，合理规划规模和场内建筑，合理规划畜产废弃物的处理和综合利用措施，防止畜牧场污染周边环境，同时也要防止周边环境已存在的污染影响畜牧场。

2. 妥善处理和利用家畜粪尿及畜牧场污水

由于畜牧业生产的发展，其经营与管理的方式随之改变，畜产废弃物的形式也有所变化，对家畜粪便可通过用作肥料、产生沼气和用作饲料等途经加以处理和利用；对畜牧场污水可利用相应的机械设备经过机械分离、生物过滤、分解、沥水沉淀等一系列措施处理达标后进行排放或再利用。

3. 绿化环境

畜牧场的绿化具有改善场区小气候、净化空气、减少尘埃和噪音、减少空气及水中细菌含量、防疫、防火等作用，在一定程度上能够起到保护环境的作用。

4. 防止昆虫的孳生

可以采取填平所有能积水的沟渠洼地、排水用暗沟、粪池加盖、定期及时清除粪尿等措施保持环境清洁干燥，防止蚊蝇孳生；也可以采用化学杀虫剂和电气灭蝇灯等杀灭蚊蝇。

5. 水源防护

禁止在生活用水保护区建设畜牧场，严格控制畜牧场污水排放，加强畜牧场水源管理，做好水源防护工作，确保家畜饮用水的水质达到我国“生活饮用水卫生标准”，确保畜禽健康和畜产品安全。

6. 监测畜牧场环境卫生

环境监测包括两个方面：一方面是污染源监测，即对畜牧场废弃物和畜产品中的有害物质的浓度进行定期、定点测定；另一方面是环境的监测，定期采集畜牧场水源及周围自然环境中大气、水等样品，测定有害物质浓度，了解环境污染情况，进而正确评价环境状况，制定切实可行的环境保护措施。

总之，畜牧场的环境保护应在立项建设之初加以考虑，依据相关法规，结合“农牧结合、种养平衡、过腹还田”的原则，科学规划和建设畜牧场，既能使畜产废弃物得到合理利用，做到“无污染、零排放”，又能有效地防止畜牧场受到已存在的环境污染的影响，努力构建畜牧业生产与生态环境的和谐关系，确保畜牧业生产又好又快地科学发展。

思考与练习题

1. 环境的含义是什么？环境因素包括哪些？
2. 环境对畜禽生长有什么影响？
3. 环境污染对畜禽有什么危害？
4. 畜牧场环境保护的措施主要有哪些？

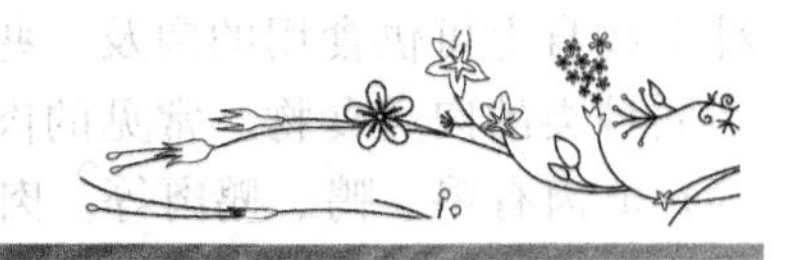

第十章 动物性产品

内容提要：本章介绍动物性产品的种类、动物性产品的加工及利用。

第一节　动物性产品的种类

动物产品，指以动物的身体各部位经加工制成的产品，包括动物的肉、生皮、原毛、绒、脏器、脂、血液、精液、卵、胚胎、骨、蹄、头、角、筋以及可能传播动物疫病的奶、蛋等。

动物产品通常包括六类：

（1）家畜、家禽产品：包括羊毛、驼毛、牦牛毛、兔毛、皮张、肠衣、猪鬃、马尾、羽毛等。

（2）畜禽类：包括猪、牛、羊、鸡、鸭、鹅肉及其副产品和野生动物肉，野禽肉等。

（3）各种罐头。

（4）蛋及蛋制品。

（5）水产品：包括海水和淡水产品。

（6）奶及奶制品。

第二节　动物性产品的加工及利用

一、肉类的主要营养成分含量

肉类食物简称“肉类”，是人类饮食中最重要的一类食物。它的原料为各种动物身上可供食用的肉及一些其他组织，经过不同程度及方法的加工，成为不同种类的肉类食物。常见的肉类包括畜肉、禽肉。畜肉有猪、牛、羊、兔肉等；禽肉有鸡、鸭、鹅肉等。肉类含存丰富的蛋白质、脂肪和B族维生素、矿物质，是人类的重要食品。

1. 蛋白质

肉类提供的蛋白质对人体有重要的生物学意义。构成蛋白质的氨基酸共有20多种，其中有8种（必需氨基酸）是人体不能自身合成的，必须靠摄取含有这8种氨基酸的食物来获得；而肉类食物的蛋白质是完全蛋白质，可以提供人体所需的全部种类的氨基酸。当肉类蛋白质在人体内被消化时，分解出来的氨基酸即可被吸收。与肉类蛋白质相比较，植物类食物所提供的蛋白质有时则不如肉类蛋白质的氨基酸成分那么全面，有的会缺乏8种人体的必需氨基酸或者是包括8种必需氨基酸在内的20种基本氨基酸中的一种或几种，譬如谷类普遍缺少赖氨酸这种必需氨基酸。肉类蛋白质与植物性蛋白质混合食用，便可以互相补充，更具营养。

一般的瘦猪肉的蛋白质含量为10%～17%，肥猪肉则只有2.2%；瘦牛肉为20%左右，肥牛肉为15.1%；瘦羊肉17.3%，肥羊肉9.3%；兔肉21.2%；鸡肉23.3%；鸭肉16.5%；鹅肉10.8%。其中，兔肉高蛋白、低脂肪（0.4%），且胆固醇含量低，非常适合患高血压、心脏病以及动脉粥样硬化这些病症的人食用。除肉外，动物的内脏作为肉类食物的另一部分，亦能提供蛋白质。猪、羊、牛的肝脏，蛋白质含量约为21%，鸡、鸭、鹅的肝，蛋白质含量为16%～18%。

肉类的蛋白质经过烹调，有一部分会散在肉汤中，也有一部分水解成氨基酸溶于肉汤里，故烹调好的肉汤味道鲜美而富于营养。不同的烹饪方式，可能保持也可能破坏氨基酸的完整性。罐头食品、冷冻和速冻肉，这些现代技术的储存手段不会像曾经主要使用的腌制、晒干方法那样破坏食物成分氨基酸。

2. 脂 肪

肉中的脂肪可供给人体热量和必需的脂肪酸。脂肪的主要成分包括甘油三酯、脂肪酸以及少量的卵磷脂、胆固醇、游离脂肪酸、脂溶性色素等。

脂肪是肉的所有成分中所占比例变化范围最大的，平均含量是10%～30%。常见的肉类的脂肪含量平均值为：猪肉20%～35%，牛肉10%～20%，牛犊肉5%～10%，绵羊肉10%～20%。畜类脂肪中饱和脂肪酸高于禽类脂肪，如猪油含42%，牛油含53%，羊油含57%，而鸡油只含26%，鸭油含29%。

动物脂肪的熔点因相对较高，故不易被人体消化和吸收。脂肪及脑、肝、肾等内脏都有高含量的胆固醇，这对高血脂或动脉粥样硬化这样的患者是有害的。

3. 碳水化合物

肉类的碳水化合物含量比较低，一般约为 1%～5%。动物肌肉中含有肌糖原，当动物死亡时，肌糖元会转化成乳酸。乳酸的产生使肉中的酸性增强，pH 值下降，使得组织蛋白酶的活性增强，因为动物存活时，pH 值较高，抑制了这种酶的活性。组织蛋白酶让肉中的蛋白质部分水解，从而使肉逐渐变软，恢复保水能力，进而使肉味变得鲜嫩，更合人的胃口。动物被宰杀后，其胴体的肉的这一变化过程，为肉的存熟期。但要使这一过程完美地进行，则需要在一定的条件下保存生肉，包括控制并保持冷藏温度，存贮时间不能过长或过短。

4. 无机盐

肉类含铁、磷、钾、钠、铜、锌、镁等许多种矿物质，其中含磷较丰富，约 130～170 mg/100 g；钙含量颇少，约 7～10 mg/100 g。肉类食物无机盐的总含量约为 0.6%～1.1%，瘦肉的无机盐含量高于肥肉，内脏的含量高于瘦肉。动物的肝脏、肾脏含铁较丰富，且利用率高。

5. 微量元素

肉类含维生素 B，也含极少的脂溶性维生素 A、维生素 D 以及维生素 C。一些动物的肝脏也是常见的肉类食物，其含有丰富的钴胺素。猪肉的维生素 B_1 含量高于牛肉。

二、蛋类的主要营养成分含量

1. 蛋白质

蛋类蛋白质含量一般在 10% 以上，其中全鸡蛋蛋白质含量在 12% 左右，蛋清中略低，蛋黄中较高，加工成咸蛋或松花蛋后，变化不大；鸭蛋的蛋白质含量与鸡蛋类似。

蛋类蛋白质不但含有人体所需要的各种氨基酸，而且其氨基酸组成模式与人体蛋白质的氨基酸组成模式十分相近，因此全蛋蛋白质的食物是最理想的优质蛋白质，生物价可达 94%以上。

需要注意的是，生蛋清中因含有抗蛋白酶活性的卵巨球蛋白、卵类粘蛋白和卵抑制剂，使其消化吸收率仅为 50% 左右；而烹调后可使各种抗营养因素完全失活，消化率达 96%。因此，鸡蛋烹调时应使其蛋清完全凝固。

2. 脂　类

脂肪在蛋清中含量极少，98%的脂肪存在于蛋黄中。蛋黄中 30% 为脂肪，而且几乎全部以与蛋白质结合的良好乳化形式存在，因而消化吸收率高。

蛋黄是磷脂的极好来源，鸡蛋黄中的磷脂主要为卵磷脂和脑磷脂，此外尚有神经鞘磷脂。卵磷脂具有降低血胆固醇的效果，并能促进脂溶性维生素的吸收。

胆固醇主要集中在蛋黄，其中鹅蛋黄胆固醇含量最高，每 100 g 达 1 696 mg，是猪肝的 7 倍、肥猪肉的 17 倍；每个鸡蛋含胆固醇 200 mg 左右。蛋类加工成咸蛋或松花蛋后，胆固醇含量无明显变化。

3. 碳水化合物

鸡蛋中碳水化合物含量极低，大约为 1%，分为两种状态存在，一部分与蛋白质相结合而存在，含量约 0.5%；另一部分游离存在，含量约 0.4%，这部分碳水化合物的 98% 为葡萄糖，其余为微量的果糖、甘露糖、阿拉伯糖、木糖和核糖。

4. 矿物质

蛋类矿物质含量丰富，主要集中在蛋黄内，蛋黄含矿物质 1.0% ~ 1.5%，其中磷、钙、铁较多，还含有镁、钾、硒、锌等。蛋类中铁含量较高，但以非血红素铁的形式存在；而且蛋类含有一种卵黄高磷蛋白，能够将元素铁牢固地吸附，在肠道中不易解离，使蛋类铁元素的吸收利用率远不如动物肝和瘦肉中的铁元素，利用率仅为 3% 左右。

蛋中的矿物质含量受饲料因素影响较大。通过添加硒和碘的方法可生产富硒鸡蛋和富碘鸭蛋。通过调整饲料成分，目前市场上已有富硒蛋、富碘蛋、高锌蛋、高钙蛋等特种鸡蛋或鸭蛋销售。

5. 维生素

蛋中维生素含量十分丰富，且品种较为完全，包括所有的 B 族维生素、维生素 A、维生素 D、维生素 E、维生素 K 和微量的维生素 C。其中绝大部分的维生素 A、维生素 D、维生素 E 和大部分维生素 B1 都存在于蛋黄当中。鸭蛋和鹅蛋的维生素含量总体而言高于鸡蛋。蛋中的维生素含量受到品种、季节和饲料中含量的影响。

6. 其他微量活性物质

蛋黄是胆碱和甜菜碱的良好来源，甜菜碱具有降低血脂和预防动脉硬化的

功效。鸡蛋壳、蛋清、蛋白膜、蛋黄、蛋黄膜中的唾液酸成分具有一定的免疫活性，对轮状病毒有抑制作用。

三、奶类的主要营养成分含量及特点

奶类（乳类）指动物的乳汁，是一种营养丰富，容易消化吸收的食品，几乎含有人体所需的所有营养素，除维生素 C 含量较低外，其他营养素含量都比较丰富。各类动物的乳汁所含营养成分不完全相同，牛奶与人乳相比，蛋白质含量多而乳糖含量低。

四、鲜牛奶的营养价值

1. 蛋白质和氨基酸

每 100 mL 牛奶所含蛋白质为 3.4 g，较人乳高 3 倍。但是，与人乳不同，牛奶中蛋白质多为不易消化吸收的酪蛋白，而易于消化吸收的乳清蛋白含量少，乳清蛋白与酪蛋白之比为 18∶80。牛奶蛋白质含有全部必需氨基酸，消化吸收率高，达 87%～89%，生物价约为 85%，属于优质蛋白质，且富含赖氨酸，是谷类食物的天然互补食品。

为了使牛乳的蛋白质能与人乳的蛋白质更相似，可利用乳清蛋白加以调整，从而制造出与母乳营养价值相似的婴儿食品。

2. 脂 肪

每 100 mL 牛奶中脂肪含量约 2.8～4.0 g，磷脂含量约 20～50 mg，胆固醇含量约 13 mg。牛奶中的脂肪颗粒很小，直径约 2～5 μm，平均直径 3 μm，以微细的脂肪球状态分散于牛乳汁中，并呈高度分散状态，故易于消化吸收。

牛奶中已被分离出来的脂肪酸达 400 种之多，其中包括碳链长度从 2～28 的各种脂肪酸，但以偶数碳原子直链中长脂肪酸占绝对优势；但乳牛为反刍动物，细菌在瘤胃中分解纤维素和淀粉可产生挥发性脂肪酸，因此，牛乳中含有一定量的中短链脂肪酸，挥发性、水溶性脂肪酸达 8%，这种组成特点赋予乳脂肪以柔润的质地和特有的香气。

3. 碳水化合物

乳类碳水化合物的形式主要是乳糖，牛奶中乳糖含量约为 5%，较人奶的 7.4%

少。因此，用牛奶喂养婴儿时，应适量加糖，以保持应有的甜度和足够的热能。

乳糖除了可提供能量以外，在小肠可被乳糖酶分解成乳酸，可降低肠的酸碱度，有利于抑制致病菌的生长繁殖，诱导肠道正常细菌生长；并有助于钙在肠道的吸收，尤其对于婴幼儿的生长发育具有特殊的意义。但是，对于部分不经常饮奶的成年人来说，体内乳糖酶活性过低或缺乏乳糖酶，食用牛奶后，乳糖不能被分解吸收而出现腹泻、腹痛等症状，称为乳糖不耐症。如果在牛奶加工时，利用乳糖酶使奶中乳糖预先分解，既可预防乳糖不耐症的发生，并提高糖的消化吸收率和增加奶的甜度。

4. 矿物质

牛奶中含有婴儿所需的全部矿物质，如钠、钾、钙、镁、氯、磷、硫、铜、铁等，其中碱性元素略多，因此牛奶为弱碱性食品。其中钙、磷和钾尤其丰富，但无论是牛奶还是人乳中铁的含量均较低，而牛奶中铁的吸收率更低，因此，无论是母乳还是牛奶喂养的婴儿，4 月龄后均应开添加含铁的辅食，如肝泥等。

5. 维生素

牛奶中含有人体所需要的各种维生素，包括维生素 A、维生素 D、维生素 E、维生素 K、各种 B 族维生素及维生素 C，但其含量随乳牛的饲养条件、季节、加工方式的不同而有所变化。放牧乳牛所产奶的维生素含量通常高于舍饲乳牛所产奶的维生素含量。其中，维生素 A 和胡萝卜素的含量与乳牛的饲料密切相关，当乳牛的饲料以青饲料为主要饲料时，奶中的维生素 A、胡萝卜素、维生素 C 含量较高；维生素 D 的含量与牛的日照时间有关，夏季日照多，维生素 D 含量也较高；而 B 族维生素主要是瘤胃中的微生物所产生，其含量受饲料影响较小，但叶酸含量受季节影响，维生素 B_{12} 含量受饲料中钴含量影响。

总之，牛奶是 B 族维生素的良好来源，特别是维生素 B_2；但牛奶中的维生素 C 和维生素 B2 在加热和暴露于日光下易被破坏。

脂溶性维生素如维生素 A、维生素 D、维生素 E、维生素 K 存在于牛奶的脂肪部分中，而水溶性维生素如各种 B 族维生素及维生素 C 存在于水相。乳清所呈现的淡黄绿色便是维生素 B2 的颜色。脱脂奶的脂溶性维生素含量显著下降，需要进行营养强化。

另外，羊奶中多数 B 族维生素含量比较丰富，但是，叶酸和维生素 B_{12} 含量低，而婴幼儿，尤其是 1 岁以下婴幼儿，饮食品种不够丰富，这类营养素又不能通过日常饮食得到满足，如果作为主食，容易造成生长迟缓及贫血。因此，羊奶不适合 1 岁以下婴幼儿作为主食。但对于成年人来说，饮食品种丰富，叶酸和维生素 B_{12} 有其他来源供应，因而可以放心饮用羊奶。

6. 其他成分

（1）酶类。

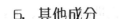

牛奶的蛋白质中包含各种酶类，其中各种水解酶可以帮助消化营养物质，尤其对婴幼儿的消化吸收有重要意义；溶菌酶有抗菌能力，对牛奶的保存有重要意义，新鲜未经污染的牛奶可在 4 °C 下保存 36 h 之久；乳过氧化物酶也有一定的抗菌能力，对革兰氏阳性菌有抑制作用，对一些革兰阴性菌如大肠杆菌有杀灭作用；碱性磷酸酶常用作热杀菌的指示酶，加热后测定此酶可知加热的效果。

（2）有机酸。

牛乳中核酸含量较低，痛风患者可以食用；牛奶中的有机酸 90%为柠檬酸，能帮助促进钙在乳中的分散；牛乳中的丁酸，也称酪酸，是反刍动物乳脂中的特有脂肪酸，对包括乳腺癌和肠癌在内的一系列肿瘤细胞的生长和分化产生抑制作用，诱导肿瘤细胞凋亡，防止癌细胞的转移。

（3）其他生理活性物质。

牛奶中含有大量生理活性物质，重要的有乳铁蛋白、免疫球蛋白、生物活性肽、共轭亚油酸、激素和生长因子等。

乳铁蛋白能够调节铁代谢、促进生长发育；调节巨噬细胞和其他吞噬细胞的活性、抗炎，预防胃肠道感染；促进肠道黏膜细胞的分裂更新；阻断氢氧自由基的形成；刺激双歧杆菌的生长；具有抗病毒效应。另外，乳铁蛋白经蛋白酶水解之后形成的片段具有一定的免疫调节作用。

活性肽类是乳蛋白质在人体肠道消化吸收过程中产生的蛋白酶水解产物，包括具有吗啡样活性或抗吗啡活性的镇静安神肽；抑制血管紧张素 I 转化酶的抗血管紧张素肽；抑制血小板凝集和血纤维蛋白原结合到血小板上的抗血栓肽；刺激巨噬细胞吞噬活性的免疫调节肽；促进钙吸收的酪蛋白磷肽；促进细胞合成 DNA 的促进生长肽；抑制细菌生长的抗菌肽等。

五、皮革制品加工与生产

畜皮制造的革制品是以猪皮、牛皮、羊皮和马皮为主的各种家生动物皮，是皮革工业的主要原料。可以利用这些皮张加工制用鞋底革（外底革、内底革、沿条革）；鞋面革（正面革、修饰革、绒面革）；鞍、马具、箱包革（鞍马具革、带革、挽具革、箱包革、沙发革）；体育用品革（篮球革、排球革、足球革）；工业用革（轮带革、皮仁革、密封革、纺织革、煤气表革、劳保革）；衣着用革（手套革、服装革、帽里革）等六个主要革类，又可以用 这些革类，加工制作各式皮鞋及各种军、工、农、民用皮件，无论对于促进国防军工、工农业生产，还是对于满足出口和国内市场对各种皮革制品的需要，都会起重要的作用。皮革的加工制造过程称为“制革”。制革生产工序繁多，一般将这些工序分为三个工段，即准备工段、鞣制工段和整理工段。

六、毛类制品加工及生产

通过对畜禽类动物毛、绒或羽绒分级、去杂、清洗等简单加工处理，制成的洗净毛、洗净绒或羽绒。

七、动物性副产品加工利用

动物脏器中的胰脏、肝、胆汁、胃肠、心脏等可以用于生产动物性药物原料，可提取加工细胞色素 C、辅酶 Q、辅酶 A 中生化物质及其他生物活性物质。

动物血液可制成血粉等饲料原料以及血清、蛋白等血液制品；畜皮除可制成皮革及皮毛制品外，可生产明胶；畜骨除制成骨粉等饲料原料外可提取硫酸软骨素。动物油脂作为脂肪原料可炼制食用油脂并可作为其他产品的生产原料。鬃毛可加工成毛刷并可以提取氨基酸；动物大脑除作为食品外，还可以加工提取脑垂体激素、磷脂类物质。

家禽的羽毛可加工成为填充羽毛（绒），也可制作工艺品；禽蛋副产品的蛋壳的可作为饲料原料，也可制成手工艺品，蛋中可提取生化物质。

思考与练习题

1. 动物性产品的种类有哪些？
2. 肉类的主要营养成分有哪些？分别说明其含量。
3. 奶类的主要营养成分有哪些？营养成分的含量如何？有什么特点？
4. 动物的皮加工品有哪些？
5. 动物的毛加工品有哪些？
6. 动物的副产品有哪些？

第四篇　农业生产经营与管理

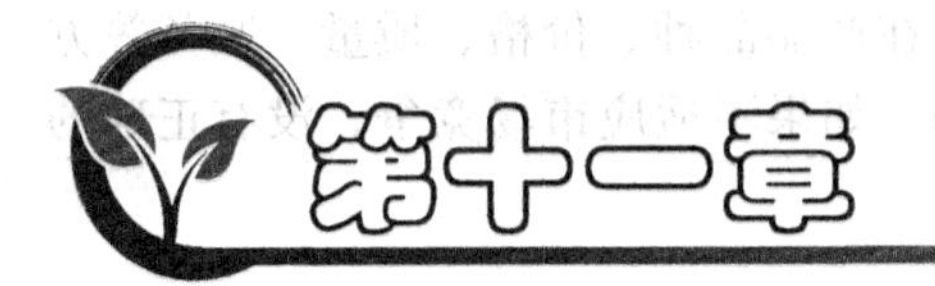

农业生产经营与管理概述

内容提要：本章介绍农业生产思想及其特点、农业生产经营计划、农业生产经营与管理的内容与任务、农业生产经营管理的原则与方法等内容。

第一节　农业生产经营思想及特点

一、农业生产经营思想

经营思想是经营者对农业生产经营与管理相关问题的态度和看法，对经营决策起着决定性作用。经营思想内在形成一系列的意识，外在表现为一系列的经营观念，这些观念是否符合市场经济的要求，直接决定了经营管理活动的成败。

1. 市场观念

经营者应以市场为导向进行生产。市场上需要什么、需要多少、需要什么质量的产品，决定了生产什么、生产多少、生产什么质量的产品，这样才能满足市场的需要，获得较高的收益。市场观念的核心有两个方面，一是以经济效益为根本出发点，不是以产量为经营出发点；二是以市场需要为直接生产经营依据。

2. 竞争观念

竞争是市场经济最典型的特征之一。优胜劣汰、适者生存是竞争的基本准则。竞争必然冲击小农经济条件下封闭的经营意识，如小富而安、无风险意识、因循守旧、无创新观念、意气用事等。竞争迫使生产者提供优质的产品和完善的服务。经营者应运用正当的竞争手段，在产品品种、价格、质量、服务等方面不断取得竞争优势，牢牢占领消费市场。如果不适应市场竞争，没有正确的竞争意识就会被市场淘汰。

3. 人才观念

人才是具有一技之长、可以解决生产经营中特定问题的人。人才包括技术人才、销售人才、公关人才、组织人才、管理人才等，不是专指生产技术人才。人才是第一财富，市场竞争优势的确立主要靠人才完成，市场竞争的本质是人才的竞争。有了各种人才，就有技术、有信息、有产量、有销路，从而才有效益。作为生产经营者，应该尊重人才，不断培养人才，合理使用人才。只有善于吸引人才，才有长远的发展潜力。

4. 信息观念

农业经营随时与外界发生各种经济联系，如生产资料采购、产品销售、组织生产、生产技术管理等。经济信息是农业经营顺利进行的基础，国家有关法律的出台、产业政策的调整、金融市场的变动、物资供应情况、先进技术的推广、市场行情的变化等都会对农业生产带来不同程度的影响。经济信息是资源，是财富。在激烈的市场竞争中，市场行情瞬息万变，要有强烈的信息意识，及时捕捉各种经济信息，并对信息进行分析和鉴别。既不错过有用信息，也不能被虚假信息所蒙蔽。经营者只有依靠准确有用的经济信息，才能作出正确的决策。

5. 法制观念

市场经济是法制经济，靠一系列法律规范经济活动。商品生产者必须树立起良好的法制意识。法制观念包括两方面的内容：一是利用法律保护自己的合法权益不受侵害；二是遵守法律，不侵害他人。

某地一位农民，听邻居说养蝎子效益很好，于是拿出 3 000 元钱托付邻居代购蝎苗。可过了半年时间，蝎苗也没有买回来，于是这位农民讨要 3 000 元钱。在多次讨要未果的情况下，十分生气，他把邻居家的一头母牛、一头小牛和几只羊拉回来抵债。邻居要求他归还牛羊，而他则要求对方还钱。双方纠纷不断扩大，多方调解无效。邻居起诉到法庭，法庭判决要求按期归还牛羊，并赔偿部分误工损失。

欠钱不还是违法的行为，但不能扣押对方财产来抵偿债务，扣押财产只有司法机关和其他授权机关能依法进行，其他任何机关、社会团体、个人擅自扣

押财产都是违法行为。这位农民不懂法，侵犯了他人的合法权益，也没有利用法律保护个人的合法权益，受到了法律的制裁。

6. 用户观念

用户是产品的消费者，是实现盈利的保证。生产者要牢牢树立起“用户至上”的观念，一切为用户着想，一切为用户服务。只有这样才有可能在激烈的竞争中赢得用户的支持。有了广泛稳定的用户，经营才会兴旺发达。用户观念要求经营者做好两个方面的基本工作：一是良好的服务，包括服务态度和服务方式；二是优良的产品质量。经营者不能因为贪图眼前利益，用质劣价高的产品蒙骗顾客，产生纠纷时态度恶劣。蒙骗顾客可能会在短期内有些“小利”，但最终会失去客户，失去人心，砸了自己的牌子，失掉自己的饭碗。山东省寿光县为了保护消费者的利益不受侵害，成立了专门机构处理交易纠纷，严禁强买强卖，热情为用户服务，得到了客户的信任，形成了全国的蔬菜生产销售基地，一直产销两旺，既满足了人们的生活需求，又推动了当地的经济发展，使人民生活富裕起来，为当地经济的长期发展奠定了良好的基础。

经营思想的培养需要一个长期的磨炼过程，需要经营者付出极大的努力。经营思想不是一种口号，而是一种实际表现。若经营者仅仅了解这些观点，而没有从本质上掌握这些观点，没有在实践中应用这些观点，经营思想不会落到实处，也就不可能促进农业生产经营与管理工作。

二、农业生产经营的特点

1. 生产周期长

农业生产利用了生物的生理机能，其生产周期受生物生理因素的限制。人们可以对生物的生理机能加以改变和控制，但不能消除其对农业生产的影响。农业生产周期从几十天到若干年不等。这一特点要求经营者合理安排经营项目，统筹安排生产要素，实现人、财、物的均衡利用。同时采用先进的科学技术和优良品种，在缩短生产周期和产品出产时间方面打破常规种植方式和养殖方式，反季节生产各类产品，将会有较高的收益。

2. 受自然条件影响大

农业受自然条件影响大，生产经营效果不仅仅取决于劳动者的付出，更多地取决于光照、降水、气温等方面，生产中的不可控因素较多。随着科学技术的发展，人们对生产条件的控制能力有所增强，设施农业极大地改变了作物的生产条件，提高了农业生产水平，产生了大规模的反季节栽培，降低了自然条件对农业生产的影响。经营者应根据这一特点，不断改善农业生产环境，在不适合生产的自然条件下建立人工生产环境，提高生产水平，提高经济效益。

3. 生产空间范围分散

农业生产在空间上具有较大的分散性。这种分散性给农业生产带来了明显的地域性特征，决定了农业生产不可能像工业那样实行高度集中的规模化生产。随着农业生产的发展，工厂农业逐渐出现，规模化种植在许多作物上得以实现，规模化育种、规模化种植、规模化养殖逐步普及。从大的范围看，农业生产全部实现集中规模化生产还需要很长时间，空间上的分散性在相当长的时间内还会存在。经营者应根据这一特征，使可能实现集中生产的集中生产，降低生产成本，并不断打破地域界限，引进新品种，局部试验成功后推广生产。

4. 产品与人民生活密切相关

农产品可以作为生产资料，也可以作为生活资料，其中大多数农产品是生活必需品，与衣、食、住、行密切相关。农业经营者应以人们的需要为依据安排农业生产，根据市场需要的品种和质量组织农业生产经营，保证人们安全使用农产品。随着生活水平的不断提高，人们对安全使用农产品越来越重视，注重身体健康和生活质量，绿色农产品生产已成为目前农业生产的热点，也是将来农业生产的主导生产类型。农业经营者应根据当地的生产经营条件，尽快以市场为导向，确立绿色农产品生产类型。

第二节　农业生产经营计划

经营计划是根据经营决策，对未来一定时期的经营目标和经营活动所做的事前安排。经营计划是经营决策的具体化，明确规定在一定时期内所要达到的经营目标和达到目标所采取的主要措施。农业生产经营要求根据市场需要确定经营目标，生产结束后向市场销售产品，由市场调节供、产、销过程。保持农业经营的稳定必须处理好内部生产经营秩序和外部经济关系，有计划地进行生产经营是经营的必要手段。经营计划是农业生产经营管理的基础，通过编制经营计划把经营目标层层分解到各个具体工作岗位，把整体工作有机地结合起

来，保证生产的稳定性和连续性。通过编制经营计划，把土地、劳力、资金等生产要素合理地组合在一起，使物资供应、产品生产、产品销售等经营环节紧密地联系在一起，有利于依据经营计划检查生产进度、生产消耗和生产成果，便于对生产进行控制，确保经营目标的顺利实现。

一、经营计划的特点

（1）以市场为导向市场需求是制定经营计划的出发点。以市场需要确定销售计划，以销售计划确定生产计划，以生产计划确定其他计划。经营计划符合市场要求将带来预期的经济效果；否则，将带来经济损失。

（2）以销售为核心生产经营计划的内容包括产品生产计划、各生产要素计划、物资供应计划、成本计划、利润计划、技术措施计划等。产品销售计划是各计划的前提。各项计划均以产品销售计划为基本依据，确保销售计划顺利完成。其他计划只有依据销售计划才具有经济上的可行性。

（3）以利润为目标是生存和发展的基础，同时是经营的直接动力。编制经营计划，须以实现利润目标为着眼点，提高经济效益，将企业的生存、发展和个人的切身利益紧密联系起来。

（4）以需要定形式经营计划在时间、内容和形式上具有较大的灵活性。时间上可长可短，内容上可多可少，形式上多种多样。编制经营计划可根据复杂多变的内外部条件，确定不同内容和采取不同形式。

（5）以实施为目的计划是管理的手段。一份科学、合理的经营计划如果得不到实施，便是一纸空文。如果实施不力，不能完成计划目标，便失去了编制计划的意义。因此，经营计划以实施为目的，如果计划脱离了实际，不具有可执行性，实施时不会有很好的效果，从而无法实现经营目标。

二、经营计划的内容

农业经营计划的内容包括利润计划、销售计划、生产计划、各要素计划、财务计划等。要素计划包括劳动力计划、土地利用计划、资金计划和技术措施计划等。编制计划时，根据需要确定计划种类。如果经营规模较小，可把多种计划合并为一个计划。

（1）产品销售计划销售产品是获得利润、实现经营目标的重要环节。产品销售计划根据市场调查和预测、结合生产实际情况编制。编制产品销售计划应按照市场要求规定相关内容，如产品销售数量、品种、质量、销售时间、销售渠道、销售价格、销售费用、销售方式等。销售计划是农业生产经营计划中首先编制的计划，这是按市场规律要求，实行以销定产的基本步骤。销售计划应以销售合同为基本依据。销售量以销售合同量加上一定比例的非合同销售量和储备量确定。

（2）产品生产计划生产计划根据产品销售计划和生产经营目标进行编制，规定产品的生产品种、质量、生产进度，保证销售计划的顺利实现。生产计划是对农业生产的全面安排，主要内容包括：品种、生产规模（种植面积）、单产、总产量、开始生产时间、收获时间、采收方法和生产技术方案等。

（3）物资供应计划根据生产需要和市场物资供应情况，全面规划种苗、农药、化肥、各种设施材料、设备、能源、饲料和其他材料的供应渠道、供应时间和数量、最低库存数量，规定物资供应成本、物资消耗定额、物资利用率等。物资供应计划编制以后，应积极联系供应渠道，根据物资供应的紧张程度，决定是否以合同形式确定供需关系。

（4）劳动力使用计划是按照生产计划的要求，对生产所需要的劳动力情况作出规定。根据生产的季节和特点，结合农事季节劳动力供应特点，确定劳动力使用数量、技术水平、使用时间，并规定相应劳动生产率、劳动力利用率和劳动力使用成本等内容。

（5）技术措施计划包括计划采用的新技术、新设备；计划改进的生产技术、耕作制度、良种技术；计划试验的新产品和新品种等内容。这些技术措施采用的时间、实施范围、具体安排和预期的经济效果等尽量在计划中明确规定。技术措施计划应保证生产目标的顺利实现。各种技术措施应满足生产计划中对产量、产品质量、收获时间的要求。

除此之外，还有土地使用计划、资金分配计划、成本计划、产值计划、财务计划等，生产者可以根据实际情况进行编制。生产经营规模较大时，可以详细一些，但应注意各计划之间的衔接。生产经营规模较小时，可以把各种计划合并在生产计划之内，编制一个统一的经营计划。

三、制定经营计划的原则

1. 系统性原则

企业在制订计划时一定要坚持系统性原则，不但考虑到企业本身，还要从整个系统的角度出发，要认识到企业是整个大系统中的一个小系统，如果不考虑大系统的利益，只顾个体利益，肯定会受到整个系统的惩罚。

2. 平衡性原则

企业本身以及内外环境之间都存在着许多矛盾，平衡就是要对影响企业生产经营的各个方面，企业内部各部门的产、供、销等各环节进行协调，使之保持一定的、合理的比例关系。

3. 灵活性原则

计划规定未来的目标和行动，而未来却充满众多的不确定性，因此计划的制订就要保持一定的灵活性，即有一定的余地，而不能规定得过死或过分强调计划的稳定。在计划执行的过程中，更要注意不确定因素的出现，对原计划做出必要的调整或修改。

4. 效益性原则

企业的经营计划必须以提高经济和社会效益为中心，不仅要取得产品开发和制造阶段的效益，而且还要考虑产品在流通和使用阶段的效益。

5. 全员性原则

这种全员参与并不是说所有的员工都参加到制订计划的工作中去，而是指计划的制订应该让员工们知道和支持，这是计划能够得以实现的保证。

四、制订经营计划的步骤

1. 确定经营目标

经营目标是对未来一定时期内发展的总设想和总需求，它是以企业外部环境和内部条件为前提，以企业战略目标为基本依据的。在制定经营计划之前必须明确企业经营目标。

2. 对可行方案进行选择

可供选择的方案要具备两个标准：一是能保证计划目标的实现，二是企业外部环境和内部条件都是允许的。对各个方案的优缺点进行全面分析评价和反复比较后，才能从可行计划方案中选择符合计划目标的要求，最接近实际情况的满意方案。

3. 编制计划草案与综合平衡

计划方案确定以后，要编制计划草案，使计划方案具体化。编制计划草案是一个反复综合平衡的过程，主要包括供销、生产能力和资金三个方面的平衡。通过全面的综合平衡，发现问题并采取措施加以解决，尽量使平衡的结果达到经营计划的目标要求，在此基础上即可核定各个部门的计划指标。

编制计划应做好以下方面的平衡：

（1）各经营环节之间的规模和发展速度之间的平衡。农业经营是一个整体，应积极保持各经营环节处于相对平衡的状态，相互配合，协调发展，保持合理的比例关系。

（2）生产与各生产要素之间的平衡。生产关系与各生产要素之间的平衡包括生产任务与劳力、机器、畜力的平衡；与水、土等自然资源的平衡；与种子、肥料、饲料以及原料之间的平衡；与资金的平衡等。上述平衡的实质是人力、物力、财力的平衡。

（3）供、产、销之间的平衡。供、产、销之间的平衡包括各种原材料供应与需要之间的平衡，产品的生产量与销售量之间的平衡，以便合理组织原料的采购、储存、供应和产品销售工作。

（4）积累与消费之间的平衡。处理好国家、集体、个人之间的利益关系，及时上交国家税收，同时为扩大再生产积累资金，逐步改善劳动者的生活福利。

经营的平衡往往贯穿计划管理工作的全过程，不但在计划时考虑到平衡关系，执行中也应根据情况的变化对各经营环节及时调整，保证经营的连续性和稳定性。

五、经营计划的实施

经营计划编好以后要实施计划，计划实施具体包括经营计划的执行和控制两个方面的内容。

1. 经营计划的执行

经营计划经企业领导批准以后，要下达到各个部门及广大职工贯彻执行。为此，企业要做大量的组织和管理工作，保证计划任务的完成。

贯彻经营计划的基本要求是全面、均衡地完成计划，防止出现时松时紧的现象，企业应健全内部经济责任制和经济核算制，搞好作业计划和超额完成计划任务。

2. 经营计划的控制

控制基本任务是发现偏差、分析偏差和纠正偏差，经营计划的控制就是在计

划的过程中对生产经营活动进行随时将计划执行的结果与计划的目标和各种控制标准相比较，发现偏差、查明原因，及时采取措施，保障计划目标的实现。

经营计划控制的步骤有：

（1）确立标准。企业经营计划的指标、各种技术经济定额、技术要求等，都是检查计划执行情况的标准。

（2）测定执行结果。一般可以通过统计报表和原始记录等资料来测定经营计划的执行结果。这些资料越准确、越完整，测定的结果就越准确，越能反映计划执行的实际状况，使得控制恰到好处，取得比较满意的控制效果。

（3）比较执行结果。这一步骤将测定的执行结果与预期目标进行比较、分析。比较分析的目的是看执行结果是否与预期目标发生偏差。比较分析的常用方法是经营计划执行情况图表。

（4）纠正偏差。纠正偏差的方式有两种：一种是采取措施使经营计划的执行结果接近预期目标；另一种是修正预期目标。

一个计划期终了，应对计划工作进行总结分析，计算出计划完成的程度，并分析产生差异的原因，为下期计划提供依据，并不断提高计划管理工作的水平，促进企业经济效益的提高。

第三节　农业生产经营与管理的内容与任务

一、农业生产经营与管理的内容

农业经营与管理内容分为宏观和微观两部分，宏观农业经营与管理从一个地区角度进行经营管理，微观农业经营与管理从一个农业企业的角度进行经营管理。从微观方面看，经营管理的主要内容可以从两个方面分类，一类是生产要素管理，另一类是生产过程管理。

1. 生产要素管理

农业生产要素从内容方面可以分为劳动力、资金、技术、信息、土地等种类。生产要素管理的基本目标是充分利用生产要素，对生产要素进行合理配置，以最低的投入获得最高的产出。

劳动力是劳动者的劳动能力。劳动力管理主要是对人的管理，包括提高劳动者工作积极性、实现劳动力的均衡利用、提高劳动生产效率、降低劳动成本等内容。资金是农业生产经营的必备要素，资金管理包括资金的筹集、固定资产管理、流动资产管理、无形资产和其他资产的管理等内容。资金管理的主要目标是降低资金成本，提高资金利用率，提高资金盈利水平。技术和信息在现代社会中占有越来越重要的地位，以基因工程和蛋白质工程为代表的农业高新科技成为知识经济的主要内容。信息是当今信息社会的构成部分，以因特网为主要形式的信息传播速度越来越快，信息在农业生产经营方向、产品销售方面起着举足轻重的作用。土地是农业生产不可缺少的要素，其用途主要有两个方面：一是生产用地，直接参与生产，如种植业用地；二是经营的场所，如办公室、门市部等。

2. 生产过程管理

农业生产过程是指从市场调查到利润分配的整个过程，中间经过了预测、经营决策、签订合同、制订计划、组织生产、产品销售、利润分配等环节。上述过程是一个完整的生产过程，由于生产者在不同时间进行着不同项目的生产，从总体来看，经营者在不断地签订合同，不断地制订计划，不断地组织生产，不断地进行产品销售，整个生产过程的各个环节交叉在一起。市场调查是过程管理的起点，它常和预测、经营决策一起进行，目的在于搞清楚市场需求情况，以确定生产项目。接下来签订合同，保证产品能够销售出去。然后以销售量确定生产量，以生产量确定各生产资源的计划和整体生产进度，按计划组织生产，生产完毕按合同销售产品，最后进行利润分配。

二、农业生产经营与管理的任务

农业生产经营与管理的任务由经营管理的目标所确定。经营管理的目标是获得利润。经营者一般在一个生产经营的开始制定具体的利润目标。经营管理的任务是保证利润目标的实现，是经营目标的具体化，是达到利润目标的具体步骤和手段。

1. 选准经营方向

确定经营方向是经营管理的根本任务之一。经营管理中最大的失误是方向性失误。从短期看影响利润的实现，从长期看影响经营的生存。因此，根据国家经济发展走势和市场需求确定经营方向是经营者的首要任务。经营者可以从国家的扶持政策、市场需求和有关专业方向的杂志中获得经营方向的信息内容。

2. 提高经营效率

效率是在一定时间内完成的工作量。提高经营效率是经营管理的根本任务，应有效地利用生产资源，为经营目标的实现奠定基础。为达到这一要求，经营者应完善内部管理制度，明确内部各部门的职责，建立起一整套完整的管理体系。这一体系由规章制度和组织机构两部分组成。

3. 加强经济核算

经济核算包括会计核算、统计核算和业务核算。通过经济核算掌握一个企业整体的经营情况，如生产进度、费用支出、收入、利润等内容，可以有效地组织生产、控制费用、提高效率。加强经济核算可以获得各种内部管理信息，落实消耗指标，充分利用资源，为加强内部管理提供依据。

4. 实现可持续发展

可持续发展是知识经济的基本特征，是一个经营单位的最基本的要求。为完成这一任务，经营者必须考虑资源的合理利用与配置，根据长远的发展规划和分步骤的经营计划，制定资源的利用计划。农业与自然资源联系十分紧密，自然资源不断减少将成为可持续发展的主要障碍。如果空气污染、水污染、土地沙化等发展到一定程度，将会影响农业的可持续发展，甚至影响人类生存。因此，减少自然资源消耗，以智力资源为主，充分利用高新科技是实现农业经营可持续发展的根本途径。

第四节 农业生产经营管理的原则与方法

一、农业生产经营与管理的基本原则

农业生产经营与管理的基本原则是经营者应遵循的经营管理准则。基本原则对整个农业生产经营与管理工作具有指导意义，是经营管理思想的具体体现。

1. 市场导向原则

市场导向原则是市场观念的具体化，指在农业生产经营与管理中各项工作以市场为导向。在经营方向的确定、经营目标的确定、内部管理体系的建立、

各种生产资源的购买和使用、产品的销售等工作中均应遵循这一原则。

临海市根据市场的要求发展蔬菜生产。目前，全市蔬菜种植面积达到 4 000 多公顷，其中 2 000 多公顷种植西兰花。全市蔬菜以优良品质赢得了市场。通过引进先进的蔬菜冷藏保鲜加工技术，使蔬菜产品打入了日本、东南亚等国家和地区。同时，根据市场需求建立的括苍山无公害高山蔬菜基地、反季节大棚蔬菜生产均取得了可观的经济效益，成为当地农业经济新的增长点。

2. 系统管理原则

系统管理原则是指从整体系统的角度进行农业生产经营与管理，其主要内容包括两个方面：一是整体和部分之间的协调；二是系统的相对封闭性。进行农业生产经营与管理，首先是确定系统整体的目标，然后确定各部分的目标，要实现这些目标，整体和部分之间要形成有机的联系，各部分目标的实现应有利于整体目标的实现。

3. 民主集中制原则

民主是指每人都有发言权，集中是指少数服从多数。民主集中制原则是充分调动职工工作积极性的一种方法，可集思广益，避免失误。同时也是动员和发动职工，搞好内部关系的一种方法。坚持民主集中制原则在任何经营单位都十分必要。

4. 以人为本原则

在现代农业生产经营与管理中，人是经营成功的根本，以人为本原则要求经营者在经营中尊重人才，处理问题以人为本。具体体现在：用人时人尽其才，合理使用；避免出现任人唯亲的现象；对人进行物质和精神鼓励，用各种激励方法激励人，充分调动人的积极性。

5. 效益效率原则

进行农业生产经营以盈利为目的。为达到这一目的，工作中应遵循效益效率原则。一切经营管理活动都应从费用支出与所取得效果进行比较，从而确定活动的成效。

二、农业生产经营与管理的基本方法

农业生产经营与管理的基本方法是进行经营管理的手段、措施的总称。其

划分标准有很多种，按照管理方法的内容可分为行政方法、经济方法、法律方法、社会心理方法和数学方法等。

1. 行政方法

行政方法是经营者在经营单位内部运用行政手段，依行政命令的方式管理经济活动的方法。行政方法建立在权力的基础之上，在农业企业单位是以人事权力和奖惩权力为基础，在农户家庭是以家长权威为基础。行政方法是进行经营管理的基础方法之一，大至农业跨国公司，小至农户家庭都离不开这种方法。

2. 经济方法

经济方法是以经济奖励和经济处罚为主要方式进行经营管理的方法。这种方法可以比较和缓地引导各种行为，比较明确地提出提倡什么，不提倡什么。当然这种奖励和处罚要有相应制度为依据，真正起到引导作用。经济方法在农业生产经营与管理中是一种行之有效的方法。

3. 法律方法

法律方法是以国家法律为依据处理各种经济关系的方法。市场经济是法制经济，在市场经济条件下进行农业经营，应遵守国家的各种法律法规。法律方法运用在对内管理和对外管理两个方面。对内管理主要体现在管理制度应符合国家的法律法规，用人方面应符合《中华人民共和国劳动法》的要求，提供安全的生产环境等。对外管理中主要遵守产品质量的法律法规、经营行为的规定和税收的法律法规等。

4. 心理教育方法

心理教育方法是运用心理学的研究成果，对人进行管理的方法。在农业生产经营与管理中，人是第一位的因素，运用心理教育方法可以从人的心理需要出发进行管理，提高对人管理的有效性。

5. 数学分析方法

在现代农业生产经营与管理中，进行经营预测、经营决策，进行经营成果的核算和经济效果的分析，要运用数学分析方法。进行经营预测和经营决策时要运用一定的数学模型。数学分析方法随着经营规模的扩大其地位不断上升。

在农业经营与管理中，综合运用以上五种方法，才能实现农业可持续发展；单一采用某种方法都是不可取的。

思考与练习题

1. 农业生产经营应该有什么样的思想？

2. 农业生产经营的特点是什么？

3. 农业生产经营计划的内容有哪些？说明制定农业生产经营计划的原则和步骤。

4. 农业生产经营与管理的任务是什么？

5. 农业生产经营与管理的内容有哪些？

6. 说明农业生产经营管理的原则与方法。

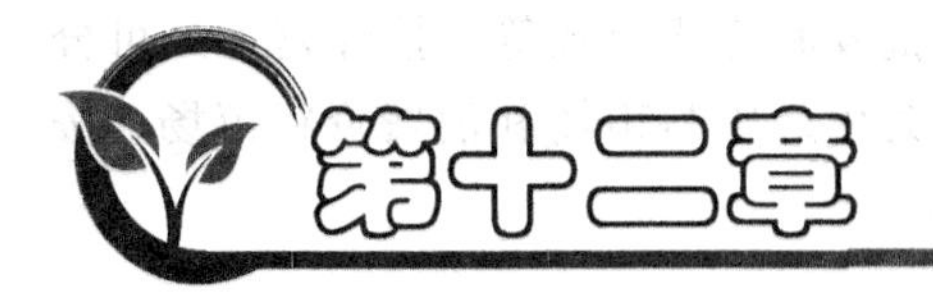

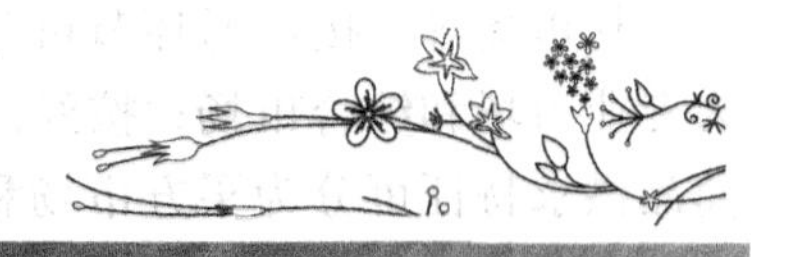

农产品市场分析

内容提要：本章从农产品市场的含义与特点入手，介绍农产品市场的作用与细分、影响农产品需求与供给的因素以及开展市场调查、市场预测的相关知识和方法。

第一节　农产品市场

农产品市场是以农产品为商品交换实体的交易活动。由于农产品本身的特点和消费者对农产品的需求活动状况，决定了农产品市场是一个极为广泛、复杂的市场。它与工业品市场或其他市场相比具有明显的区别。

一、市场、农产品市场的含义和特点

1. 市场的含义

市场是商品经济的产物，自从有了商品生产和商品交换以来，就有与它相适应的市场，因此，市场是一个古老的经济范畴。从经济学的观点来讲，市场是指在一定的时间、一定的地点进行商品买卖的场所。市场活动的核心是商品的供给和需求，其他活动都是围绕着供求而展开的，因此，市场也可以认为是一定经济范围内商品交换活动所反映的各种经济关系和经济活动的总和，它反映的是商品生产者和消费者之间的经济联系和经济关系。

市场是一个有机整体，它由各种不同类型的具体市场构成。按照不同的标准，可以对市场进行分类：按照流通对象的不同，可分为商品、资金、就业、技术、信息等市场；按流通区域不同，可分为国内市场与国际市场、城市市场

与农村市场等；按流通环节可分为采购、批发和零售市场等；按经营方式可分为专业市场和综合市场；按经济用途可分为生产资料市场和消费资料市场；按商品供求特征可分为买方市场和卖方市场。

2. 市场的特点

（1）市场必须有主体和客体。市场的主体是指进行交易的买卖双方，市场的客体是指市场中存在的满足某种需要的商品。

（2）既有卖方、又有买方的物品，才称之为商品。商品交换活动是由人进行的，有卖有买才能形成交易。

（3）要具备买卖双方都能接受的价格和交易条件。

（4）市场是商品竞争的场所。商品适销对路，该商品市场容量就大，反之就小。

3. 农产品市场的含义和特点

农产品一般是指农、林、牧、副、渔五业的产品。农产品分为自产自用和进行买卖两大类。农产品市场是社会主义市场经济不可缺少的部分，是连接农产品生产和消费、实现城乡经济结合、农民增收的纽带。

（1）农产品市场的含义。一般来说，农产品市场是指实现农产品交易的场所，如农贸市场、粮油公司等。

（2）农产品市场的特点。与工业产品市场相比较，农产品市场具有自己的特点，这也是由农产品本身的特点所决定的。

（3）农产品上市有明显的季节性。农业生产受自然条件影响很大，有很强的季节性。农业的生产季节性决定了农产品市场的季节性。一般来说，秋后是农产品市场的旺季。但是，随着各地反季节农业生产的开展，以及交通运输网络的发达，大型农产品市场的农产品种类四季都很丰富，季节性越来越淡化。

（4）农产品流通过程是由分散到集中，由农村到城市。农产品是由分散到全国数亿个农户生产单位所生产的，而商品性消费又相对集中在城市。生产的分散性和消费的集中性，决定了农产品的流通过程是由分散到集中，由农村到城市。

（5）农产品经营有明显的地域性。我国幅员辽阔，自然条件复杂，各地的农业生产有很大的差异，形成了不同的农产品区域，如粮食产区、经济作物产区、林区、牧区和水产区等等。即使同为粮食产区，由于地理环境不同，种植的品种也不同，如北方主产小麦，南方主产水稻。

（6）农产品保鲜要求高，储运难度大。农产品大多数是有生命的动植物，容易腐烂、变质或死亡，有的产品还有体大、量多、水分高的特点。农产品的鲜活性和体大量多的特点决定了运输的难度大。

二、农产品市场的作用

市场是商品经济的范畴。发展现代化的商品经济，建立社会主义市场经济体制，就必须把市场机制引入经济生活，重视发挥市场的作用。在农业中，一方面按照市场需求来组织农业生产经营活动，通过市场交换实现农产品的价值；另一方面又依赖于市场的供给，取得生产资料和生活资料，保证农业再生产过程的顺利进行。在农产品营销活动中，市场的作用主要体现在如下几个方面：

（1）连接生产和消费，实现社会再生产。

社会再生产过程是生产、交换、分配、消费四个环节统一运转的过程，在商品经济条件下，社会再生产各个环节的活动都离不开市场交换的作用。

（2）促进农业资源的合理配置。

农业资源包括自然资源和社会经济资源两大部分。由于农业生产的分散性和地域性，以及对农产品供求状况反映的滞后性，使得农业资源的配置受到诸多不可控因素的影响。特别是农业生产中的稀缺资源，如土地、资金、能源等，往往得不到合理利用，致使农业生产经营效益的提高受到扼制。充分发挥市场作用，则可以通过产品供求的变化，给生产经营者提供调整产业结构和产品结构的科学依据；通过价格的变化，可以合理调配社会资源，从而实现农业资源的合理配制。

（3）调节农产品产销、供求之间的关系。

社会再生产要求生产与消费、供给与需求按比例发展，但产销、供求之间又经常处于不平衡状态。通过价格的变化，可以合理调配、均衡使用社会资源。市场价格的变化情况，能迅速而灵敏地为人们提供市场供求信息，促使人们自觉地调节生产和消费，从而使产销、供求处于动态平衡中。

（4）促进社会分工和技术进步。

在商品经济条件下，价值规律的作用是通过市场机制表现出来的，有市场就有竞争。人们通过市场竞争，认识经济规律，学会按经济规律办事。在市场上，任何商品都要接受消费者的客观评价，并在与同类产品的比较中，决定购买意向。因此，质优价廉的产品自然就淘汰了质次价高的产品。这迫使生产者

要重视分工分业，改进生产技术，提高产品质量，降低成本，从而促进社会分工的发展和技术的进步。

（5）市场繁荣是社会经济繁荣的标志。

市场犹如国民经济的晴雨表，能从一个重要的侧面反映整个国民经济发展的状况。市场的发展壮大，要以坚实的物质生产作基础。市场繁荣说明百业兴旺，物资充足，社会生产力和人民的生活水平提高。

以上是市场的积极作用，但市场的作用也有其消极的一面。首先，市场竞争导致垄断。调节经济的作用只有在完全竞争的条件下才能得到充分发挥，而自由竞争的结果必然导致垄断。其次，市场的调节具有盲目性。在自由竞争条件下，价值规律和供求规律是市场活动的主宰。生产者只能根据市场供求状况和价格变动来决定自己的经营活动。商品供不应求、价格上涨时，生产者扩大生产，增加供给；商品供过于求，价格下跌时，生产者又缩减生产，减少供给，市场这种自发的、盲目的调节作用，不可避免地会导致产销脱节，造成社会财富的损失。

三、农产品市场的细分

市场细分是指从顾客的不同购买欲望和需求的差异性出发，按一定标准将一个整体市场划分为若干个子市场，从而确定企业目标市场的活动过程。其中，任何一个子市场都是一个具有相似的购买欲望和需求的群体。市场细分是由美国营销学家温德尔·斯密在20世纪50年代提出的，现在已为理论界和企业界广泛接受和使用，有人称之为营销学研究中继“消费者中心观念”之后的又一次革命。

农产品市场细分，一般以地理环境、社会状况、农产品用途等作为依据。

1. 按地理环境分

按地理环境可以将农产品市场分为国际市场与国内市场。国内市场又可分为：北方市场和南方市场；城市市场和农村市场；本地市场和外地市场；牧区市场和农区市场等。这种区分反映出地方特点、民族特点及社会风俗等情况，以显示消费者需求上的差异性。

2. 按社会经济情况分

可以根据人口性别、年龄、职业、文化程度、家庭规模和家庭收入等来

细分，这是一般细分市场常用的依据。社会经济情况直接影响消费习惯和消费需求。按社会经济情况细分市场，可以了解消费者对农产品的现实需要和潜在需要。

3. 按农产品用途分

按农产品用途可以分为农业生产资料、工业原料、基本生活资料、一般生活资料和特殊生活资料等五类，这样划分能启发商业企业研究农产品与消费者各种需要之间的关系，弄清楚哪些农产品是哪些人经常消费的，哪些人不经常消费，借以选定目标市场。同时，还可以根据农产品的不同用途来组织生产和收购。

第二节 农产品需求与供给

一、农产品的需求

1. 农产品需求的含义

需求是指消费者在某一特定时期内，在某一价格水平上愿意而且能够购买的商品量。需求是购买欲望和购买能力的统一，缺少任何一个条件都不能成为经济学意义上的需求。如果愿意购买而没有支付能力就不能称其为需求，这只是购买者的一种需要或欲望。不能把需求与一般生活中的“需要”“欲望”“想要”等混为一谈。

在市场经济条件下，人们对农产品的需要表现为有一定支付能力的需求。例如，从消费者的欲望来讲，希望天天有奶蛋，餐餐有鱼肉，但是收入水平较低的家庭没有相应的支付能力，只能是欲望和需要，而不是需求。

农产品的需求量可以用下面的公式来表达：

农产品需求量 = 能够用于购买农产品的收入/农产品价格

2. 影响农产品需求的因素

影响农产品市场需求的因素是多种多样的，其中主要有以下三个方面：

(1)农产品的使用价值。消费者的需要结构即需要的优先次序及偏好次序。在可以自由进行消费选择的情况下，消费者在作购买决定时所遵循的原则是，这种购买能给其带来最大的满足程度。农产品的使用价值是指该种农产品能满足消费者的什么需求。一般说来，消费者的生活必需品需求量比较稳定，受价格、购买力影响较小；而生产消费的农产品需求量变化比较大，受价格、购买力影响较大，呈现出不同的需求弹性。例如，粮食的需求弹性较小，这是因为粮食是人们的生活必需品，无论粮食价格如何变动，粮食的需求总会保持在一定量上。而农副食品需求弹性大。肉、禽、蛋、奶、蔬菜等副食品的可替代性使其对价格的反应灵敏。作为工业原料的农产品需求弹性依其是否具有可替代性而不同。

（2）农产品的价格。其他条件因素不变的情况下，价格是影响某种农产品需求量的直接因素。

① 农产品价格。在持有同样货币的情况下，价格降低，等于增加了购买力，需求量就会增加；反之，价格上升，需求量减少。

② 代用品价格。两种或两种以上的商品，它们的使用价值相似，可以相互替代满足同一种需要，互称代用品或替代品。如猪肉和牛肉、羊肉、禽蛋等高蛋白食品可以互相替代。如果某种农产品的价格发生变化，而其代用品的价格不变，消费者就会选择购买价格相对低廉的农产品，价格相对较高的农产品的需求量就会减少。如在其他条件不变的情况下，当猪肉的代用品牛肉的价格下降时，人们就会减少消费猪肉，多消费牛肉，从而使猪肉的需求量下降。

③ 价格总水平。消费者对农产品的需求是多样的，如果价格总水平提高了，而收入不变，某种农产品的需求量增加，必然会导致另一种农产品的需求量减少，引起需求结构的变化。

④ 互补品价格。互补品是指两种必须彼此配合才能成为有用之物的商品，如照相机与胶卷、皮鞋与鞋带、汽车与汽油等。一般情况下，某种农产品的需求量与其互补品的价格呈反方向变化。如果其他条件不变，互补品价格提高，其需求量会减少。

⑤ 消费者对农产品未来价格的预测。一般来说，消费者预测未来价格会上升，则目前对此商品的需求量就会增加；反之，则减少。

（3）消费者的购买力。消费者需要的满足程度，是受可支配消费金额的限制的，收入水平的高低决定了购买力水平。一般来说，收入增加，商品需求量也增加。并且随着购买力的提高，消费结构也相应发生变化：对质量差的农产品，需求量相对下降，而对质量好的农产品，需求量会相对上升；对初级农产品的需求量下降，而对加工食品和制成品的需求量上升。如在北方地区，当人们收入增加后，冬季对大白菜的需求量就逐渐减少，而对价格较高的温室蔬菜

的需求量增加。同价格与需求之间的关系不同的是，消费者购买力的变化与农产品需求的变化成正比。因此，可以用以下公式来反映需求量的变动对收入变动的敏感程度。

需求收入弹性＝(需求量变动比例×100%)÷(收入变动比例×100%)

二、农产品市场供给

1. 农产品市场供给的含义

农产品供给是指一定时期内和在一定价格条件下，农业生产者愿意并可能出售的农产品商品量。

我国农产品供给的主要来源：一是国内生产总量；二是进口农产品；三是国家库存的农产品。后两项所占比例较小，农产品的供给量主要来源于我国农业生产者生产的总产量。

市场上所有农产品生产者供给的总和称为农产品的市场供给。

2. 影响农产品供给量的主要因素

影响农产品供给量的主要因素是农产品生产总量和价格。除了农产品的生产总量以外，农产品的供给量还取决于农产品价格水平的高低。供给量的变化与价格的变化有以下关系：农产品价格升高，促使供给量增加；供给量增加到一定程度，供大于求，导致价格下降，价格的下降促使生产者减少其生产量，导致供给量减少。然而，价格对农产品供给量的影响远不同于对一般商品的影响，这是因为：首先，农产品生产周期长。粮、棉、油等作物一般在一年内只有 1～2 个生产周期，果树则需要几年后才能挂果，价格因素的作用可能需要很长的一段时间才能表现出来。例如，大枣过去因价格低，很多地方放弃管理或把枣林改作其他作物，生产量减少，导致大枣价格回升。但由于多数枣树已被砍掉，昔日的枣农只能眼看着枣价居高不下，而无法分享。因此，居高的农产品价格往往持续一个生产季节后才能随着生产量的增多而降下来。其次，农产品供给量受自然条件和资源数量的限制。例如，耕地面积是有限的，单位面积产量也受各方面的限制，不可能很快地随着投入的增加而成比例地增加。再次，农产品的生产仍然有相当的部分用于满足生产者的自身需要，价格对这部分农产品的供给作用并不明显。

第三节　市场调查

一、市场调查概述

企业市场营销活动以了解市场的需求为起点，以满足市场的需求为终点，市场调查成为市场营销职能活动中重要的环节，最终实现企业、消费者、社会三者利益的均衡。为实现这一目标，企业必须对市场进行深入的调查与研究，才能在不断变化的市场环境中及时发现和捕捉到新的市场机会，对市场未来发展趋势作出准确的判断，从而制定切实有效的经营决策。

1. 市场调查的含义

市场调查（marketing research）是以市场为研究对象的研究活动，市场调查还有很多其他名称，如市场研究、市场分析、市场营销调研等。市场调查通过信息把消费者、顾客和公众与商家联系在一起，有利于消费者和商家之间的双向交流。市场调查所得的信息用于识别和定义市场营销中的机会和问题，制定、改进和评估营销活动，加深对营销过程的理解，加深对能使具体的市场营销活动更为有效的途径的理解。

关于市场的调查的论述很多，如美国市场调查营销协会给市场调查所下的定义是：市场调查是一种通过信息将消费者、顾客和公众与营销者连接起来的职能；美国著名营销学家菲利普·科特勒认为市场调查是为了制定某种具体的营销决策而对有关信息进行系统的收集、分析和报告的过程。

我们认为市场调查就是运用科学的方法，有目的地、系统地收集、整理和分析有关市场信息资料，分析市场情况，了解市场现状及其发展趋势，为市场预测和企业决策提供依据。

2. 市场调查的类型与内容

（1）市场调查的类型。

在市场经济条件下，不论是国民经济的宏观管理，还是企业的微观管理，都离不开市场调查，所以市场调查的类型也多种多样，按照不同的分类方法可将市场调查划分为不同的类型，见表 12.1。

表 12.1 市场调查的不同分类方式及内容

序号	分类方式	分类内容
1	按调查样本产生的方式分类	普查、重点调查、抽样调查、典型调查等形式
2	按照资料来源分类	文案调查和实地调查
3	按调查登记的连续性分类	一次性调查、定期调查、经常性调查
4	按照调查的性质和目的分类	探测性调查、描述性调查、因果性调查和预测性调查

（2）市场调查的内容。

市场调查的内容很广泛，涉及企业营销活动的各个方面，企业可以根据市场调查的目的来进行选择。一般来说，市场调查的内容主要涉及以下三个方面，即市场环境调查、市场需求调查、市场营销组合调查。

3. 市场调查的原则与程序

（1）市场调查的原则。

市场调查是一种复杂的认识市场显现及其变化规律的活动，为了提高调查结果的可靠性，能够为企业决策提供依据，需要坚持以下原则：

① 科学性原则。

科学性原则是指对市场调查的整个过程要科学安排，要以科学的知识理论为基础，要应用科学的方法收集资料。为减少调查的盲目性和人、财、物的浪费，对所需要收集的资料和信息及调查步骤要科学规划。例如，采用何种调查方式，问卷如何拟定，调查对象该有哪些等。调查内容要设计科学，以简洁、明了而又易答的方式呈现给调查对象。市场调查中无论是收集资料的过程，还是整理资料分析的过程，都要采用科学的方法。

② 针对性原则。

针对性原则包括两个方面的含义：一方面是这市场调查要围绕企业经营活动中存在的问题，及确定的调查目的来进行。任何市场调查都要耗费许多人力、物力、财力，因此市场调查不能盲目进行，企业必须根据要解决的问题开展市场调查。不能解决问题的调查是无用的调查，市场目标过多的调查是空洞的调查。所有的调查都必须“有的放矢”，为了一定的目的而展开。另一方面是指调查必须针对持续的群体来做。比如在大街上，不分性别、年龄、职业、收入等，见人就拦，这样的调查问卷更多的是一种“社会调查”或“公共调查”，而非我们所需要的“市场调查”。市场调查的对象必须非常确定，每一次调查活动前，总会预先确定调查对象。比如，对家电企业做调查时，调查对象就应该是那些已经购买家电或者是准备购买家电的消费者，市场调查不能随意选择那些来城市（短期）打工的或者是根本无意购买家电的居民或无能力购买的儿童。针对性的调查反馈出来的结果才更具有价值。

③ 客观性原则。

这是市场调查最重要的原则。客观原则要求市场调查收集到的市场信息和有关资料必须真实准确地反映市场现象和市场经济活动，保证市场调查的真实性，不能带有虚假或错误的成分。真实客关是市场调查的基石。首先，在市场调查中必须对市场现象、市场经济活动做如实的描述，不能带有个人的主观倾向和偏见。调查人员自始至终应保持客观的态度去寻求反映事物真实状态的准确信息去正视事实，接受调查的结果。其次，在市场调查中力求市场调查资料的客观性。应当采取科学的方法去设计方案、定义问题。采取数据和分析数据。从中提取有效的、相关的、准确的、可靠的、有代表性的，当前的信息资料，尽量减少错误。最后，市场调查的客观性还应该强调职业道德的重要性。调查人员的座右铭应该是："寻找食物的本来面目，说出事实的本来面目。"

④ 全面性原则。

全面性原则是指要全面系统地收集与企业市场营销活动有关的市场信息资料。市场现象不是孤立、静止存在的，市场现象与政治、经济、文化、风俗、法律等社会现象之间有着千丝万缕的联系；市场现象随着时间、地点、条件的变化而不断地发生着变化。在进行市场调查时，必须对相互联系的市场现象的各种影响因素做全面性的调查，而决不能片面地观察市场，必须对市场现象发展的全过程进行系统的调查。

⑤ 经济性原则。

经济性原则是指市场调查工作必须要考虑到的经济性效果，要以相对少的费用取得相对满意的市场信息资料。市场调查工作和各项工作一样，都要提高经济效益，做到少花钱、多办事。企业根据自已的实力确定调查费用的支出，并制定相应的调查方案，在满足市场调查目的的前提下，尽量简化调查的内容与项目，不要随意加大调查的范围和规模，造成人力、物力、财力和时间的不必要浪费。

(2) 市场调查的程序。

市场调查是一项复杂、细致的工作，涉及面广，为使整个调查工作有节奏、高效率的进行，必须按照一定的程序来进行，主要包括以下六个步骤，如图 12.1所示。

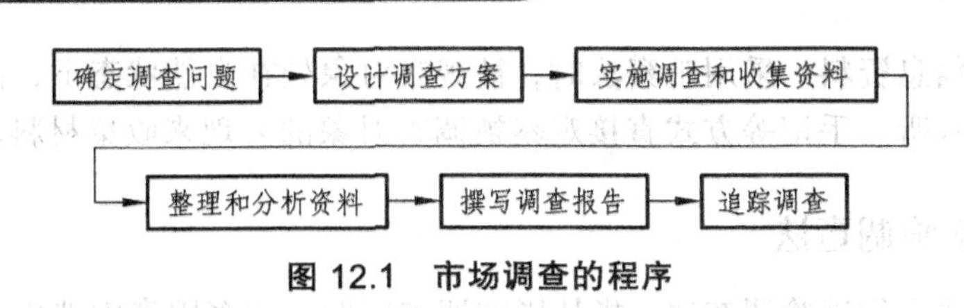

图 12.1 市场调查的程序

二、市场调查方法

1. 文案调查法

文案调查法又称文献资料调查法或间接调查法，是指调查人员在充分了解市场调查的目的后，通过收集各种有关文献资料、对现成的数据资料加以整理、分析，进而提出有关建议，以供企业相关人员决策参考的市场调查方法。

文案调查法主要收集、鉴别、整理文献资料，并通过对文献资料的研究，形成对事实科学的认识。文案调查法打破了对市场研究的时间和空间限制，调查人员不需要亲临其境，只通过大量的二手资料就能了解和掌握市场的变动规律，为各种营销决策提供有效的支持。文案调查不直接接触被调查者，在调查过程中不存在与被调查者的人际关系，作为一种简洁资料调查法，有其他调查方法不可替代的作用，特别适用于调查以往的产品销售情况、以往的市场占有率、现在的市场供求趋势和市场环境因素变化等。例如，要调查某地区前两年各种啤酒的市场占有率，就要采用文案调查法，从有关部门获取相关资料。

2. 访问调查法

访问法又称询问调查法，是由访问者向被调查提出问题，通过被调查者的口头回答或填写调查表等形式来收集市场信息资料的一种方法。访问法是最常用的市场调查方法，也是收集第一手资料最主要的方法。

3. 观察调查法

观察法是指调查者凭借自己的眼睛或记录工具深入调查现场，记录正在发生的市场行为或市场现状，以获取各种原始资料的一种调查方法。

调查人员不直接向调查对象提出问题，而是亲临现场观察事情发生的过程。观察法与日常的随意观察是不同的，它是有目的、有计划地观察活动。市场调查人员直接到商店、订货会、展销会等消费者比较集中的场所，或借助于照相机、录音机或直接用笔录的方式，身临其境地进行观察记录，从而获得重

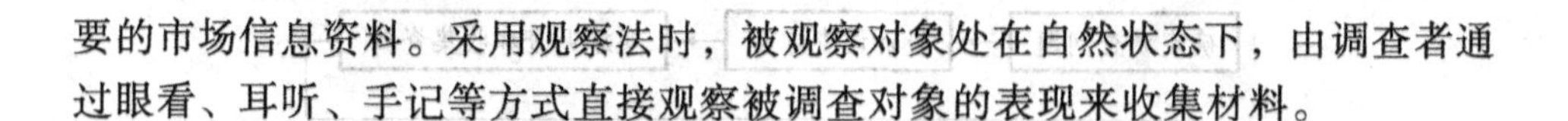

要的市场信息资料。采用观察法时，被观察对象处在自然状态下，由调查者通过眼看、耳听、手记等方式直接观察被调查对象的表现来收集材料。

4. 实验调查法

实验法也称试验调查法，指从影响调查问题的许多因素中选出一至两个因素，按照一定的实验假设，通过改变某些实验环境的时间活动俩认识实验对象的本质及其发展规律的调查。

实验法是一种强有力的研究形式，它能够真正地证明所感兴趣的变量之间因果关系的存在形式。可以说实验法应用范围很广，凡是某一商品在改变品种、品质、包装、设计、价格、广告、陈列方法等因素时都可以应用这种方法。但是实验法却不被经常使用，在这方面的原因很多，如实验成本、保密问题、实施实验有关的问题，以及市场的动态特性等。

第四节 市场预测

一、市场预测的含义与作用

1. 市场预测的含义

预测是人们对未来不确定事件进行推断和预见的一种认识活动。市场预见是指人们对拥有的各种市场信息和资料进行分析研究，采取一定的科学方法，对未来市场变化所进行的预见和判断。市场预测是经济预测的组成部分，是现代企业生产经营活动的前提，是企业开拓市场营销活动的基础。

2. 市场预测的作用

在市场经济条件下，任何经济活动都离不开市场预测。从微观经济的角度看，企业的一切经营活动都需要建立在市场预测的基础之上，正如许多企业管理者的观点，管理的重点在于经营，经营的重心在于决策，决策的基础在于预测。市场预测对企业经营的作用主要表现在以下几点：

（1）市场预测是企业选择目标市场、制定经营战略决策的基本前提。

（2）市场预测是企业掌握市场变化趋势、开发新产品与开拓市场的基本依据。

（3）市场预测是企业适应市场环境、改善经营管理水平的基本条件。

（4）市场预测是企业合理配置资源、提高竞争力与效益的重要措施。

二、市场预测原理与程序

1. 市场预测的基本原理

（1）连续性原理。

连续性原理又称惯性原理，是指任何事物都会沿着一定的轨迹运动，其发展在时间上都具有连续性，表现为特有的过去、现在和未来这样一个过程。因此，人们可以从事物的历史和现状推演出事物的未来。市场作为客观经济事物，在时间上，它的发展过程也遵循着惯性原理，过去和现在的情况会影响到市场未来的发展状况，因此，企业在进行市场预测时，必须从收集市场的历史资料和现实资料入手，然后推测出市场未来的发展变化趋势，时间序列预测法的应用就是基于这一基本原理的。

（2）类推原理。

许多事物在结构、模式、性质、发展趋势等方面客观上存在着类似之处，根据这种类似性，人们可以根据预测对象与已知相似事物在时间上的先后顺序，用已知相似事物的发展历程，通过类推的方法推演出预测对象未来可能的发展趋势，对比分析法就是基于此原理提出的。

（3）相关性原理。

相关性原理又称因果原理，是指任何事物都不是孤立存在，并都与周围的各种事物有着或大或小、或直接或间接的联系，这为市场预测带来了一定的科学根据。据此，我们可以在市场预测中，利用市场因素之间相互联系、相互依赖、相互影响的关系来判断事物的未来发展方向。事物间的这种相互关系，在具体事物之间常常表现为变化的因果关系和时间上的先导后致关系。例如，预测生活消费品市场需求量时，可以先预测消费者的收入水平、购买习惯、商品价格、需求弹性等因素的变化，再预测生活消费品的市场需求量，回归分析预测法就是这一基本原理的应用。

（4）概率推测原理。

人们在充分认识事物之前，只知道其中有些因素是确定的，有些因素是不确定的，即存在着偶然性因素。市场在发展过程中也存在着一定的必然性和一定的偶然性，即在偶然性中隐藏着必然性。通过对市场发展偶然性的分析，揭示其内部隐藏着的必然性，可以凭此推测市场发展的未来。从偶然性中发现必然性是通过概率论和数理统计方法，求出随机事件出现各种状态的概率，然后根据概率去推测或预测对象的未来状态。

2. 市场预测的程序

不同主题的市场预测项目虽然在内容、方法等方面会有一定的差异，但这个过程应遵循以下步骤：确定市场预测目标；策划预测方案；收集整理资料；选择预测方法，建立预测模型；分析、修正预测值；提出市场预测报告。

（1）确定市场预测目标。

确定市场预测目标是进行市场预测的首要问题，只有确定了预测目标，才能知道市场预测所要解决的问题是什么，以便有针对性地开展预测工作、具体界定预测对象内容、科学选择预测方法、确定必要调查资料、分析预测环境、预算预测经费、编制预测工作进程、合理调配资源、组织实施预测工作计划，以期达到预测结果。

（2）策划预测方案。

为确保市场预测工作能够有序、如期地完成，需要根据市场预测目标的要求，对如何组建预测工作机构、配备工作人员、确定预测对象的范围与时间、选择预测方法、预算预测经费、控制预测误差和公告预测结果等一系列问题进行全面的思考与谋划，这个过程就是预测方案策划。

（3）收集整理资料。

预测资料的数量与质量直接关系到预测结果的质量，因此，资料的收集整理既是市场预测的基础性工作，也是市场预测中一个十分重要的步骤，为做好收集整理资料工作，预测人员应广泛、系统地收集预测目标所需要的历史和现实数据与资料，并对这些数据与资料进行认真核实和审查，采用科学方法进行加工处理，使之条理化、系统化，从而得到能为市场预测目标所应用的有价值的资料。

（4）选择预测方法，建立预测模型。

市场预测的方法可划分为定性预测方法和定量预测方法两大类，各大类又可细分为多种方法，在选择预测方法时，要根据市场预测目标、占有的预测资料及其可靠程度加以确定，一般应同时采用两种以上的预测方法进行预测，从而来比较与鉴别预测结果的可信度。在可选用定量预测方法预测时，要有经济理论做指导，根据所采用的预测方法建立数学模型，以反映预测目标同各影响因素之间的关系，进而用数学方法确定预测值。

（5）分析、修正预测值。

预测人员在预测中无论采用何种适合的预测方法和预测模型，无论怎样精

心计算预测值，预测值与实际值之间也很难达到完全一致，这是由于预测方法和预测模型不可能包罗所有影响预测对象的因素，更何况预测对象和各种影响因素会随时间、地点、条件的变化而变化，处于动态发展之中。因此，预测人员应认真分析客观环境和影响预测对象的因素，全面评价预测值的可信度，如果预测误差较大时，因具体分析原因，及时修正预测值或舍弃。

（6）提出市场预测报告。

市场预测报告是对整个预测工作的概括和总结，也是向预测报告的使用者作出的汇报，在市场预测报告中，要对预测目的、预测目标、预测方法、预测时间、预测人员、预测结果以及资料来源、评价建议等做出清晰、简练的阐述与论证。特别是对预测结果应作定性与定量相结合的分析，避免把预测报告做成数据的堆窗。

三、常见的预测方法

1. 经验判断预测法

经验判断预测法是一种传统的预测法，它主要是依靠预测人员所掌握的预测信息、经验和综合判断能力，预测市场的未来状况和发展趋势，在现代市场经济条件中，企业在充分运用预测人员丰富的经验与知识、综合分析和判断能力和预测能力的基础上，结合定量预测方法，提高了预测结果的可靠性。因此，经验判断预测法也是一种以定性分析为主，定性分析与定量分析相结合的预测方法，它被广泛地运用在市场预测实践中。经验判断、预测判断的具体方法很多，比如对比分析法、集合意见法、专家意见法和顾客意见法等。

2. 回归预测法

回归预测法就是对具有相关关系的两个或多个变量之间的数量变化进行数量测定，配合一定的数学模型（又称回归模型），根据自变量的数值对因变量的可能值进行估计或预测的一种统计方法。回归预测法是一种重要的市场预测方法，在对市场未来的发展状况和水平进行预测时，如果能将影响市场预测对象的主要因素找到，并且能够取得其数量资料，就可以采用回归预测法进行预测。它是一种具体的、行之有效的、实用价值很高的市场预测方法。

3. 时间序列预测法

时间序列又称动态数列，是指将某个经济变量的观察值按时间先后顺序所形成的一个数列，用以表示此经济变量随时间变化的过程。它有两个构成要素：一是现象所属的时间，二是现象对应的指标数值。

时间序列预测法又称历史延伸法或趋势外推法，是指对某一市场现象编制时间序列，以时间序列所能反映的社会经济现象的发展过程和规律性，分析和建立数学模型，使其向外延伸或外推，预计未来的发展变化趋势，确定市场预测值的方法。时间序列预测法按市场现象变动因素可分为直线趋势预测法、季节变动预测法和趋势外推预测法。

思考与练习题

1. 什么是市场和农产品市场？
2. 请介绍市场及农产品市场的特点。
3. 请问农产品市场有什么作用？
4. 农产品市场可以做哪些细分？
5. 影响农产品需求与供给的因素有哪些？
6. 什么是市场调查？请介绍市场调查的原则、程序和方法？
7. 说明市场预测的含义、原理与程序。
8. 请阐述常见的市场预测方法。

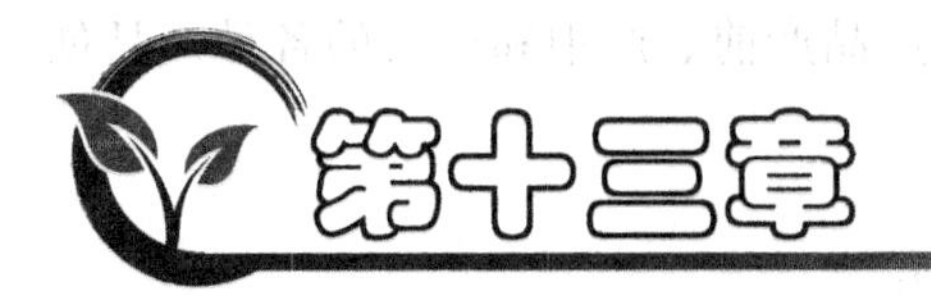

农产品营销

本章提要：本章从农产品营销的含义开始，阐述农产品营销的特点、农产品市场竞争结构与竞争特点、农产品市场营销的特征、农产品市场营销的环境、农产品市场营销的策略等内容。

第一节　农产品营销概述

一、农产品营销的内涵

在给出农产品营销定义之前，我们先看看农产品的营销流程体系（见图13.1）。

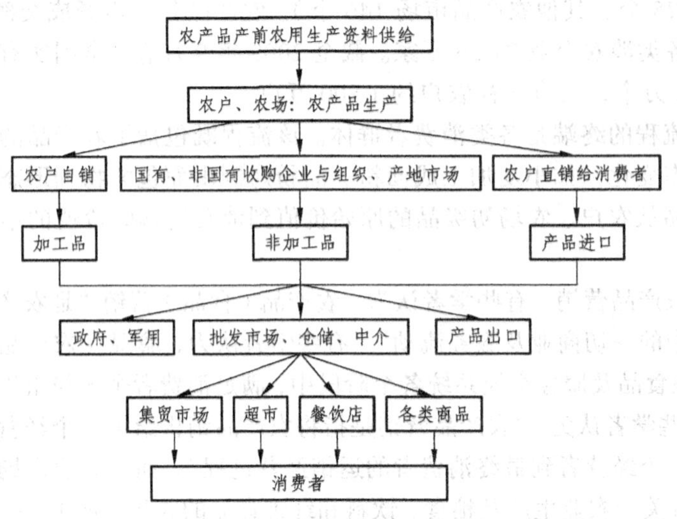

图 13.1　农产品的营销流程体系

这个流程图体系（图 13.1）包括了农产品产前、产中和产后的各种产品创造和流通活动。

1. 农产品产前农用生产资料的供给

在我国，2007 年农业生产资料供给（使用）量包括：电能 5 509.932 7 亿千瓦时（2008 年 5 713.2 亿千瓦时），化肥 5 107.8 万 t（2008 年化肥 5 239.0 万 t），农用塑料薄膜 193.7 万 t，农药 162.3 万 t，农用柴油 2 020.8 万 t。

2. 农产品生产和创造

2008 年，我国农业从劳动力（第一产业从业人数）2.07 亿人；投入的耕地面积约 12 171.6 万公顷；生产出的农产品：粮食 52 870.9 万 t、棉花 749.2 万 t、油料 2 952.8 万 t、糖料 13 419.6 万 t、茶叶 125.8 万 t、水果 19 220.2 万 t、肉类 7 278.7 万 t、禽蛋 2 702.2 万 t、奶 3 781.5 万 t、水产品 4 895.6 万 t。

3. 农产品产后各种营销组织和主体的流通活动

各类市场、个体工商户、农产品经纪人、龙头企业以及各类农民合作组织，既是我国农产品流通体系的主要组成部分，也是我国农产品营销活动开展的重要主体。2008 年，我国有年成交额达亿元以上的农产品综合市场 630 个，农用生产资料市场 30 个，农产品市场 921 个（粮油市场 99 个、干鲜果品市场 128 个、水产品市场 132 个、蔬菜市场 280 个、肉食蛋禽市场 111 个、棉麻土畜及烟叶市场 25 个、其他农产品市场 146 个），农产品各类市场成交额达 11 849.6 亿元，有各类涉农企业 21.26 万家。截至 2009 年 9 月底，全国实有农民专业合作社 21.16 万个，实有入社农户约 1 800 万户。

这个流程的终端是各类消费者群体。该流程既包括了农产品的物流过程中的物理形态变化，如小麦加工成面粉、面粉烤制出面包的物理形态变化，也包括了农产品从农户、农场初级品的原始价值到消费终端时价值的增值和价格变化过程。

关于农产品营销，有些学者认为，农产品（食品）营销“是农产品从农户到消费者手中的一切商业及服务流动”。有些学者认为，食品（农产品）营销可以定义为“在食品及服务交换系统各个阶段中，满足消费者个人与组织需求的所有活动。”有些学者认为，“农产品营销是指将农产品销售给第一个经营者的营销过程”，“第一个经营者到最终消费者的运销经营过程”。而“农业市场营销可以定义为，所有关于农业生产及粮食、饮料和纤维食品的收集、加工，并分销到最终

消费者的活动，其中包括消费者需求、购买动机、购买行为的分析”。

本书将农产品营销定义为：农产品生产者与经营者个人与组织，在农产品从农户到消费者流程中，实现个人和社会需求目标的各种农产品创造和农产品交易的一系列活动。我们可以从以下几方面把握农产品营销定义的内涵：

第一，农产品营销的主体是农产品生产和经营的个人和组织。关于农产品营销主体，有不同的理解和认识。有些专家认为，农产品营销的主体一般来说是企业，具体而言是农产品经营企业，例如，美国等市场经济发达国家的农产品营销主要是由农业企业或相关企业组织进行的。本书认为，农产品营销的主体不仅包括农业经营企业，而且包括更多的农产品创造和交易活动的行为主体，如农产品生产组织（农户、农场）及个人，农产品收购企业，农产品批发和零售商、中介商，农产品加工企业、运输公司、仓储企业，餐饮店以及农产品专卖店等。在中国，农产品营销的主体人数更为众多，人员的组织更为复杂。因为我国农产品中介组织发展相对滞后，7.2 亿农民成为独立、分散进入市场的农产品经营者；同时，由于我国农业或多或少还带有计划经济色彩，政府主管部门对农业生产的管理和计划包括主要农产品的购销都有直接或间接的影响，因此，政府主管部门或多或少还承担一些农产品营销的职能（尽管这与成熟的市场经济的规律有差异）。不像其他发达市场经济国家，企业是农产品营销的真正主体，政府作用仅在于为市场营销服务，我国的农产品生产与经营主管部门在农产品营销中扮演着特殊的角色。

第二，农产品营销活动贯穿于农产品生产和流通、交易的全过程。农产品营销的内涵不仅限于农产品离开农户（农场）后到消费者手中的流通领域活动，而且还包括农产品产前农业生产计划的制订和决策、新产品培育和开发、农业生产资料的供应以及农产品生产者按生产计划进行的符合市场和社会需求的产品生产（或产品创造）。在这一点上，农产品营销的概念内涵远远超过农产品销售或者农产品运销的概念。换言之，农产品营销概念不仅包含了农产品的纯粹流通和交易行为，同时还体现了农产品生产事前的营销计划、决策和产品经营理念。

第三，农产品营销概念体现了一定的社会价值或社会属性，其最终目标是满足社会和人们的需求和欲望。无论是农产品生产（或产品创造）还是农产品交易，它们都受到一定的社会需求和市场行为的影响。在规范的市场经济条件下，人们的需求通过市场交易反映出来，而市场交易活动以及进而进行的产品创造行为，是由市场价格信号来诱导的。我们常说，市场需要什么，农户就生产什么，什么产品赚钱，我们就生产什么。农产品营销中的产品创造和交易活动，就是要通过市场机制，通过价格引导，去满足人们的需求，满足社会的需求。在自给自足的自然经济条件下，农户的产品生产仅仅是满足自己的家庭需求，少许的产品剩余用以交换自己简单再生产所必需的农业生产资料；而在市场经济条件下，农户（尤其是农场）生产则是一种现代商品生产，其目的主要不是将产品用以满足自己的生活需求，而是追求更高的商品率，用更多的农产品在市场上进行交易。首先，人们和社会的需求通过市场机制和价格信号传导给农户。农户根据市场信号，调节农产品的生产结构，生产不同类别的农产品或者同类差异农产品。然后，农产品投入市场，通过交易活动，满足人们和社会的需求。在满足人们和社会对农产品效用需求的同时，生产者也从农产品的交易过程中获得了价值实现（现代商品经济条件下利润最大化是农业生产者的直接追求）。

农产品营销同样是一个价值增加的过程。营销过程使农产品价值和效用得到了增加。传统观念认为，价值增加和产品创造只是生产者的行为。实际上，中间商行为在价值增加和产品创造中也有特别的意义。农产品在从农户到采购商、批发商、加工企业，再到零售商，最后到最终消费者手中的全过程中，价值和效用都在增加，而中间商使这个“增加”链条加长，从而使价值和效用再增加。

二、农产品营销的特点

1. 营销产品的生物性、自然性

农产品大多是生物性自然产品，如蔬菜、水果、鲜肉、牛奶、花卉等，具有鲜活性、易腐性（不易储存），并容易失去其鲜活性，如花卉鲜活性仅有几天。农产品一旦失去其鲜活性，价值就会大打折扣。而且某些农产品的体积较大，单位重量的价值低，如木材、冬瓜等。

2. 农产品供给的季节性强，短期总供给缺乏弹性

农产品的供给在时间上具有季节性而且生产周期长。在我国，水稻一年一般收获一到两次，在南方日照时间长的地区最多也只能收获三次，棉花采摘时间集中在9月份，西瓜、葡萄等水果一般集中在7月到9月上市。虽然现代科学技术缩短了农产品的生长周期，改变了农产品的上市时间，出现了一些季节的蔬菜、水果，但总的来说农产品供给的季节性是其主要特点。

为什么农业总供给曲线弹性不足呢？加拿大曼尼陀大学的 NormanJ.Beaton 认为：

首先，农业生产是生物生产过程，在这一过程中，从生产决策到生产实施具有较大的时间延迟，例如，1972 年北美恶劣的气候以及外贸出口（向苏联出口），造成了 1973 年世界性的饲料短缺，而饲料短缺的直接后果是 1974 年饲料价格的上涨，这一连锁过程前后持续达三年之久，时间跨度很大。

其次，农业的投入要素相对固定，一旦将资本、劳力以及土地投放到农业中去，它们便没有多少选择余地，当然，靠近市场中心的土地及劳动力除外，因为这部分资源的备选用途很广泛。

最后，务农本身是一种谋生手段，农作是一种生活方式，正因如此，农场决策并不只是取决于利润极大化，农场主除了追求最大利润外，也许还有其他目标。

根据 Beaton 综合有关学者的研究，农业中短期供给曲线的弹性一般为 0 ~ 0.3，长期供给曲线的弹性也只有 0.4，因此无论就短期还是就长期而言，农业供给都是高度缺乏弹性的。换言之，价格变动 1%，仅仅使产出变动 0.3% ~ 0.4%。

3. 农产品需求的大量性、连续性、多样性和弹性较小

第一，对农产品的需求是人类吃、穿等基本的生活需求，具有普遍性和大量性，而且人们每天都必须消费以农产品为原料的食品、服装用品，所以对农产品的需求是连续的。

第二，由于人们偏好不同，因而对农产品的需求是多样性的，同时，许多农产品效用彼此又是可以替代的。例如，牛肉和羊肉都可以满足人们对于动物蛋白质的需求；用棉花、羊毛织成的面料都可以制成衣服供人御寒等。

第三，由于人们每日需要的蛋白和热量是基本不变的，因而农产品尤其是食品的需求弹性较小。人们不会因为农产品价格变化，使某一期间对农产品的基本需求量发生大的改变。

4. 大宗主要农产品品种营销的相对稳定性

农产品生产多是有生命的动物和植物的生产，其品种的改变和更新需要漫长的时间，因而农产品经营在品种上具有相对的稳定性。当然并不排除在现代技术进步条件下某些新产品的迅速产生，但在一定时间里，人们消费的农产品品种是相对稳定的。

5. 政府宏观政策调控的特殊性

农业是国民经济的基础，农产品是有关国计民生的重要产品，由于农业生

产的分散性和农户抵御市场风险能力的有限性，所以政府需要采取特殊政策来扶持或调节农业生产和经营。

第二节　农产品营销环境

一、农产品市场概述

1. 农产品市场及其要素

农产品市场也相应地可以从广义和狭义两个角度进行定义。广义的农产品市场是指农产品流通领域交换关系的总和，它不仅包括具体的农产品市场，还包括农产品交换中的各种经济关系，如商品农产品的交换原则与交换方式，人们在交换中的地位、作用和相互联系，农产品流通渠道与流通环节，农产品供给与需求的宏观调控等。狭义的农产品市场是指进行农产品所有权交换的具体场所。农产品市场构成要素包括：

（1）主体要素。

市场主体是构成市场供求力量的运营要素，包括买方和卖方，有的市场还有中间人或中间商的介入。卖方也就是生产者，把自己生产的农产品用于销售，获得收入以补偿生产费用并获得利润；买方也就是消费者或使用者，购买农产品用于满足自身的生活消费需求或用于满足进一步加工生产的需要；中间人或中间商，他们不是农产品的直接生产者，也不是农产品的直接消费者或使用者，他们在买卖农产品的过程中赚取差价以补偿买卖活动中的费用并实现利润。农产品市场的主体之间的商品交换带动了整个市场客体要素的合理流动，构成了市场运行的基础。

（2）客体要素。

农产品市场客体是指在市场运行过程中，处于从属地位的客观的物的因素，包括农产品、货币。市场客体受市场主体的制约，但是在某种程度上市场客体也能影响到市场主体的行为。

（3）辅助因素。

辅助因素包括政府的调控管理及必要的交易设施等。政府作为调控主体，虽不直接参与市场的运行，但其管理机构、政策法规等对市场的平衡、有序动作有着重要意义，对于弥补“无形的手”的失灵发挥着重要作用。交易设施主

要是指政府及市场主体修建的商场、仓库等交易所需的设施，对交易的实现起着重要的保障作用。

2. 农产品市场的特点

农产品市场天然地与农业生产紧密相连，而农业生产的本质特征是自然再生产与经济再生产相交织，所以同其他市场相比，农产品市场具有如下特征：

（1）供给的季节性和周期性。

农业生产的主要劳动对象是有生命的动植物，而动植物的生产受自身生长发育规律以及外部环境的影响，农业生产从投入到产出往往需要较长的时间，其产出时间基本是固定的，即具有季节性，因而某种特定农产品的上市时间是固定的，农产品市场随之也具有季节性。农业生产还有周期性的特点，其产出在一年或几年之内呈现出规律的淡季、旺季和大年、小年。农产品市场供给呈现出来的季节性和周期性，给其平稳、有序运行带来很大的挑战。

（2）市场风险比较大。

一方面，农业生产受自然环境影响较大，不可控的因素很多，导致相对于其他产业而言农业生产具有较大的自然风险，很多学者据此认为农业是“弱质产业”。另一方面，农产品是具有生命的生物有机体，其在运输、储存、销售中容易发生腐烂、霉变和病虫害等，因此其在生产出来向市场提供的过程中也面临很大的风险。此外，农产品的生产周期长，供给弹性小，难以对市场需求的变化作出快速的反应。

（3）交易的产品具有双重性质。

农产品市场上交易的农产品，一方面可以作为工业生产的原材料，具有生产资料的性质，如被农产品加工企业用于农产品加工。另一方面，农产品又是人体正常代谢所需热量的源泉，是人们维持生存的最基本的生活资料，被称为“米袋子”、“菜篮子”。

（4）现代化市场与传统小型分散市场并存。

由于我国各地经济发展水平不同，市场的发育程序也不一致。我国目前的农产品市场中，既有现代化市场，也有传统小型分散市场。在经济发达的大中城市，农产品市场体系健全，市场规模较大，基础设施完备，交易条件优越，采取的交易方式也比较先进。而在广大经济欠发达地区，农产品市场采取的是适应了当地的自然环境和风俗习惯的“马路市场”“扁担市场”等形式，市场规模狭小，交易条件和手段比较落后。

此外，农产品市场还具有不同于工业品的标准化程度低，交易方式众多，参与主体多远化等特点。

3. 农产品市场的类型

按照不同的分类标准，农产品市场可以有不同的分类方法，目前对农产品市场的分类主要是以市场参与主体、交易场所的性质、交易形式、农产品性质为分类标准来进行的。

（1）按照市场参与主体分类。

① 农产品消费者市场。

农产品消费者市场是指为满足个人和家庭需要而购买农产品的消费者形成的市场。市场以个人或家庭为基本的购买单位，购买批次多，批量小，购买目的是为了满足个人或家庭的生活需要。改革开放以来，我国居民的消费水平有了显著的改善，农产品市场也逐渐地由卖方市场向买方市场转变，消费者在市场中的地位显著提高。我国城乡居民对农产品消费的消费结构正如恩格尔定律所指出的那样在不断优化，基本饮食消费呈下降趋势，消费者对生态旅游等享受性消费的需求升温。总体而言，东部居民的消费水平、消费能力明显高于西部地区，东西部消费差距明显。

② 农产品企业市场。

农产品企业市场是指由为满足企业生产、流通需要而购买农产品的企业形成的市场。市场的购买者是企业或其他组织，购买批次少，批量大，购买目的是为了企业生产或转卖的需要。食品工业、纺织工业、烟草行业、木材加工业、家具制造业、造纸业、橡胶制品业等行业中的企业都是农产品企业市场的构成者。

（2）按照交易的声所的性质分类。

按照农产品市场交易场所的性质不同，农产品市场可分为产地市场、集散与转地市场和销地市场。

① 产地市场。

产地市场指在各个农产品集中生产地形成的汇集农产品的定期或不定期的农产品市场，如山东寿光蔬菜批发市场就是典型的产地市场。

② 集散与中转市场。

由于农产品的生产具有地域性，众多的生产者分散在各个区域，而农产品的消费又具有普遍性，因此需要将分散生产的农产品集中起来，经过再加工、储藏与包装，再通过批发市场分销给全国各地，这样可以形成规模，降低流通成本，集散与中转地市场应运而生。由于集散与中转地市场主要的职能是将来自分散的产地市场的农产品分销出去，所以该类市场多设在交通便利的地方，如公路、铁路交会处。这类市场一般规模都比较大，建有较大的交易场所和停车场，仓储设施等配套服务也比较完善。

③ 销地市场。

销地市场指直接向广大农产品消费提供农产品的市场，其职能是把经过集中、被加工和储运等环节的农产品销售给消费者，这类市场一般设在大中城市和小城镇等人口比较密集的地区。按销地市场在流通中的作用不同，销地市场还可以进一步分为销地批发市场和销地零售市场，前者主要位于大中城市，从事批发业务，如北京新发地农产品批发市场，后者则广泛分布于大、中小城市和城镇，主要从事零售业务。

（3）按照农产品交易形式分类。

按照农产品交易形式划分，农产品市场可分为现货交易和期货交易市场。

① 现货交易市场。

现货交易市场是指市场内买卖双方根据商定的付款方式、付款金额和其他条件买卖商品，在一定时期内进行实物的交收，从而实现商品所有权的转让的市场。在我国由于现代化的农产品交易方式发展滞后，因此现货交易仍然是我国农产品市场最主要的交易方式。按照现货交易中实物交收的期限，现货交易又可以分为即期交易和远期交易。我国为数众多的直接连接农产品消费者的农产品销地市场的交易多为即期交易，而大宗农产品的出售则多采用远期现货交易形式。

② 期货交易市场。

期货交易市场是指进行农产品期货交易有组织的市场，如郑州期货交易所。期货交易是在期货交易所按一定规章制度进行的“农产品标准化合约”的买卖活动。“期货”不是“货”，期货市场的交易对象是“农产品标准化合约”。由于期货市场具备规避风险、发现价格的功能，所以农产品期货交易市场建设是我国农产品市场建设的一个重要内容。

（4）按照农产品性质分类。

按照市场上交易的农产品性质类别划分，可根据相应的产品类别将农产品市场分为粮食市场、油料市场、果品市场、肉类市场、水产品市场、禽蛋市场、奶类市场、棉花市场、茶叶市场、糖料市场、中药材市场、烟草市场、林产品市场、园林花卉市场、种子与农业科技市场等。

二、农产品市场竞争

我国农产品的生产者众多，生产水平相差很大，农产品市场面临着激烈的竞争。竞争是市场最重要的特征之一。正是因为有了竞争机制，市场才能在资源的配置中发挥基础性的作用，指引商品生产者和消费者作出理性的决策，商品生产、交换、分配和消费的循环过程才得以顺利地进行。

1. 市场竞争结构

市场竞争结构主要是指市场或行业的组成方式。决定市场类型划分的主要因素有四个：第一，市场上厂商的数量；第二，厂商所生产的产品的差别程度；第三，各厂商对市场价格的控制程度；第四，厂商进入或退出一个行业的难易程度。其中，第一个因素和第二个因素是最基本的决定因素。根据以上标准市场竞争结构可划分为完全竞争市场、完全垄断市场、垄断竞争市场和寡头垄断市场四种形式。

（1）完全竞争市场。

完全竞争市场是指没有任何垄断因素的市场，其特征是：① 市场上有大量的卖者和买者；② 参与经济活动的厂商出售的产品具有同质性；③ 厂商可以无成本地进入或退出一个行业，即所有的资源都可以在各行业之间自由流动；④ 参与市场活动的经济主体具有完全信息。

（2）完全垄断市场。

完全垄断市场简称垄断市场，在这种市场中，该商品的销售者仅仅只有一个，这个单一的销售者同时又是该行业内唯一的生产者，而且生产和销售的产品不存在相近的替代品，这个单一的销售者和生产者（垄断者）控制了整个市场。在这种情况下，完全垄断厂商本身实际上构成了一个行业，能够成功地控制市场价格，成为市场上唯一的供给者。形成完全垄断的主要原因是该厂商可以凭借对特种资源的控制、专利权、政府特许、自然垄断等有效地阻止其他厂商进入该行业，形成垄断地位，从而保证自己可以依靠垄断价格获取稳定的长期利润。

（3）垄断竞争市场。

垄断竞争市场中有许多厂商生产和销售有差别的同种产品，是一种介于完全竞争市场与完全垄断市场之间的一种存在产品差异的市场结构，既包含完全竞争成分，又包含垄断成分，并且和完全竞争市场比较接近。在垄断竞争市场中，有大量的企业生产有差别的同种产品，企业的数目很多，厂商的规模比较小，进入和退出该市场比较容易，每个厂商的行为对市场影响都很小。

（4）寡头垄断市场。

寡头垄断市场是指在一个行业中，少数几家厂商控制着产品的生产、销售，这些厂商互相之间进行着激烈的竞争的市场。寡头垄断市场根据产品特征，可以分为纯粹寡头行业和差别寡头行业两类；按照厂商的行动方式分，可以分为有勾结行为和独立行动两类。

2. 农产品的市场竞争特点

在我国，由于农户是农产品生产地最基本的单位，农产品市场上存在着众多的生产者和交易者，他们之间存在着激烈的竞争。相对于整个行业而言，单个农户的生产规模很小。加上同种农产品的产品差别不明显，因而单个农户的行为对其他生产者的行为和农产品价格基本不产生影响。因此，一直以来，农产品市场被认为是最近似于完全竞争市场结构的市场。但是由于社会也在不断地发生变化，不少农产品市场中出现了不完全竞争的结构特征。

（1）农产品生产适度经营逐渐开展。

进入 21 世纪以来，人们越来越认识到小农生产由于成本高、无规模效益而无法满足现代农业发展的需要，因此在农业中开展适度规模经营成为一种共识。同时，由于现代农业科学技术的广泛应用，农业生产中需要投入的资金、技术、管理、资源等要素在数量和质量上都比以往有了更高的要求，生产规模狭小的农户因其实力不足而很难满足这些要求。因此，农业生产逐渐向生产能手、农业龙头企业手里集中成为一种趋势。随着农村土地流转机制的逐步建立和不断完善，这种趋势必将更加明显。这种变化农产品市场上生产者的数量不断减少，单个生产者的生产规模有所扩大。

（2）同类农产品的差异性凸现。

随着经济的发展，人们对农产品的需求逐渐呈现出一些个性化的特征，同质量化的农产品显然已经不能有效地得到消费者的关注和选择，这对农产品生产者向市场提供差异化的产品提出了要求；而单个生产者生产规模的扩大使他们有能力通过采用新技术、开发新产品以及利用各种营销策略来形成产品差异以满足消费者对农产品的个性化的需求，从而获得更高的投资回报。

（3）市场进入门槛逐渐提高。

一方面，农业生产技术水平的提高和生产规模的扩大导致新的进入者需要投入更多资金、技术以及其他资源，这使得新的农产品生产者进入的难度加大；另一方面，农业生产资源是有限的，新的农产品生产者很难向原有的农产品生产者一样获得所需要的农业生产资源，这也构成了新的农产品生产者进入的壁垒。

（4）农产品市场信息不完全。

完全竞争市场的一个典型特征是完全市场信息，而农产品市场上信息不对称的现象非常明显，最突出的表现是由于农产品质量的好坏导致了购买决策时的“逆向选择”。另外，农户对农产品市场信息的了解也是相当有限的，这直接制约了农产品生产者进行正确的生产决策。

三、农产品营销环境

1. 农产品营销环境的含义

与任何有机体一样，企业处在一定的环境中，其生产经营活动受到外部环境的限制。环境是企业赖以生存的基础，同时也是企业制定营销策略的依据。菲利普·科特勒指出营销环境（Marketing Environment）是影响企业在建立和保持同目标顾客之间关系的营销管理能力的外部参与者和影响力，并指出企业不仅要观察和适应营销环境的变化，同时要积极主动地去改变营销环境，给自身创造更好的发展空间，即“营销环境管理视角”（Environmental Management Perspec-tive）。所以，农产品营销环境就是专指存在于农产品经营企业外部，影响其营销活动及目标实现的各种因素总和。

营销环境的内容比较广泛，不同的学者基于不同的视角，对营销环境进行了不行的划分。菲利普·科特勒认为营销环境由微观营销环境和宏观营销环境构成，其中，微观营销环境与企业联系紧密，影响其服务目标顾客的能力的单位组成，这些单位或多或少与企业有直接的经济关系，也称为直接营销环境或作业环境。农产品微观营销环境主要包括农户、企业、销售中间商、顾客、竞争者和社会公众等。宏观营销环境由影响企业相关微观环境的大型社会因素构成，宏观环境主要通过微观环境实现其对企业的影响，所以被称作间接营销环境。农产品宏观环境主要由政治法律环境、经济环境、人口环境、生态自然环境、社会文化环境、科学技术环境等因素构成。

微观与宏观环境之间不是并列关系，而是主从关系，微观环境受制于宏观环境，微观环境中的所有因素都要受宏观环境中各种力量的影响。

2. 农产品营销环境的特征

农产品营销环境由多种因素构成，宏观环境和微观环境互相影响，因素之间关系复杂，而且不断发展变化。具体而言，农产品营销环境有以下几个方面特征：

（1）复杂性。

企业面对的微观营销环境中，农户个数多、文化程度差异大、关系复杂，给农业企业经营带来很大困难。农产品微观营销环境中的其他因素之间、宏观环境各因素之间以及微、宏观环境之间也存在相互影响，并且各因素不断变化，这给农产品经营企业带来很大困难。

（2）动态性。

随着我国经济结构的调整，“三农”问题受到了党和国家的极大重视，农

业在我国得到了优先发展。我国农业企业的营销环境也在不断变化，如农业生产规模的不断扩大、农业发展更加可持续化、农业市场运行市场化加强、消费者更加注重绿色消费等。一方面营销环境的动态性要求农业企业时刻关注营销环境的变化，不断调整自己的营销策略；另一方面，营销环境的变化也是有规律的，我国农业企业应该在营销活动中认识环境变化的规律，增大营销成功的可能性。

（3）客观性。

环境是独立于农业企业而客观存在的，不依赖于农业企业主观意识。一方面农业企业无法摆脱和控制营销环境，农业企业只能适应和利用客观环境；另一方面，农业企业可以主动适应环境的变化和要求，制定并不断调整市场营销策略。

3. 农产品营销宏观环境

农产品营销宏观环境（Macroenvironment）也称为总体环境，由比较强大的社会力量所构成，它可以影响微观环境中的各种力量，主要包括以下几个方面的内容：

（1）政治法律环境。

政治法律环境是影响农业企业营销的重要宏观环境因素，包括政治环境和法律环境。政治环境引导着农业企业营销活动的方向，法律环境则为农业企业规定经济活动的行为准则。政治与法律相互联系，共同对企业的市场营销活动产生影响和发挥作用。

（2）经济环境。

经济环境是影响企业营销活动的主要环境因素，它包括收入因素、储蓄状况、消费结构等因素，其中收入因素、消费结构对农业企业营销活动影响较大。

（3）人口环境。

① 人口总量。人口总量指一个国家或地区总人口的数量。人口是构成市场的基础，一个国家或地区人口数量的多少，是衡量农产品市场容量的一个重要因素。对人口总量的衡量，可以从人口总量绝对值和人口增长速度两个方面来进行。一般说来，人口总量大，对农产品的需求相应地也会更大；人口增长快，农产品市场的需求增长速度也会加快，从而对农产品市场的供求格局产生长远的影响。从当前世界人口的增长特点看，广大发展中国家人口增长速度较快，但收入水平低，因而农产品市场的市场需求潜力更大，需求层次较低，农产品供给不足是主要矛盾；而发达国家人口增长缓慢，收入水平高，因而农产品供给比较充裕，农产品的消费升级是比较迫切的要求。

②人口结构。第一，年龄结构。不同年龄层次的消费者有着不同的消费者需求和兴趣爱好。第二，性别结构。人口的性别构成与市场需求紧密相关。男性和女性在生理、心理和社会角色上的差异决定他们有不同的消费倾向，而且两者购买习惯和行为方式也不相同。中国女性大多操持家务、照顾老幼，并且负责日常消费品的采购，她们将会有更多机会来购买农产品。第三，地区结构及人口迁移。人口在地理分布上是不均匀的，我国各民族“大杂居、小聚居”，并且城乡人口从东部到西部依次减少，东部人口稠密，西部人口稀少。人口在地理位置上的分布不同，其消费需求也不相同；而且不同地势的地区其营销成本也不尽相同。一般而言，东部平原、低地、丘陵等地区人口稠密，顾客集中，企业的营销成本相对较低；西部高原、山地等地区人口稀少，顾客分散，企业的营销成本相对较高。

③ 人口流动。人口的流动也会影响到农产品的需求结构。在我国，随着工业化的发展，人口流动的总趋势是从农村流向城市、从非发达地区流向发达地区、从西部流向东部。流动人口的增加促进了快餐业务的发展，同时也拉动了当地农产品的需求。

④ 家庭规模。家庭是社会的细胞，是肉类、禽类、蛋类、奶蛋等农产品的基本消费单位，其规模变化对农产品消费会造成明显的影响。随着计划生育、晚婚、晚育政策的实施，我国的家庭规模有缩小的趋势，消费者对农产品的包装、分销和促销等有了新的要求，农业经营企业必须关注这些变化，及时在营销策略上作出调整。

（4）生态自然环境。

随着工业化进程的一个重要问题是生态环境的恶化、人们逐渐达成共识，即环境保护是营销过程中必不可少的一个环节，绿色营销也应运而生。农业企业需要大量初级农产品，其生长都离不开土地、水源、能源等自然资源，因此，要受到生态自然环境的限制。同时，企业的经营活动也会对自然生态环境产生影响，尤其引起生态环境污染，因此引起了人类广泛关注。

（5）社会文化环境。

社会文化主要指一个国家、地区的民族特征、价值观念、生活方式、风俗习惯、宗教信仰、伦理首先、教育水平、语言文学等的总和。文化是影响农产品营销的重要外部环境，文化对所有营销参与者的影响是多层次、全方位、渗透性的。这些影响多半是通过间接的、潜移转化的方式进行的。影响农产品营销的主要文化因素包括宗教信仰、消费习惯和消费观念等。

（6）科学技术环境。

科学技术是第一生产力，科技的发展对经济的发展有着重大的影响。科学

技术不仅影响企业内部的生产和经营，还同时与其他的环境因素相互作用，给企业营销带来了影响。当前现代生物技术和互联网的发展对农产品营销产生了广泛而深刻的影响。

现代生物技术中的细胞工程、遗传育种、基因工程等技术的开创和发展，不仅使农产品数量大幅度增加，农产品品质不断改善，而且还开发出自然界过去没有的生物新品种。总之，科技技术的日新月异及其在农业中的推广应用，为向市场提供安全、优质、多样化的农产品提供了技术支撑。

随着 IT 技术的发展，特别是网络技术的出现和广泛应用，农产品营销渠道正在发生着深刻的变化。由于网络营销大大提高了农产品营销效率，节省了交易成本，扩大了交易范围，方便了消费者的购买购买使用。

4. 农产品营销微观环境

（1）农户。

农户是人类进入农业社会以来最基本的经济组织，现阶段我国农户的显著特征是规模小、经营分散。农户的以下行为和特征会对农业经营企业的营销活动产生影响。

① 农产品商品率。农产品商品率是指农户生产的产品用于市场出售的比率。根据农产品商品率的高低，我们可以把农户区分为商业性农户和自给性农户两类。两类农户的基本行为倾向不同，前者是商业倾向，后者是自给倾向。据此可以分别称之为商业倾向农户和自给倾向农户。商业倾向农业经营企业提供初级农产品，成为农业经营企业的上游供给者，同时也可能为市场提供可直接消费的农产品；自给倾向农户则主要消费自己生产自己的农产品，没有加入农业经营企业的产业链条中。

② 兼业性。兼业是指农户同时从事农业和非农产业，以弥补单纯经营农业收入不足或期望获得更高家庭收入的行为。兼业的存在意味着农户收入可以分解为农业收和非农业收入两个部分，并且两部分收占农户家庭总收的比重可能不一样，有的农户可能以农业收入为主，而有的农户则可能以非农业收入为主。作为农业经营企业的上游，众多农户的兼业行为影响着其向农业经营企业的提供初级农产品的及时性和稳定性。兼业程度高的农户，受外界影响，可能轻易退出某一种农产品的生产，给农业经营企业带来不确定性；兼业程度低的农户可向农业经营企业比较稳定和及时地提供初级农产品。

③ 组织性。农业发展是在分户经营的基础上进行的，由于农户数量众多，生产分散，组织化程度低，因此在农产品营销中处于弱势地位。为了提高农产品营销系统的效率，保证农产品生产者权利和农户生产的产品质量，就必须提

高农户的组织化程度。相关农户成立农业协会、种植养殖专业合作社有助于稳定和扩大生产规模，提高市场地位，提高农产品质量。2007 年 7 月 1 日起施行的《中华人民共和国农民专业合作社法》，规定了农业专业合作社的设立、变更、管理等内容，为农业组织化进程提供了法律保障，有助于促进农户组织化程度的提高。

（2）企业。

按照分工原理建立的现代企业，存在着不同层次、不同活动、不同部门之间的矛盾。农业经营企业内部的其他活动和其他部门会影响到企业营销部门的营销活动，在制定企业营销计划时，营销部门应该兼顾企业的其他部门，如最高管理层以及财务、研发、采购、生产等部门，这些相互关联的部门构成了企业内部环境。营销战略的制定本身是企业最高管理层的决策内容，营销部门提交的营销战略方案需要得到最高管理层的批准与同意；同时营销部门必须与企业的其他相关部门密切合作，相关部门都从不同方面对营销部门的计划和行动产生影响。以业务流程为中心建立的企业组织，必须以营销作为前提，所有为顾客提供相关服务的职能要素必须紧密配合、通力合作，向顾客提供高效的服务。

（3）营销中介。

营销中介主要指协助企业促销、销售和经销其产品给最终购买者的机构，主要包括中间商、物流储运商、营销服务机构以及金融服务机构等。企业要想达到满足顾客需要的目标，离不开这些营销中介的配合。在现代化大生产的条件下，生产的消费之间存在空间、时间和信息等相互分享的矛盾，特别是新鲜农产品要求更快地到达目标顾客，这对于营销中介就提出了更高的要求。

第三节 农产品营销策略

一、农产品营销的产品策略

一个产品在市场上营销的潜量和盈利率将随着时间的推移而变化。企业必须通过确认产品所在阶段或未来趋向。以及根据产品特性和市场需求相应改变产品的市场营销战略，才能在动态市场中生存和发展，农产品也不例外。

1. 产品的市场生命周期概念及阶段

产品的市场生命周期是指产品从进入市场到退出市场所经历的市场生命

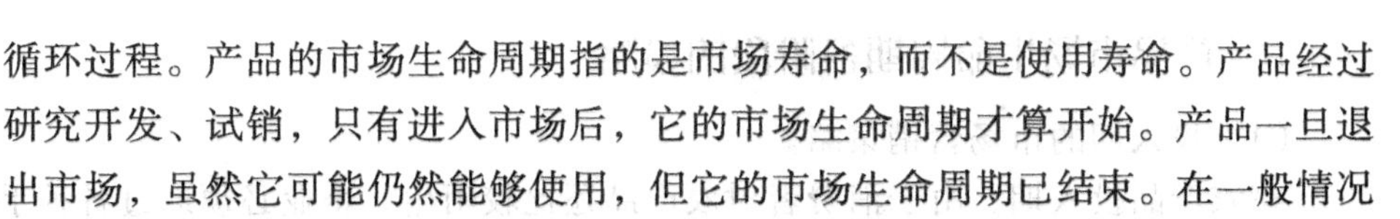

循环过程。产品的市场生命周期指的是市场寿命，而不是使用寿命。产品经过研究开发、试销，只有进入市场后，它的市场生命周期才算开始。产品一旦退出市场，虽然它可能仍然能够使用，但它的市场生命周期已结束。在一般情况下，根据农产品销售变化的情况，可以把整个产品的市场生命周期划分为四个阶段，即投入期、成长期、成熟期、衰退期，每一个阶段呈现不同的特点。

（1）投入期。

投入期指长产品刚刚进入市场，处于向市场推广介绍的阶段。此时，消费者对产品还不了解，销售量很低，可能只有少数追求新奇的消费者购买，销售增长率低，一般不超过 10% 为了扩大销售，企业需要大量的促销者用对农产品进行宣传推广。在这一阶段，由于技术方面的原因，产品不能大批量生产，因而平均到每个产品上的成本较高，企业的销售额增长缓慢，利润低甚至可能亏损。如绿色蔬菜的生产和销售，在刚刚进入市场时，由于广大消费者对它还不太了解，绿色意识不强，导致有些企业利润很少甚至亏损。因此在这一阶段，为了让消费者了解产品，企业应加强广告宣传的力度。

（2）成长期。

成长期指产品已为市场的消费者所接受，销售量迅速增加的阶段。随着投入期销售取得成功，产品开始进入成长期。此时，消费者对产品已经了解并熟悉接受，消费者购买量增加，市场逐步扩大。产品已具备大批量生产的条件，生产成本相对下降，销售额迅速增长，增长率超过 10%，利润额也迅速增加，但竞争也随着出现并逐渐激烈。销售和利润的迅速增长使得有些企业看到有利可图，纷纷进入市场参与竞争，使同类农产品供给量增加，价格随之下降，企业利润增长速度逐渐减慢，最后达到生命周期利润的最高点。

（3）成熟期。

成熟期指农产品在市场上已经普及，市场容量基本达到饱和，销售量变动较少的阶段。经过成长期以后，市场需求趋于饱和，潜在的消费已经很少，产品销售增长缓慢甚至有可能停滞或下降，标志着农产品进入了成熟期。在这一阶段，竞争达到白热化，价格战非常激烈，促销费用增加，利润下降。

（4）衰退期。

衰退期指产品已过时，新产品或新的代用品出现，销售量迅速下降的阶段。竞争的加剧导致有些企业经营陷入困境，新的农产品或代用品逐渐代替原有的产品，使消费者的消费习惯发生改变，转向消费其他产品，从而使原有的产品销量迅速下降，利润额迅速减少，标志着产品已进入衰退期。

2. 产品市场生命周期各阶段的策略

（1）投入期的市场营销策略。

在农产品投入期，由于消费者对农产品还比较陌生，企业必须通过各种手段把农产品投放到市场，力争提高本企业农产品的知名度。此时，营销的重点主要集中在促销和价格上，可采取以下四种策略：

① 快速掠取策略。这是指高价格、高促销费用的策略。企业在制定高价格的同时开展大规模的促销活动，以及迅速扩大销售量，取得较高的市场占有率。这一策略采用的条件是：大多数潜在消费者根本不了解该产品，已经了解的消费者急于求购，愿出高价；企业面临潜在竞争者的威胁，急需造势，以高价优质树立声誉，建立消费者对自己产品的偏好。如河北的富岗苹果，其质量上乘、口感好、颜色鲜艳，为了打开市场，在上市之初使用了大量的促销费用进行宣传，产品不按照重量销售，而是按照个数销售，同时根据苹果的品质、形状、重量以及大小分级销售，每个苹果从 5 元到 50 元不等，使产品的知名度和销售量大大提高。

② 缓慢掠取策略。这是指高价格、低促销费用的策略。这种策略可使企业获取更多的利润。其采用的条件是：农产品的市场规模小，竞争威胁不大，市场上大多数消费者愿意以高价来购买。

③ 快速渗透策略。这是指低价格、高促销的策略，目的是迅速扩大市场、占有最大市场份额。其采用的条件是：该产品市场容量大；潜在消费者对产品不了解，且对价格十分敏感；潜在竞争比较激烈；农产品单位成本随着生产规模和销售量的扩大而迅速下降。

④ 缓慢渗透策略。这是指低价格、低促销费用的策略，目的是在市场竞争中以廉取胜，稳步前进。其采用的条件是：市场容量大；消费者对价格比较敏感；有相当的潜在竞争者。

（2）成长期的市场营销策略。

农产品进入成长期后，消费者的使用量大量增加，企业的销售量和利润都大幅度增加，但是竞争也逐渐加剧。此时，企业的重点是继续扩大市场占有率，树立农产品的企业形象。可选择策略有：

① 改善农产品品质。如改进农产品的质量，增加农产品品质、花色等，提高农产品的竞争能力，满足消费者更广泛的需求，吸引更多的顾客。

② 寻求新的细分市场。加强市场调研，用运细分化策略，找到新的尚未满足的细分市场，根据细分市场的需求组织生产，不断开辟新市场。如运用地理细分标准，将南方的荔枝销售到北方市场。

③ 改变广告宣传的重点。广告促销要从介绍农产品转移到宣传特色、树立新产品形象上来，确立农产品的知名度，维系老顾客，吸引新顾客。

④ 在适当的时机采取降低策略，以激发那些对价格比较敏感的消费者产生购买动机和采取购买行为。

（3）成熟期的市场营销策略。

农产品进入成熟期后，市场容量基本饱和，销售增长率较低。在成熟期的后期，销售增长率可能出现负增长。在这一阶段，企业重点应放在保持农产品的市场份额上，并努力延长农产品的市场生命周期。企业可采取的策略有：

① 市场改良。这种策略不是要改变农产品本身，而是发现农产品的新用途或改变推销方式等，使农产品销售量得以扩大。采用这种策略可从三个方面考虑：一是寻找新的细分市场，把产品引入尚未使用过这种农产品的市场，重点是要发现农产品的新用途，应用于其他领域，延长成熟期。如顾客购买花卉是为了欣赏，但当企业发现某些花卉除了欣赏之外，其发出的香味还具有驱蚊功能或者具有吸收甲醛等有毒物质的功能时，就可以重新细分市场，宣传其新的功效，以此扩大市场占有率。二是寻找能够刺激消费者增加农产品使用频率的方法。三是市场重新定位，寻找有潜在需求的新顾客。

② 产品改良。即以产品自身的改变来满足消费者不同的需求，吸引有不同需求的消费者。营销中的农产品任何一层次的调整都可视为农产品再推出。

③ 市场营销组合改良。即通过对农产品产品、定价、渠道、促销四个市场营销组合因素加以改良，延长农产品的成熟期。如在提高农产品质量、增加农产品花色品种的同时，通过降低价格、购买折扣、补贴运费、延期付款、增加广告宣传、增设分销网点、增加人员推销的规模等来提高企业的竞争力。

（4）衰退期的市场营销策略。

当农产品进入衰退期时，企业既不能一弃了之，也不能恋恋不舍，而需要认真进行研究分析，决定采用什么策略，在什么时间退出市场。可选择的策略有：

① 继续策略。继续沿用过去的策略，在目标市场、价格、分销渠道、促销活动等方面保持原状。当企业的产品具有足够竞争优势，众多的竞争者纷纷退出市场的时候，现有的顾客会集中到少数继续经营的企业，企业通过提高服务质量，发扬经营特色，销售量有时不一定减少。

② 集中策略。企业把能力和资源集中到最有力的细分市场和销售渠道上，缩短经营路线，从中获取利润。

③ 减缩策略。精简销售人员，大力降低促销费用，并从忠实于本企业农产品的顾客中获取眼前利润。

④ 放弃策略。对于衰退比较迅速的农产品，企业应放弃经营，把农产品完全转移出去或立即停止生产，也可以采取逐步放弃的方式，使其所占有的资源逐步转移到其他产品。如企业原来生产盆花，现可转向生产切花或其他农产品。

二、农产品营销的价格策略

1. 农产品定价依据

农产品价格的确定并不仅仅着眼于农产品成本，还涉及农产品市场供求、竞争、政府价格管制等诸多方面。

（1）农产品成本。

在农产品价格构成中，成本是定价的基础。俗话说“不能做赔本的买卖”，因此首先要将“本”弄清楚。从经济学角度讲，农产品成本可表述为：农产品总成本、农产品边际成本以及农产品边际贡献。

① 农产品总成本。

农产品总成本是农产品生产与销售环境的总支出，它等于固定成本与变动成本之和。其中，固定成本是指农产品生产及营销过程中，相对于变成成本在一定时期和一定业务量范围内基本上不变的费用，如农业机械设备折扣、管理人员基本工资、保险费等；变动成本是指那些在一定范围内随着业务量的变动而发生变动的成本，比如购买农药、化肥等生产资料的费用。如果将总成本分摊到每个农产品上，就构成单位农产品平均耗费成本，称之为农产品单位成本。

② 农产品边际成本。

农产品边际成本是指在一定的农产品产量和销量下，每多生产和营销一单位农产品所对应引起的农产品总成本的增加量。经济学中边际成本公式可表述为：

$$MC = \Delta TC / \Delta Q$$

式中，MC 为边际成本，ΔTC 为农产品总成本增量，ΔQ 为生产和营销农产品增量。

事实上，农产品不一定增产就增收，所谓“谷贱伤农”就是这个意思。所以，在考虑农产品边际成本时，要引进“农产品边际贡献”的概念。

③ 农产品边际贡献。

农产品边际贡献又称为“边际利润”，一般可分为单位农产品的边际贡献

和全部农产品的边际贡献，其计算方法为：

单位农产品边际贡献＝农产品销售单位－单位农产品变动成本

全部农产品边际贡献＝全部农产品销售收入－全部农产品变动成本

在农产品定价决策中，首先要保证农产品边际贡献不为负数，这样就保证了全部农产品的边际贡献可以用以弥补固定成本，当全部农产品边际贡献超过补品固定成本时，就产生了盈利。因此，在实际工作中，边际贡献是否大于0成价格接受与否的底线。

（2）农产品市场供求。

确定农产品价格除了保本之外，还必须了解市场需求和供给情况，供给与需求规律是市场经济中最基本的经济规律。一般来讲，了解农产品成本是为了确定农产品价格底线，了解供求关系则是为了给出农产品一个合理的市场价格以期求得盈利。

① 农产品需求。

农产品需求是指消费者在既定的时间和地点，以适当的价格所购买的农产品的数量。从市场角度讲，这种需求又可分为现实需求和潜在需求。一般来讲，农产品需求越大，其价格越高，正所谓“物以稀为贵”，但价格攀升又限制了需求进一步扩大，最终导致供求平衡，形成均衡价格；而需求下降，也会导致价格下降。

② 农产品供给。

农产品供给是指在一定时间、地点和市场价格下，市场可以销售的农产品数量。供给规律是指价格与市场供给之间的关系，一般来讲，价格越高，意味着市场需求旺盛，有利可图，供给或愿意供给的数量就会越多；反之，价格越低，表示相对应的市场低迷，供给数量就越少。

（3）竞争。

除了农产品自身品质和市场供需关系外，市场竞争是影响农产品价格的关键性因素之一，特别是当农产品具有同质性质时，价格竞争成为产品竞争的“利器”。比如，都是一极国光苹果，如果时间成本和路成本可以忽略不计，那么谁的苹果单价便宜一些，消费者就愿意买谁的，谁就可能赢得客户。实际上，这种竞争取决于竞争环境和竞争者两方面，具体包括竞争者产品价格及质量、市场结构及非价格竞争策略。

① 竞争者产品价格及质量。

营销中的竞争者包括四大类型：欲望竞争者、形式竞争者、行业竞争者和品牌竞争者。这里讲的竞争者主要是指品牌竞争者，即以相同或相近价格向相同客户提供不同品牌的相同产品和服务的竞争者，他们之间的竞争往往是最为直接的竞争。农产品定价应当了解其竞争者所提供农产品的品质及价格，较为充分地进行横向比较，如果两者产品质量差别不大，则定价趋同；如果品质明显较好，价格可以高一些；反之，则价格低一些。亦即在农产品定价中，企业要关注农产品质量的相对水平。例如：农产品商标和地理标志的市场价格近年来不断为农民朋友所认识，正成为带动他们致富的引擎。所谓地理标志是一类商标，既可以是集体商标，也可以是证明商标，用来标识某产品的来源，表示该产品来源于某个地区或国家，其特定的质量、特色、声誉与该地区的人文环境和地理环境直接相关。地理标志主要是禁止任何第三方用该标志来标识不来源于该地的产品。

② 市场结构。

市场结构（Market Structure）是指一个行业内部买方和卖方的数量及其规模分布、产品差异和新企业进入该行业的难易程度的综合状态。一般情况下，如果市场上卖者众多，且产品具有同质性，定价只能随行就市，依照现行市场价格来定；如果市场上有较多卖者，但产品之间存在差异，就存在较大的定价空间和选择自由；如果市场只有少数卖者，产品差异小，定价自由也相对小一些，市场上可能存在价格之间的微小差异，一般情况下，消费者会选择价格较低的商家；如果市场只有一家卖者，则会形成市场的独家垄断，在法律和政策允许下，会形成一定程度的“垄断价格”。

③ 非价格竞争策略。

价格制定实际上是企业间的一种博弈，价格制定要体现企业的市场定位和发展战略，以及所处不同产品生命周期阶段的特殊属性。企业既可以采取“捞一把就走”的短期行为，也可以从长期市场发展考虑，采取有利于长远盈利的策略。

（4）政府价格管制。

农产品价格关系到农产品生产、农产品供给、农产品原材料供给、农产品加工以及消费者的日常生活，具有稳定社会的意义。如果农产品涨价，会带来一系列经济和社会问题，会造成社会的不安定情绪，因此，农产品价格往往受到政府的管制。比如我国国家物价局于 1992 年分布的《国家物质局及国家有关部门管理价格的农产品目录（1992 年版）》，就规定了实行国家定价的农产品品种以及价格管理的形式和管理权限。

在实际动作中，政府价格管制可以分为政府定价、政府指导价。其中，政府定价是指政府有关部门（如价格主管部门）依据《中华人民共和国价格法》规定，按照定价权限和范围制定的价格，往往涉及与国计民生关系重大、带有

战略性质的农产品，如粮食、油料、棉花等大宗农产品。政府指导价是指依照《中华人民共和国价格法》规定，由政府价格主管部门或者其他有关部门，按照定价权限和范围规定其准价及其浮动幅度，指导经营者制定的价格。政府指导价的范围一般涉及重要农产品。

当然，在市场调节价（即是指由经营者自主制定，通过市场竞争形成的价格）动作过程中，政府也可以通过经营手段实施间接影响。

2. 农产品价格策略

（1）价格折扣。

所谓价格折扣是为了鼓励消费者及早付清货款、大量购买、淡季购买，酌情降低其基本价格的价格调整策略。价格折扣的主要类型包括：现金折扣、数量折扣、功能折扣、季节折扣等。

① 现金折扣。

现金折扣又称销售折扣（Sale Discount），是为敦促消费者尽早付清货款而提供的一种价格优惠。现金折扣的优点在于：缩短收款时间，减少坏账损失。其不足则是减少现金流量。

② 数量折扣。

数量折扣又称批量定价，是生产经营者对大量购买农产品的消费者所给予的一种减价优惠。一般情况下购买量越多，折扣也越大，以鼓励消费者增加购买量。这种方式尽管使单位产品价格下降，导致单位产品利润减少，但由于销量增加、资金周转加快，使生产经营者可以进一步取得规模效益，有利于盈利。数量折扣可分为累计数量折扣和一次性数量折扣两种类型。

a. 累计数量折扣。累计数量折扣是对一定时期内累计购买超过规定的数量或金额所给邓的价格优惠，目的在于鼓励消费者与农产品生产经营者建立较为稳固的客户关系，以取得长期的消费利润。比如，企业规定购买量累计达到 300 元，价格折扣 5%；达到 500 元，折扣 10%；超过 1 000 元，折扣 20%。这种折扣特别适应于长期交易或市场需求相对比较稳定的商品。

b. 一次性数量折扣。一次性数量折扣又称“非累计性数量折扣”，是对一次购买超过规定数量的金额给予的价格优惠，目的在于鼓励消费者增大单次购买量。这种方法只考虑单次购买量，而不管累计购买量。比如，超市里普遍实施的“赠奶”活动，对于购买 485 ml 保鲜奶的顾客，一次购买 1 件（12 袋），可以获赠送 3 袋。一次性数量折扣最突出优势是操作简便，有利在一起农产品日常销售中使用。

③ 功能折扣。

功能折扣也称为贸易折扣，主要是指农产品生产商、加工商对提供给批发商、零售商的产品按零售价格给予一定折扣的策略。中间商的类型、分销渠道不同，给邓的折扣是不一样的。比如，某市大桃出产地普通农贸市场大桃每斤零售价为 1 元，而给批发市场的价格只有 0.6 元/斤。

④ 季节折扣。

农产品季节性较强，特别是西瓜等时令水果集中上市，往往会造成进一步的价格竞争。这时，农产品生产经营者会适度降低价格，以促销产品维持生产经营。如据有关报道，2009 年进入伏天以后，随着雨水的增多，气温也有所下降，而北京市场上的西瓜上市量却随着辽宁等地的西瓜大量上市而有增无减。由于气温下降，西瓜的销售量受到了一定的影响，北京西瓜的整体价格下降了近一成。

（2）促销定价。

在大多数消费者是价格第三型消费者的情况下，运用价格优惠策略是很能吸引消费者眼球的，特别是节假日的"买一送一"活动、"优惠大酬宾"活动等。很多顾客一进超市就首先关注黄色价签，因为那是促销价。促销定价常采用的方法主要有：

① 牺牲品定价。

超市和粮油副食店以少数与人们日常生活息息相关的农产品作为牺牲品，降低价格来吸引更多的顾客光顾超市借以增加客流量，带动其他商品销售。例如，据《南方都市报》2009 年 3 月 20 日报道，沃尔玛利用一周的时间开展了"0.38 元"特低价促销活动，据沃尔玛负责蔬菜供应摆放的工作人员介绍，自从推出"0.38 元"特价蔬菜后，萝卜、地瓜等主力低价蔬菜摊位就一直处于"持续补给供应"的状态。"上午 10 点多到下午 3 点多这段时间，货下得最快。常刚摆上一车货，推车再回来时，又空档了。"这位工作人员说。而仅在刚过午休段的下午 3 点，现场的萝卜等低价蔬菜就已被精明算计的消费者淘汰大半，摊位上只剩下些卖相不好看的蔬菜。作为连动式的低价促销策略，位于低价蔬菜四周的榴莲、苹果、美国进口提子、脐橙等高端水果消费也被火热拉动。

② 心理定价。

心理定价即企业在制定价格时，运用心理学的原理，根据不同类型消费者的购买心理来制定价格。定价本身是对消费者心理的一个探知过程，可以采取尾数定价的方法，在制定产品价格时不取整数，刻意保留尾数，以表明价格制定"精确"并"便宜"，如超市中猕猴桃的价格为每斤 3.98 元，烤鸡每只 9.8 元等；也可采取整数定价，从而树立相应的产品品牌或品质形象，如超市中白灵菇每斤

10 元，有机韭菜每斤 3 元等。而大米等常购农产品一般价格比较稳定，形成了习惯性价格，促成消费者的习惯性购买，如超市中东北大米每斤 1.7 元。

（3）地理定价。

由于农产品生产与区域气候、地理环境等具有较为密切的关系，企业可以根据不同地区特点制定不同价格。一般情况下，本地产品在本地销售价格要低一些，异地促销由于涉及仓储、运输、保险、保鲜等诸多环节，其价格自然要相对高一些。主要地理定价方式有：

① FOB 产地定价。

FOB（Free on Board）是一个常用的贸易术语，亦称离岸价。卖方须负责将某种产品（货物）运到产地某种运输工具上交货，并承担一切风险和费用，而交货后的一切风险和费用（含运费）由买方承担。但由于一些鲜活农产品如蔬菜、水果具有易腐性，长距离运输显然对远方的客户存在。

② 统一交货定价。

对不同地区的消费者，不论远近，企业都实行统一价格，运费按平均运费计算。统一交货定价的优点是简便易行，适于开拓异地市场，但对本地和近地区的商户不利。

③ 区域定价。

区域定价也叫分区定价，就是把全国（或某些地区）分为若干价格区，分别制定不同的地区价格。比如山东某大型蔬菜批发基地将其市场划分为北京市场、天津市场、济南市场等不同区域，分别制定蔬菜价格。

④ 基本定价。

基本定价即选择定某些城市作为苦点，然后按“厂价+运费”的方式来定价，这里的“运费”是指从基点城市到消费者所在地的运费。

⑤ 运费名收定价。

由卖方随担（或部分承担）运费，买方只需要付农产品价款。这里需要注意一个前提，即销售的规模经济，规模经济可以降低农产品平均成本，将运输成本进行内部消化。

三、农产品营销的渠道策略

1. 农产品营销渠道的含义

农产品营销渠道（Marketing Channels）是指农产品从生产领域向消费者领域转移过程中，由具有交易职能的商业中间人连接的通道。在多数情况下，这种转移活动需要经过包括各种批发商、零售商、商业服务机构（交易所）在内的中间环节。在这一过程中，营销渠道包括实体、所有权、付款、信息和促销五个方面。

2. 农产品营销渠道的作用

（1）促进生产，引导消费。

农产品只有通过市场交换，才能到达消费者手中，才能实现其价值和使用价值，企业才能盈利。营销渠道就是完成农产品从生产到消费者的转移，起到桥梁作用。农产品营销渠道连接生产和消费，既是生产的排水渠，又是消费的引水渠。排水渠不通，农产品就不能及时销售出去，资金周转困难，农业再生产就无法顺利进行。引水渠不畅，农产品就不能及时顺利地到达消费者手中，消费需求就得不到满足。因此，对于生产者来说，不仅要生产满足消费者需要的农产品，还要正确地选择自己的营销渠道，做到货畅其流，发按其促进生产、引导消费的作用。

（2）吞吐商品，平衡供求。

农产品营销渠道是由一系列商业中间人连接而成的。这些商业中间人类似于大大小小的蓄水池，在农产品供过于求的地区或季节，将农产品蓄积起来，在供不应求的地区或季节销售出去，起到吞吐商品、平衡供求的作用。由于农产品市场具有明显的地区性和季节性，供求不平衡的矛盾经常存在，因此，营销渠道上的商业中间人可以使这种矛盾得到缓和。

（3）加速商品流通，节省流通费用。

一个生产企业依靠自己的力量出售自己的全部产品是不现实的，这要占用相当多的人力、物力、财力和时间，从长远和宏观经济分析是不合算的。选择合适的营销渠道，利用商业中间人的力量销售自己的产品，至少可以为企业带来两方面的好处：一方面可以缩短流通时间，相应地缩短再生产周期，直接促进生产的发展；另一方面可以减少在流通领域中占压的商品和资金，加速资金周转，扩大商品流通，节省流通费用。

（4）扩大销售范围，提高产品竞争能力。

农业企业仅仅依靠自己的力量直接向消费者出售产品，其销售范围和销售数量是非常有限的。如果选择合适的营销渠道，将产品交由商业中间人销售，则可以运输到很远的地方，从而扩大产品的销售范围。同时，一些商业中间人为了自身的利益也乐于为产品做广告，这样就有可能增加销售数量，从而提高产品的市场竞争能力。

3. 农产品营销渠道模式

根据农产品本身的特点，农产品营销渠道有以下几种常见的模式，如图 13.2 所示。

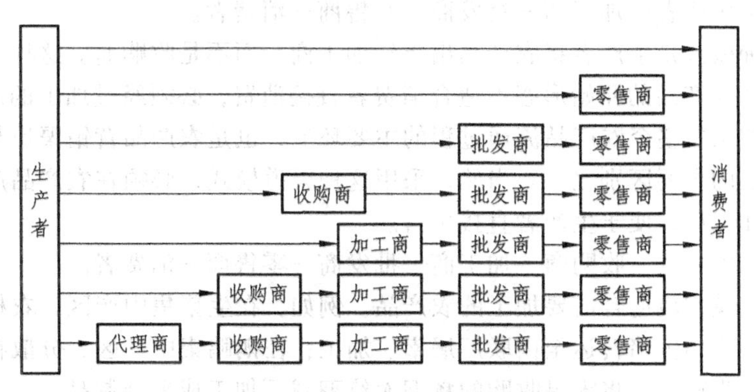

图 13.2　农产品营销渠道

（1）生产者—消费者。

这种模式又叫直接渠道，它是指农业生产者将农产品直接出售给消费者，不经过任何中间商，是最直接、最简单和最短的营销渠道。例如，农民在自己的农场门口开设门市，或在市场上摆摊设点，将其生产的蔬菜、水果、禽蛋等生鲜农产品直接销售给最终消费者；有些大型农场和面包房，自己开设零售商店和门市部，将其产品直接销售给最终消费者，或者雇用推销员挨家挨户向家庭主妇推销产品。但是，由于广大消费者居住分散，购买数量少，因而许多生产者不能将其产品销售给广大消费者。

（2）生产者—零售商—消费者。

这种模式也称一层渠道，它是指农业生产者将农产品出售给零售商，再由零售商转卖给最终消费者，中间经过一道零售环节。例如，水果上市旺季，许多果农将水果整车运往城镇的水果店或果摊，以批发价分售给他们，这些都是采用一层渠道的模式。

（3）生产者—批发商—零售商—消费者。

这种模式为大多数中、小型企业和零售商所采用。农业生产者将农产品出售给批发商（可以有几道批发环节），再转卖给零售商，最后出售给消费者。我国大部分农产品通过这种渠道流通，农产品由产地批发企业收购，再转手批发给当地零售商，或者送到城市批发企业做二次批发。

（4）生产者—收购商—批发商—零售商—消费者。

这种模式是在生产者和批发商之间又经过一道收购商环节。农产品的收购商有两类：一类是基层商业部门设计的独立核算的收购站和供销社，他们收购农副特产品，然后交给市、县商业批发企业；另一类是个体商贩，他们走街串镇，然后转卖给当地批发企业。

（5）生产者—加工商—批发商—零售商—消费者。

这种模式是生产者将农产品出售给加工商，而不是收购商。这种模式主要适合有些农产品的原始形态不适合消费者直接消费，必须经过加工的产品。可以说，加工是整个农产品流通过程的主要环节，也是农产品营销渠道与工业品营销渠道的主要区别之一。当然，采用这种渠道模式，必须在农产品产地设有农产品加工厂，便于生产者直接出售。

（6）生产者—收购商—加工商—批发商—零售商—消费者。

这种模式最适合需要加工的农产品。例如，在生猪集中产区，农村食品收购站将收购的生猪转运至肉联厂屠宰、加工；在鹅鸭集中产区，分散在农村各地的禽羽收购商，将零星收购的禽羽卖给羽绒厂加工成羽绒制品。

（7）生产者—代理商—收购商—加工商—批发商—零售商—消费者。

这种模式是在生产者和批发商之间多增加了代理商、收购商和加工商。例如，在我国有些农村地区，生猪收购环节中专门设置有代销员，他们的身份是农民，但为农村食品收购站工作，他们按其收购额的一定比例提取手续费作为报酬。这些代购代销员实际上就是农村食品站的代理人。

以上是农产品营销活动中最基本的渠道模式。在实际生活中，农产品营销渠道是错综复杂的，它不仅由长期的历史因素所形成，而且和产销形势、供求状况的变化密切相关。在农产品营销渠道模式中，常常由于产销形势和供求状况变化，某一种旧的渠道模式衰落或消失了，由另一种渠道取而代之。农产品营销渠道模式的兴衰交替，符合营销渠道发展的客观规律，需要经常加以研究。

4. 农产品营销渠道的选择与管理

（1）影响农产品营销渠道选择的因素。

农产品营销渠道的选择，是一个既复杂又有策略性的问题。其复杂性表现在营销渠道模式不是长期处于稳定状态，而是经常随着产销状况和供求关系的变化而有所变动；同时，由于种种原因，生产者和经营者对选择的渠道也不能完全加以控制。其策略性表现在影响农产品营销渠道的因素很多，只有对各种因素进行仔细分析，综合研究与判断，才能作出适当的决策。生产者和经营者在选择农产品营销策略时，要考虑以下几个因素：

① 产品因素。

a. 产品的单位价格。

一般来说，农产品单价越低，营销渠道应越长；反之，农产品单价高，营销渠道应短些。

b. 产品的体积与重量。

体积过大或过重的产品，应选择较短的分销路线，最好采用直接营销渠道；体积小而轻的农产品，一般数量较多，有必要设置中介环节。

c. 产品的自然属性。

大多数农产品都是鲜活商品，具有易腐、易损、易死亡等特点。对于这些产品，营销渠道应该尽可能短些、宽些，以减少这些鲜活农产品在流通过程中的损失。

d. 产品的季节性。

季节性强的农产品，应充分发挥中间商的作用，以便更好地推销。大多数农产品具有生产上的季节性，对于这些农产品，由于一般要在上市旺季多储存，以备淡季之需，其营销渠道应长些，以解决农产品的季节性生产和常年性消费之间的矛盾。

e. 产品数量。

生产者或经营者可以提供的农产品数量越多，就越需要通过中间商销售；反之，数量少，生产者或经营者有能力自己销售或只需选择较少的中间商销售，其营销渠道可以短些、窄些。

② 市场因素。

a. 目标市场的选定。

这是选择目标市场时需要注意的重要因素。如果目标市场比较近，生产者或经营者可选择直接销售或用较短渠道。例如：城市郊区附近的蔬菜基地也可以不经批发环节直接将农产品出售给菜市声零售。如果目标市场比较远，由于要经过长途运输（有的还需要中途转运），甚至还要经过储存，营销渠道应长一些。

b. 市场的地区性。

购买力高的大城市中的大百货商店、超级市场、连锁商店，可直接从生产企业进货，宜采取最短的销售渠道；反之，购买力低的地区和中小零售商则必须通过批发环节。

c. 地区差价的大小。

农产品的地区差异大，中间商从事贩运活动有利可图，营销渠道可长些；反之，则要短些。

③ 政策因素。

政策因素是农产品生产者和经营者选择营销渠道时必须注意的最重要的

问题。国家政策的变化决定着农产品营销渠道的取舍和变更。政府根据各种农产品在国计民生中的重要程度，对有些关系国计民生的农产品实行收购或议购政策。农业生产者必须按照统派购任务卖给国营商业或供销合作社。完成统派购任务后的剩余产品才允许上市，由农业生产者自由选择营销渠道。农产品经营者研究如何在国家政策允许的范围内选择合适的营销渠道，才能省工作、省时，节约流通费用，取得最佳的经济效益。

（2）农产品营销渠道的选择策略。

农产品分销渠道的选择，不仅要求保证产品及时到目标市场，而且要求选择的分销渠道销售效率高，销售费用少，能取得最佳的经济效益。因此，农业企业在进行分销渠道选择前，必须综合分析企业的战略目标、营销组织策略以及其他影响分销渠道选择的因素，然后再作出某些相关决策，如是否采用中间商，分销渠道的长短、宽窄、具体渠道成员等。

① 直接销售与间接销售策略。

这个问题实质上就是是否采用中间商的决策。企业在选择时，必须对产品、市场、企业营销能力、控制渠道的要求、账务状况等方面进行综合分析。虽然中间商的介入对农业生产及消费者带来很大的好处，但没有中间商介入的销售即直接销售也具有很多优点，如销售及时、节约费用、加强推销、提供服务、控制价格、了解市场等。但同时，由于直接销售使产品的整个销售职能能完全落在农业生产者的身上，完成这些职能的费用也完全自己负担。而事实上，对于生产量大、销售面广、顾客分散的产品（如啤酒、香烟等），任何企业都没有能力将其送到每一个消费者手中，即使能送到也是不经济的，因此这些企业只能选择间接销售渠道。一般地说，大宗原材料消费者购买量很大，购买次数少，消费者数量有限，宜采用直接销售；生产资料产品技术复杂，价格高，消费者对产品规格、配套、技术性能有严格要求，需要安装和维修服务，交易谈判时间较长，也宜采用直接销售；生活用品中的一些容易变质的产品和时尚产品，以及价格昂贵的高档消费品，也可以采用直接销售。而大多数生活资料以及一部分使用面广、购买量小的生活资料，宜采用间接销售。而大多数生活资料以及一部分使用面广、购买最小的生产资料，宜采用间接销售。另外，企业在进行此类选择时，营销能力、财务、控制渠道的要求也必须考虑在内。例如，有的产品从产品与市场分析，应该采用直接销售，然而由于销售力量太弱，或因财务困难，也不得不选择间接营销渠道。

② 分销渠道的长短策略。

所谓分销渠道长短，是指产品从生产者到最终用户所经历的中间环节的多少。当企业决定采用间接分销时，就要考虑渠道层次的多少。分销渠道越短，

生产者承担的任务就越多，信息传递越快，销售越及时，就越能有效地控制渠道；越长的分销渠道中，中间商承担的任务就越少，信息传递就越慢，流通时间越长，生产者对渠道的控制就越弱。生产者在选择时，应综合考虑生产者的特点、产品的特点、中间商的特点以及竞争者的特点加以确定。

③ 分销渠道的宽窄策略。

分销渠道的宽窄，是指分销渠道中的不同层次使用中间商数目的多少。主要有三种可供选择的策略：

a. 广泛分销策略。

广泛分销策略也称密集分销策略，是指生产者利用很多的中间商经销自己的产品。其特点是充分利用场地，占领尽可能多的市场供应点，以使产品有更多展示、销售的机会。该策略一般适用于原生态的农产品或加工产品的分销，比如蔬菜、水果等多种网点销售。这类产品的消费者在购买使用时注重的是迅速、方便，而不太重视产品品牌、商标等。这种策略的优点是产品与顾客接触机会多，但生产者很难控制这类渠道，与中间商的关系也比较松散。一般来讲，生产者要负担较高的促销费用，设法鼓励和刺激中间商积极推销生产者的产品。

b. 选择性分销策略。

选择性分销策略是指生产者从愿意合作的中间商中选择一些条件较好的中间商去销售自己的产品。该策略一般适用于农产品加工产品的分销。其特点是生产者在某一市场上的选用当数几个有支付能力、销售经验、产品知识及推销知识、信誉较好的中间商推销产品。这适用于顾客需要在价格、质量、花色、味道等方面精心比较和挑选后才能决定购买的产品。这种策略的优点是减少了生产者与中间商的接触，每个中间商可获得较大的销售量，有利于双方合作，提高渠道的运转效率，而且还有利于保护产品在用户中的声誉，便于生产者对渠道的控制。

c. 独家分销策略。

独家分销策略指生产者在一定的市场区域内仅选用一家经验丰富、信誉卓著的中间商销售生产者的产品。在这种情况下，双方一般都签订合同，规定双方的销售权限、利润分配比例、销售费用和广告宣传费用的分担比例等。生产者在特定的区域内不能再找其他中间商经营其商品，也不准所选定的中间商经销其他生产者的同类竞争性产品。这种策略主要适用于顾客挑选水平很高、十分视品牌商标的特殊品，以及需要现场操作表演和介绍使用方法的产品。独家分销策略的优点是：易于控制市场的产品价格，可以提高中间的积极性和销售效率，更好地服务市场；有利于产销双方相互支持和合作。缺点是：在该市场区域内，生产者过于依赖该中间商，容易受其支配；在一个地区选择一个理想的中间商并不容易，如果选择不当或客观条件发生变化，可能会完全失去市场；一个特定地区只有一家中间商，也可能因为推销力量不足而失去许多潜在顾客。

（3）农产品营销渠道管理。

① 对中间商的选择。

中间商的质量如何，将直接影响企业的产品销路及经济效益，企业选择中间商应依据以下条件：

a. 目标市场。

选择的中间商，其服务对象应与本企业的目标市场相一致。一般来说，挑选的中间商一定要与本企业产品的销路对口，这是最基本的条件。例如，生产水果的企业，一定要挑选一个专门批发或专门销售水果的商店来销售自己的产品。

b. 地理位置。

零售商所处的地理位置应位于顾客流量大的地区，批发商应有较好交通运输及仓储条件。

c. 产品经营范围。

企业应选择经营有相互连带需要的中间商。企业一般不要选择销售竞争对手产品的中间商，但是，若本企业产品的质量确实优于竞争对手的产品，亦可将其产品交给经营竞争对手产品的中间商，但应考虑其价格过于悬殊。

d. 促销措施。

企业要考虑所选择的中间商是否愿意承担部分促销费用，如广告及其他销售促销活动的费用。一般来说，拥有独家经销权的中间商会负责部分广告活动，或与企业合作共同负担促销活动及其费用。

e. 提供服务。

农产品的销售工作，往往需要各种服务的相互配合。有些补品在销售过程中，还需要提供技术指导或财务帮助（赊销或分期付款）。所以，在选择中间商的时候，要考虑他们是否具备销售服务的各种条件。

f. 运输和储存条件。

运输和储存条件对某些产品的生产企业是十分重要的。例如，保鲜食品有没有专门的运输设备或仓库的大小及温度能否控制等，成为选择中间商的一个决定性条件。

g. 财务状况。

财务力量较强和财务状况较好的中间商不仅可以按期结清货款，而且还可能预收货款，为企业提供某些财务帮助；反之，财务状况不好的中间商会拖欠货款，给生产企业带来某些不应有的损失。

h. 管理能力。

如果所选择的中间商的领导者很有才干，其各项工作安排井然有序，说明他们可以依赖，并有条件把产品的销售工作做好，因为管理水平的高低与经营的成败关系很大。

② 对主要营销渠道进行评估。

生产者已经明确了产品进入目标市场所依赖的主要分销渠道，还需要对其进行评估，依靠评估的结果决定能够满足企业长期目标的最佳渠道方案。评估时应考虑以下问题：

a. 每一条分销渠道的销售额与销售成本的关系。

一般来说，利用中间商销售的成本较企业自销的成本低，但通过中间商销售的成本增长较快，当销售额达到一定水平后，利用中间商销售的成本将越来越高，因为中间商按一定的比例索取较高的佣金，而企业自己的销售人员只享受固定工资或部分佣金。因此，规模小的企业，或大企业在销售最小的地区，利用中间商销售成本较低、利润高，比较合算，当销售额增长到一定水平之后，可实行自销。

b. 生产者对分销渠道成员的可控程度。

若利用大的中间商，对渠道成员进行控制可能产生较大的问题，因为中间商是以追求利润大化为目标的独立的商业公司，生产商一般无力左右或影响其进货和销售行为。再者，中间商的销售人员对产品的技术性能和相应的促销材料不够熟悉，使销售促进难以有效实施。但中小型的中间商一般依附于生产商，愿意接受生产商的要求和指导，按双方的共同协议行事，故易控制。

c. 分销渠道成员的信誉及其适应市场变化的灵活性。

生产者对渠道成员在买卖中的信用情况、财务状况、社会形象、商业地位和竞争能力作出评估。在实际工作中，生产者应对上述内容进行综合考察，权衡利弊，然后认真地评估选择。这样，生产者就有可能达到自己的期望，取得好的营销效果。

③ 营销渠道管理。

在选择了销售渠道的模式并确定了具体的中间商之后，农业生产企业还应对其销售渠道进行管理，即对中间商进行激励、检查和进行必要的调整。

a. 对中间商的激励。

销售渠道由各渠道成员构成。一般来说，各个渠道成员都会为了共同的利益而努力工作。但是，由于各渠道成员是独立的经济实体，在处理各种关系时，会指向于强调自己的利益。因此，对于选定的中间商，必须尽可能调动其积极性，用行之有效的手段对其进行激励，以求得最佳配合。

b. 对中间商的检查。

企业要对中间商进行有效的管理，还需要制定一定的考核标准，检查、评估中间商的表现。这些标准包括：销售指标完成情况、平均存货水平、向顾客交货的快慢程序、对损坏和损伤商品的处理、与企业宣传及培训计划的合作情况以及对顾客的服务表现等。在这些指标中，比较重要的是销售指标，它表明企业的销售期望。经过一段时期后，企业可公布对各个中间商的考核结果，目的在于鼓励那些销量量大的中间商应继续保持声誉，同时鞭策销量少的中间商要努力赶上。企业还可以进行动态的分析比较，从而进一步分析各不同时期各中间商的销售状况。若某些中间商的绩效低于标准，应查找其原因，采取相应的措施。

c. 销售渠道调整。

为了适应多变的市场需求，确保销售渠道的畅通和高效率，要求企业对其销售渠道进行调整或改变。调整销售渠道主要有增减渠道成员、增减销售渠道、调整销售系统几种方式。

四、农产品营销的促销策略

1. 农产品促销的概念及特点

农产品促销是指农业生产经营者以合适的时间、在合适的地点、用合适的方式与消费者沟通，传递农产品相关信息，说服或吸引消费者，激发消费者购买欲望，以促进消费者的消费行为，从而扩大农产品销售的一系列活动。

农产品本身具有鲜活、易腐等特点，与工业品相比，农产品促销具有其特点。主要表现为以下几个方面：

（1）农产品促销主体多元化。农产品生产的主体是农民，由于农民分散经营、规模偏小，加上农民的市场意识和营销手段、技能十分有限，所以，农产品促销已经远远不是农民自己的事情，为了农民增收，政府也要采取措施帮助农民销售农产品。随着农民组织化程序提高，农民专业合作组织（如农产品协会）、农产品龙头企业等均参与到农产品销售当中，使农产品销售主体呈现多元化趋势。

（2）农产品需求具有明显的差异化。农产品差异化是指农户向消费者提供的农产品不同于其他农户。随着人们收入水平提高和消费观念不断更新，人们对新、奇、特、精、优的农产品表现出极大的兴趣，农产品需求差异化日益明显。

（3）农产品促销形式多样。农产品在促销过程中可以采取广告、体验、人员推销、营业推广等多种方式，向消费者传递各具特点的农产品促销信息，从而实现农产品价值变现。

2. 农产品促销的类型

农产品促销主要包括广告、人员推销、营业推广、公共关系等形式。在进行农产品营销的时间要灵活运用促销策略，与消费者建立长期关系，培养一批忠诚消费群体。

（1）广告。

广告是企业以付费的形式，通过一定的媒介，向目标顾客传递信息的有效方法。现代广告不应只是一味地单向沟通，而应把企业与消费者共同的关心点结合起来。农产品广告的具体内容应根据广告目标、媒体的信息可容量来加以确定。一般来说应包括农产品信息（主要包括农产品名称、农产品功能或技术指标、销售地点、销售价格、销售方式以及国家规定必须说明的情况等）、农产品生产经营企业信息（主要包括企业名称、发展历程、企业荣誉、生产经营能力以及联系方式等）、农产品服务信息（主要包括农产品品质保证、相关技术咨询、商业网点颁布以及其他服务信息等）三个方面。

① 广告的作用。

a. 具有促销作用。

农产品广告可以把农产品特性、功能、用途及销售供应等信息向消费者进行有效传递，沟通供需双方，进而促进销售。尤其是食物类农产品，通过广告的视觉、听觉刺激，尤其能够引起消费者的购买欲望。通过广告宣传，可以改变消费者对产品的态度，影响消费者的心理活动状态，唤起注意和引兴趣，最终促成其购买行为的实现。

b. 有助于农产品品牌建设。

品牌是一种无形资产，它所包含的价值、品质等属性特征都能给增加产品的价值；同时，品牌也是企业塑良好社会形象、提高美誉度的重要基础，对于维护消费者忠诚度，降低市场拓展成本具有不可替代的作用。而对于消费者来讲，品牌又具有产品识别功能、导购功能、降低购买风险功能等，进一步降低了消费者选择产品的时间成本、体力成本和精神成本。农产品生产经营者要做大做强就要借助广告来宣传自己。

c. 广告影响中间商的交易兴趣。

农产品能否真正走向市场，还取决于中间商的积极性。首先，通过广告宣传，可引起农产品中介流通组织的注意，通过这些中介组织可进一步打开产品市场，这是现阶段我国农产品走向国外市场的重要手段。其次，广告宣传刺激终端需求，也为中间商出售产品提供了保障，因此做过大量广告一般会受到中间商的青睐。

② 农产品广告策划。

所谓农产品广告策划，就是根据农产品广告主的营销计划和广告目标，在市场调查的基础上，制定出一个与市场、产品、消费者群体相适应的广告计划方案，并加以实施和检验，从而为广告主的促销活动服务。主要内容包括：制定广告目标、编制广告预算、广告创意、制订媒体计划、广告战略实施和广告效果评价。

③ 广告效果评价。

广告效果评价是对广告策略实施好与差的考核。要制定有效的评价指标体系，并及时反馈广告活动评价结果，以利于广告策略的改进和调整。评价一般可以分为：广告本身效果评价，主要是消费者对广告本身的评价和感受，如广告提供几率、看后的记忆率等；广告间接效果评价，广告的终极目标是销售，如成交率等都是重要的间接效果评价指标。

（2）人员推销。

人员推销又称人员销售，是企业通过推销人员直接向消费者介绍、推广、宣传，以促进产品销售。人员推销可以是面对面交谈，也可以通过电话、信函交流。推销人员除了完成一定的销售量以外，还必须及时发现消费者需求，并开拓新的市场，创造新需求。

（3）营业推广。

营业推广一般作为人员推销和广告的补充方式，其刺激性强，吸引力大。与人员推销和广告相比，营业推广不是连续进行的，只是一些短期性、临时性地促使消费者迅速产生购买行为的措施。

（4）公共关系。

公共关系是通过有计划的长期努力，促使消费者对农产品品牌及其经营者产生好感，从而使农产品生产经营者具有良好的生存与发展环境。良好的公共关系可以维护和提高企业美誉度，从而获得社会信任，促进农产品销售。

3. 农产品促销计划的制订与实施

农产品促销计划的实施是一个系统的工程，需要进行充分准备和多方面协调。一个高效、完整的促销计划的制订与实施分为以下几个步骤，如图 13.3 所示。

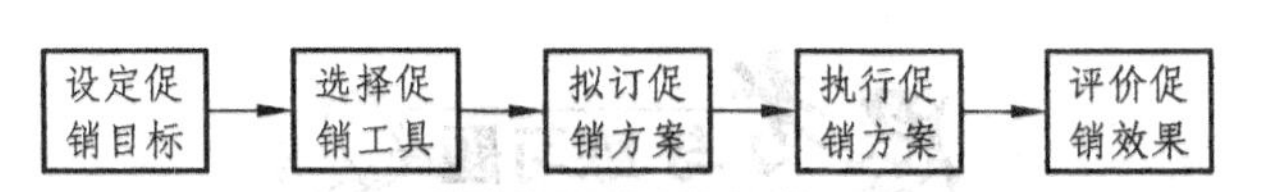

图 13.3　农产品促销计划的制订与实施

（1）设定促销目标。

设定促销目标就是为促销活动确定一个要达到的目的，为促销计划的制订、实施控制、评估提供依据。没有促销目标，促销活动就不能做到“有的放矢”，促销活动将会失去方向，导致促销无效。

（2）选择促销工具。

为完成农产品促销计划，必须选择最有效的促销工具和手段，以便准确地、及时地传达促销信息，有力地促进销售。主要促销工具如表 13.1 所示。

表 13.1　主要促销工具类型及特点

类　型	特　点
优惠券	持有优惠券的消费者可以获得价格折扣
折　扣	消费者提供购物认证，可获得额外折扣
抽奖/奖券	消费者填写表格参加随机抽奖/奖券
奖　品	消费者购买一定数量农产品可获得奖品
礼　品	消费者因为购买某种农产品而得到礼品
展　示	将农产品在现场展示
在线促销	互联网上介绍销售农产品

（3）拟定促销方案。

促销方案又称促销策划书，是促销计划的主体和指导性文件，促销活动必须严格按照促销方式执行。拟定促销方案一般主要包括：确定促销对象、促销方式、促销工具、促销时限、促销范围、促销预算、促销预期、人员保障、执行监督、应急措施、注意事项等内容。

（4）执行促销方案。

为了提高促销活动效果，需要对促销方案进行试验，并对其进行总结，对促销方案进行修改和完善。在这个阶段，要注意严格按照促销方案和预算执行。

（5）评价促销效果。

每一个促销活动结束后，都应该进行效果评估。通过对促销活动准备、实施和效果的信息反馈，评估该促销方案的效果，及时发现问题、总结经验，以不断提高促销方案水平和促销效果。

1. 什么是农产品营销？
2. 请介绍农产品营销的特点。
3. 阐述农产品市场竞争结构与竞争特点。
4. 阐述农产品市场营销的含义与特征。
5. 农产品市场营销的环境有哪些？
6. 请你谈谈关于农产品市场营销的策略。

第十四章

农业资源利用与管理

本章提要：本章从资源及农业资源的概念与特征出发，介绍农业资源的发展与农业生产的关系、农业资源开发利用的基本原理、农业资源开发利用规划的原则和依据以及农业资源管理的概念、意义、特点、原则、任务和基本手段等内容。

第一节　农业资源管理概述

一、农业资源的概念与特征

1. 农业资源的概念

资源是一个国家或一定地区内拥有的物力、财力人力等各种物质要素的总称，是一切可被人类开发和利用的客观存在。资源是一个动态概念，其含义和表述随着人们对它的认识和利用程度的深化而异。

资源包括两方面：一方面是自然界赋予的自然资源，是自然界形成的可供人类生活与生存所利用的一切物质与能量的总称；另一方面是人类社会劳动，是人类自身通过劳动提供的资源，称社会资源或人力资源。随着科学技术和生产水平的进步，资源包括的种类不断扩大，联合国环境规划署对资源的定义为："所谓资源，特别是自然资源，是指在一定时间、地点的条件下能够产生经济价值，以提高人类当前和将来福利的自然环境因素和条件"，马克思在论述资本主义剩余价值时指出："劳动力和土地是形成财富的两个原始要素"，"是一切财富的源泉"。恩格斯进一步指出："其实劳动和自然界一起才是一切财富的源泉，自然界位劳动提供材料，劳动把材料变为财富"。在经济学中又将"资源"定义为"产生过程中所使用的投入"，这已定义很好地反映了"资源"一词的经济学内涵，资源从本质上讲就是生产要素的代名词。资源实质上是经济科学、自然科学和技术科学相结合的概念。

农业生产是一个包括自然、经济、技术、信息等多因素密切相连的综合性复合系统。农业生产力水平的高低与一定地区的自然条件和社会经济有密切的联系。人类的各种物质生活资料，归根到底都是取之于自然。我们把自然界这些原始物质，包括能量、环境条件及体系在内的各种物质因素与原料等统称为自然资源。

农业资源是指在自然资源和社会经济资源联系到农业利用的那一部分，是农业自然资源和农业社会经济资源的总称。如果说，资源是人类从事一切物质和生存活动的必要条件，那么，农业资源就是人们从事农业生产或农业经济活动所利用或可以利用的各种资源。

总之，资源和农业资源的概念，是随着科技技术与生产力的发展水平变化的，与人们的认识水平紧密相关。如信息、技术、管理等过去不认为是资源，而现在已成为日益重要的资源。

二、农业资源的发展及与农业生产的关系

1. 农业资源的发展

农业资源的利用与管理是一门既古老又新型的科学。所谓“古老”，是因为它是资源学的分支，而资源学的研究历史很悠久，在工业革命后，科技的进步和社会的发展促进了资源的研究，人们从不同的角度对农业自然资源进行各自的研究，但彼此较少交叉和渗透。随着学科的发展，在其发展的过程中可以大致划分为三个阶段，即早期阶段、近期阶段和现代阶段。

（1）早期阶段。

各种农业自然资源都是人类生活来源的重要生产资料或生活空间，人类对气候资源、土地资源、水资源及生物资源等的认识都只是停留在一些阶段性的描述上。我国人民很早就意识到自然资源中水的重要性，最早的一部地理著作《禹贡》假托大禹治水的故事，记述当时人们地域观念中九州的地理环境，开始强调各州土壤、植被、水等的协调。其中讲述疏导河流，治理好人们的生存环境，最后达到‘九山刊旅，九川涤源，九泽既陂，四海会同’。在《周礼·地官·大司徒》中记载大司徒的职责之一，就是管理河流、湖泊中的各种水生生物。人们在生产实践中领悟到水资源与其他生物资源相关的重要性。在生物资

源的研究中，植物的研究是先驱，在 20 世纪初处于一个较为兴旺的时期，在植物形态学方面的研究取得了重大进展。气候资源的概念虽然始于 20 世纪 70 年代，但对气候的观察及探索却很早就开始了。战国末期的《吕氏春秋》中写道，“凡农之道，原（即候，指时令）之为宝”，就已将气候称为农业生产条件（宝），不利的气候条件则破坏生产力，是灾害。我国历史文献中有极为丰富的气候的文字记载，且史料的丰富性是其他各国都不能企及的。在各种自然资源的研究中，对土地资源的研究在我国也有悠久历史，早在公元前就已经开始有土地类型划分的记载。战国时期的《周礼》中就已将土地划分为山林、川泽、丘陵、坟衍及原隰，重点是在资源的调查、定性描述和勘测方面。

（2）近期阶段。

从 20 世纪 30 年代开始，欧洲一些国家开始对矿产资源、土地资源和水资源进行较为深入的研究，英国学者波纳在 1931 年已发表《区域调查和大英帝国农业资源估计的关系》；德国学者帕萨格也发表了《比较景观学》，美国的微奇在 1937 年发表了《自然土地类型的概念》。在 40 年代后，欧美许多国家开始有资源地理的研究，一些国家设立专业的研究机构对资源进行调查，如澳大利亚在 1946 年设立了土地资源管理研究机构，英国设立了土地资源开发研究中心在英联邦国家开展土地资源的调查，苏联也开展了大量景观学的研究。我国在新中国成立后至 60 年代也开展了大规模的自然资源科学研究与综合考察，这些研究主要是在内蒙古、新疆、西藏等地进行，在这一时期同时也进行了一些重要资源的单项调查，如橡胶资源调查、作物品种资源调查等；至 70 年代，仅中科院自然资源综合考察委员会组织的考察队调查的范围已达全国 2/3 以上的省区，对我国的自然资源基本状况有了较为系统和全面的了解，初步掌握了它们的数量、质量及分布规律，填补了我国自然资源及自然条件方面的许多空白。

（3）现代阶段。

20 世纪 70 年代以来，宏观学科得到了快速发展，环境学、生态学、系统工程、遥感技术、计算机技术等的发展强力推动了农业自然资源的开发和利用，特别是自然资源的基础理论、研究方法得到不断提高和完善。但随着人类社会对自然的索取力度加大，自然资源的压力与日俱增，自然资源衰竭，水土流失严重，环境污染突出，致使农业生态系统自我维持能力降低，引发了一系列生态危机。在日益严峻的现实面前，人类开始发现我们正在削弱自已赖以生存和发展的基础。1972 年在瑞典召开“人类环境会议”，提出了“只有一个地球”的口号，这标志着人类对资源和环境问题的觉醒，农业自然资源的研究进入了一个新的时期。在世界范围内，人们就资源的开发、利用及管理和保护等，相继开展了一系列大型国际合作，这种合作不仅解决了全球范围内关于资源利用的一些关键性问题，同时也促进了各国自然资源在信息、人员、管理及实施方面的技术性交流，还制定了一系列共同遵守的国际型公约和宣言，特别是1992年在巴西召开的世界环境与发展大会对全球环境、资源和农业持续发展研究提出了新的任务，农业资源的研究工作不断深入，学科领域不断扩大，研究水品不断提高，尤其在新技术和信息资源的广泛运用下，农业自然资源的研究从局部走向了整体，从分析走向了综合，从定性走向了定量，从描述走向了预测。政府还对资源的利用和管理出台了一系列相关的政策和法规，使农业资源的研究进入到一个更广泛、更深入和更高水平的新阶段。

2. 农业资源与农业生产的关系

农业是对自然界和社会开放的大系统，其生产过程是动植物有机体与环境之间进行能量转化和物质交换的过程，即人们利用生物机能，把自然界的物质能转化成人类最基本的生活资料和生产原料的一种经济活动，其基本过程是投入、产出、再投入、再产出，循环往复，连续不断。农业生产的投入，是一种包括自然投入、物质投入和社会投入多因素的综合投入。自然投入包括光照、雨水、气温等影响动植物生长发育的自然条件；物质投入包括可更新、重复使用的土地、农田水利设施、大型农具、技术推广方面的基础设施等固定资产的投入，以及当年或生产周期内消耗掉的种子、肥料、农药、饲料、农膜等流动资金的投入；社会投入包括劳动力、生产管理技术和制度等投入。农业生产的产出也是由多种产品构成的综合产出。因而，农业的投入产出有两个特点：一是农业投入产出的多样性；二是各项投入和各个产出之间相互关系的复杂性。

农业资源是农业生产的必要条件，也是人类赖以生存的物质基础。增加农业产量和社会财富，最终要靠对农业资源的开发和利用。资源丰富、开发利用效率和管理水平都直接影响农业生产的发展水平和人民生活水平的提高，这是由农业生产的特点所决定的。农业生产有自然再生产过程和经济再生产过程，构成自然生态系统和自然再生产过程，即生物生长，发育和繁殖的过程，这与周围的自然环境存在着紧密的联系，要受到环境和资源条件的制约和影响。农业生产实际上是同自然界打交道的生产活动，如果离开了自然环境和自然资源，农业生产也就不存在了。

3. 农业资源利用实质

我国发展农业要靠提高农业综合生产能力，经过多年的农业发展的时间，特别是20世纪80年代以来，这一认识才逐步得到了明确。农业生产综合能力是一种新的概念，它是指一个地区、一定时期和一定社会经济技术条件下，由农业生产者要素综合生产能力的要素，主要包括农业生产要素投入规模、农业物质投入强度、农业科技投入水平、农业生产要素使用技能、农业抗灾保产能力等五个方面。如果综合生产能力能够百分百地发挥作用，这时的农业产出水平就是农业综合生产能力的水平。但是，由于社会经济条件、自然气候要素和某些投入要素的限制，往往生产能力只能部分地发挥作用，因而实际产出水平值小于生产能力水平值。

农业资源的开发利用是一个综合性和基础性的农业投资过程，是一个设计面广的系统工程，是农业扩大再生产的重要形式，它包括外延扩大再生产，如通过开垦荒地、荒山、荒滩等未被利用的农业资源来扩大生产的规模；也通过扩大内涵再生产，如通过一定的工程技术和生物措施，改善现有的农业生产条件。因而，农业资源合理利用的实质是：通过扩大生产规模和改善现有生产条件来推动农业综合生产力得到提高，其作用主要体现在以下几个方面：

（1）农业资源合理开发利用是提高农业综合生产能力的源泉和主要推动力。

农业综合生产能力的提高虽然是由多种因素共同作用的结果，但农业资源的开发利用及生产规模扩大是其中重要的推动力。农业资源利用一方面表现在开发宜农荒地，扩大耕地面积，以及滩涂开发利用方面，近几年来，我国各地区注重开发沿海沿湖滩涂资源，开发利用水库、河流等水资源，使水产养殖业得到了巨大的发展，荒山荒坡的开发利用已经使我国水果生产能力有很大的提高，目前已初步形成长江流域的植业和畜牧业，综合生产能力显著提高。另一方面，复种指数和产量水平的提高，中低产田的改良，草场利用建设，节水灌溉等，改善了农民生产条件，使内涵扩大再生产能力也有所提高。其中，复种指数和单位面积产量水平还是农业资源利用率的两个重要的指标。

（2）通过农业资源的开发利用能增强农业发展的后劲。

通过农业资源的开发利用，农业生产规模得到进一步的扩大，生产能力不断增强，促使农产品产出量稳步增加，还使农业综合生产能力产生一个跳跃性的提高。如滩涂资源综合开发利用使山东莱州湾地区农业生产迅速发展，现已成为山东最重要的水产养殖基地之一。莱州湾原是一片荒凉的滩涂，种植业和畜牧业水产水平极低，海洋养殖业几乎为空白，自 1986 年对这一地区进行大规模农业资源开发，分层合理利用这一地区的农业资源以来，潮间带滩涂开发成虾池，发展海水养殖业；潮上带用于种植耐盐牧草，发展畜牧业；将条件较好的土地开垦成台式条田，用于发展农作物种植业，使农牧渔业生产能力有了跳跃性提高，农业总产值成倍增长，人均收入逐年提高。再如东北三江平原和松嫩平原土地资源的开发利用，已彻底改变了这一地区的农业面貌，过去荒凉的北大荒变成了如今的北大仓，成为我国最重要的大豆、玉米集中产区。

农业资源的开发作为一种固定资产式或者基础性的农业投资活动，其作用时间和受益时间长，少则几年，多则几十年，并且能较长时间促进农业生产发展。由此可见，进一步加强农业资源的开发利用仍将是实现我国农业迈上新台阶的重要措施。

（3）农业资源的开发利用能增强农民的现代意识，还能部分消化农村剩余劳动力。

农业资源的开发利用本身就是一个需要投入大量劳动力的活动，因而对转移消化农村剩余劳动力的作用十分显著，而剩余劳动力的消化吸收将进一步提高农业劳动生产率。在农业资源的开发利用的过程中，需不断注入新的先进农业科技和农业商品市场信息，如开发利用滩涂资源来发展养殖业，需要开发者具有一定的水产养殖知识和产品市场知识；开发利用土地资源发展种植业，需要不断采用各项增效技术，如运用高产优质品种、科学平衡施肥、节水灌溉、耕作改制等，这些都将促使农业科技的传播和农民素质的提高；同时，农民的现代意识、科技意识增强后，又能促使农民自觉进行农业资源的深度和广度开发利用。

4. 农业资源开发利用的基本原理

农业资源类型虽然复杂多样，由它们组成的系统功能相差很大，但它们仍然遵守一些基本规律，其中主要是以生态学原理和社会学原理为基础。

一个国家或一个地区的农业自然资源丰度及分布情况，体现了农业的潜力，而农业自然资源的开发利用水平则是一个国家或地区社会文明与发达程度的标志之一，因而，农业自然资源在人民生活、生产及国民经济中占有重要地位。农业资源利用立足于整个农业生产系统，又以获取最高经济效益和生态效益为目标，所以，农业生产有两个特点：开发利用中既受到社会经济、生态环境和科学技术水平等的影响，又是一个人工控制的资源生态系统。因而，分析和了解这些基本规律，有助于人们更好地开发利用和管理农业资源，提高资源开发利用的综合效益，实现资源的可持续利用。

（1）生态学原理。

① 生态系统与生态平衡。

系统是由一系列要素按照特定结构方式相互联系构成的具有特定功能的统一整体。一个系统至少有两个要素，要素是组成系统的必要条件，但不是全部条件，要素之间按特定结构方式相互联系才是系统的本质。

生态系统由生物及其周围环境组成，是自然界的基本单位。生物群落和非

生物环境之间紧密联系，相互作用，进行物质和能量交换，这种生物群落与环境的综合体称为生态系统。生态系统极为复杂，通常可把它们划分为生物和非生物。生物由生产者、消费者和分解者构成；非生物由光、热、水、气、土壤及各种矿产资源等自然环境条件组成。

生态平衡是指生态系统内的生产、消费和分解之间保持着相对平衡的状态，即能量流动和物质循环在较长时间中保持稳定。生态平衡仍处于不断运动变化中，只是在一定条件下保持着相对暂时的平衡，随着条件的改变就会发生相应的变化。因此，生态系统总是处于平衡—不平衡—平衡的发展过程中。保护生态平衡的重要性已被人们逐步认识，生态平衡失调会干扰甚至破坏工农业生产，给人类带来危害。生态平衡的破坏通常是由自然和人为因素引起，如火山爆发、水旱灾害、地震以及人类不合理利用资源。

资源生态系统有别于自然生态系统，当人们对农业自然资源开发利用时，生物作为人类经营的对象，会受到人类活动的影响，这种渗入人类社会经济活动因素的生态系统则称为资源生态系统，它不仅具有自然属性，还具有社会属性。

② 物质循环。

物质循环是指物质在生态系统中被生产者、消费者吸收、利用，然后被分割、释放又再度吸收的过程。生态系统中的物质循环可以用库和流通两个概念概括。库由存在于生态系统某些生物或非生物的一定量的某种化合物所构成的。对于某种元素而言，存在一个或多个主要的蓄库。在库里，该元素的数量远超过正常结合在生命系统中的数量，并且通常只能缓慢地将该元素从蓄库中放出。物质在生态系统中的循环实际上是在库与库之间彼此流通的。在单位时间或体积的转移量就称为流通量。

③ 能量流动。

能量是生态系统的动力，是一切生命活动的基础。所有的生物有机体，从单一细胞到最复杂的生物群落，都是一种能量转化器，一切生命活动都伴随着能量的变化，没有能量的转化，也就没有生命和生态系统。生态系统的重要功能之一就是能量流动，能量在生态系统内的传递和转化规律服从热力学的两个定律。

热力学第一定律："在自然界发生的所有现象中，能量既不能消灭也不能凭空产生。它只能以严格的当量比例由一种形式转变为另一种形式"。因此，热力学第一定律又称为能量守恒定律。一个系统中能量发生变化时，环境的能量也发生相应变化，若系统中能量增加，则环境中能量就相应减少；反之，系统能量减少，则环境能量增加。如生态系统中通过光合作用所增加的能量，等于环境中日光能所减少的能量。

热力学第二定律是对能量传递和转化的一个重要概括，指的是在能量的传递和转化过程中，除了一部分可以继续传递和做功的能量（自由能）外，总有一部分不能继续传递和做功而以热的形式消散的能量。在生态系统中，当能量以实物的形式在生物之间传递时，食物中相当一部分能量被降解为热而消散掉，其余则用于合成新的组织作为潜能储存下来。因此能量在生物之间每传递一次，一大部分能量就被降解为热而损失掉，这也是生态金字塔的热力学解释。

④ 生物多样性。

农业各种自然资源大多与生物有关，而生物种群是农业、林业及畜牧业发展的物质基础，生物的多样性则是生物资源的重要特征，在生物进化的过程中，物种和物种、物种与无机环境之间共同进化，导致物种多样性的形成。

生物多样性是指一定范围内多种多样活的有机生物（动物、植物、微生物）有规律地结合所构成的稳定的生态综合体，它包括物种多样性、物种均匀性、结构多样性、生化多样性和遗传多样性。其中，物种的多样性是生物多样性的关键，是指一个群落中体现了生物资源的丰富性，我们目前已经知道了大约有200 万种生物，这些形形色色的生物物种就构成了生物物种的多样性；物种均匀性是指不同物种所含个体数量的分布情况，如我国南方的杉木林，优势种为杉木，虽然种为一个，但个体很多；结构多样性是指生物群落的分层和空间异质性；生物多样性是指生物间不仅有捕食、寄生、共生等关系，而且还可通过生化交互作用而相互影响；遗传（基因）多样性是指生物体内决定性状的遗传因子及其组合的多样性。

（2）经济学原理。

我国农业自然资源开发利用的主要目的是获取良好的经济效益。在目前的市场经济条件下，只有按经济学原理，掌握经济规律去开发利用农业资源，才能以最低的生产成本获取较好的经济效益；若违背经济原则，盲目地开发资源，则有可能事与愿违。

经济学的产生是因为资源的稀缺性，经济物品是有限的，而人类的欲望是无限的，有限的经济物品总是无法满足人类无限的欲望。经济学是研究社会如何使用稀缺资源，生产出有价值的商品，并把它们分配给社会的各个成员或集团以供消费之用的社会科学。

农业自然资源利用的互竞原则与市场法则如下：

同一时空范围内，农业自然资源各用途间互竞关系的存在是由于农业自然资源的多用途特征和稀缺性所决定的。按照经济学的基本问题，首先是作选择，一种农业自然资源主要用于一种主要目的，生产什么，生产多少，对产出作出选择，对如何投入资源作出选择，对资源的投入作出评价。在开发农业资源时，怎样作出决策首先面临权衡和取舍，为了得到一样东西，经常会放弃另一样东

西（机会成本），作决策需要在多个目标之间进行权衡和取舍，需要比较成本与收益。资源用途的竞争需要遵循市场法则，市场是组织经济活动的一种好方法。市场经济是一只看不见，但又无处不在的手，始终左右着市场的经济活动，在自然资源的开发、利用和保护过程中，市场规律起着重要的作用，我们需要认识它、掌握它并运用它，否则将会受到市场及其规律的惩罚。

（3）社会学原理。

农业资源的开发利用除了追求良好的经济效益外，还应有利于环境的保护和社会的可持续发展，为人类提供舒适、文明的社会环境。如果能协调人与资源、环境三者关系，在控制人口、发展经济的同时，合理利用农业资源，能同时取得良好的生态效益、经济效益，还能为人类提供良好的生存条件，实现社会的可持续发展。

① 系统原则。

在开发利用资源时，应从系统和全局出发，协调各方面的功能，使系统的整体效益最佳，不能以牺牲环境的代价去换取局部利益。

② 人口原则。

人是资源的使用者，也是资源的消费者，人口经济理论是农业资源利用中的一项基本原理，它分析人口发展与自然环境和经济环境的相互关系，揭示人口与资源开发利用之间的联系和规律，指导人们正确认识和解决人与自然、人与资源环境的关系。在不同的历史时期，人口经济理论存在不同的观点，人口经济学家有不同的认识：马尔萨斯强调人口增殖对社会发展的抑制作用，提出‘两个级数’的理论：“人口，在无所妨碍时，以几何级数率增加；生活资料，只以算术级数率增加”。随着生产的发展，一些经济学家又提出‘适度人口论’，认为不论是工业生产还是农业生产，都存在一个‘最大收益点’，以前，人口显得不足；超过后，则人口过剩。一个国家应有适度人口规模、合理的人口密度，人口的增长应与其经济发展和技术进步相一致，不能超过农业资源及其提供食物的能力。马克思主义人口理论把人口发展与社会经济制度联系起来，认为人口增长不仅取决于自然因素而且取决于社会经济、文化、传统习惯等，可以利用社会主义制度，有计划地控制人口增长，使之与生产发展相适应。我国著名经济学家马寅初通过深入调查与分析，指出“人口多，资金少”是我国的突出矛盾，这种不协调会阻碍生产力向前发展。我国耕地和可用荒地都十分有限，粮食商品率低，农民收入少；人口的大量增长还会带来剩余劳动力多、文化教育和科学技术落后、生活水平低的矛盾。人口经济理论的各种观点，在我们开发利用农业资源过程中，都具有重要的参考价值和指导意义，它可促使人们在发展生产的过程中，使人口自身生产和物质资料生产之间的比例趋于协调。因而，人口经济理论成为农业资源合理利用的出发点之一。控制人口增长，提高劳动力的素质，才能达到提高人们生活质量的目的，使人口增长与环境保护及资源开发相协调，才能形成一个稳定、互利的社会自然系统。

③ 法制原则。

建立以市场经济为导向的、科学的资源产业管理体系是实现资源优化配置的关键所在，只有资源的优化配置，才能高效、合理地使用资源。所以，建立相应的资源开发及管理的体制与法规，才能使资源的利用成为有序流动，在管理体制上要打破传统的条块分割，使人们在资源的开发利用中树立起牢固的开发与保护相协调的意识，自觉遵守和执行各种规章制度。

生态平衡是农业生态系统和经济系统良性循环的基础，也是经济平衡的基础。所以，农业资源的合理开发利用既要遵循生态规律，也要遵循经济规律。生态学、经济学及社会学的原理都要求人们在从事农业生产时，从微观入手，宏观全局；既考虑个体差异，又考虑群体效益。正确处理好人类、资源、环境三者的关系，对农业资源的开发利用来说是一个十分重大的问题。

第二节 农业资源开发利用

一、农业资源开发利用规划

农业资源开发利用规划的指导思想是以市场为导向，优化区域农业资源配置与开发布局，在确保粮食等主要农产品生产能力增长的同时，促进农、林、牧、副渔全面发展；提高资源利用率，深度开发与广度开发相结合，实行山水田林路综合开发；坚持资源开发与保护整治相结合，力求使开发达到社会效益、经济效益和生态效益的统一。

1. 农业资源开发利用规划的原则和依据

（1）一般原则和依据。

① 内涵开发的原则。指坚持以内涵开发为主外延开发为辅，也就是以改造中低产田为主，适量开垦宜农荒地。

② 突出重点的原则。对水土资源丰富，投入产出比较效益高，地方财政配套资金能力强、农民群众自觉投资投劳，对国家贡献大的项目或地区优先开发。

③ 持续发展的原则。开发利用农业资源与保护节约农业资源并举。优化

生产要素组合，保护农业生态环境，促进农业资源持续利用，将农林牧副渔各业生产引向可持续发展的轨道。

④ 因地制宜的原则。规划要从各地实际情况出发，发展粮棉油肉糖等农产品的生产，在改善生产条件的基础上，充分利用现有农田基础设施，进行配套、修复和完善。

⑤ 效益第一的原则。要遵循价值规律，以市场为导向，以综合效益为中心，在大力发展粮棉油肉糖等农产品生产的基础上，凸显区域化、专业化、高效益的农业生产。

⑥ 配套落实的原则。规划要兼顾工程措施、生物措施和科技措施配套落实，进行山、水、林、田、路综合治理，以达到高起点、高标准、高质量和高效益。

（2）农业资源开发区选择原则。

① 开发区的选择原则。

a. 资源集中连片，开发条件与改造措施相对一致，开发与增产潜力大。

b. 主要农产品商品率高，开发综合效益好。

c. 有利于促进主要农产品在全国或局部地区的产需平衡。

d. 适应国民经济社会发展战略和大城市、大型矿能源基地建设配套开发或重大生态整治工程的需要。

② 开发布局。

根据以上原则，按以下两种类型选择今后我国农业区域开发重点：一类是主要农产品开发类型，另一类是特殊开发类型。主要农产品开发类型以粮棉油糖肉水产品为中心，根据功能和地位作用又分为国家级开发重点和省级开发重点。国家级是指对全国农产品供需平衡起重要调节作用的地区，包括松辽、三江、燕山太行山山前、冀鲁豫低洼、黄淮、江汉、洞庭湖、鄱阳湖平原、江淮地区、太湖地区和四川盆地等 11 个地区。省级包括珠江中下游地区、汾渭谷底、宁蒙灌区、海南岛、滇中、黔中、青海河湟地区、西藏“一江两河”地区、甘肃灌区、南阳盆地和鄂北岗地、金衢盆地、闽西北地区、攀西地区、渭北陇东、新疆伊犁地区等 15 个地区。特俗开发类型，兼顾国民经济和社会发展多种开发的需要，包括木区与农牧交错区、浅山丘陵、沿海滩涂、热作、扶贫与生态治理，大城市郊区等类型。

2. 规划目标的优选

（1）目标优选的准则。

① 宏观准则。

立足现有的资源利用技术水平、生态条件与经济条件，改善生态环境，调整资源利用结构，强化系统运转，通过区域的层次开发、资源的多次利用与增殖，达到生态经济的良性循环和提高系统的整体效益。从宏观上讲，所选择的区域资源利用目标必须使自然资源开发利用的全过程具有良好的环境、有序的结构、强大的功能和持续的效益。

② 一般准则。

a. 把经济、社会、科技协调发展的资源利用目标扩展到经济、社会科技与生态协调发展，以生态发展为基础，以经济发展为目的，科技发展为导向，构成生态经济统一的发展体系。

b. 把以产值为中心的区域发展目标转变为包括自然条件、环境质量，居民生活福利和人体健康等在内的综合性，多元化的发展目标；把人类对物质、文化的狭义需求扩大到物质、文化和生态的需求。

c. 把自然资源利用的步骤、措施与环境保护和治理的步骤、措施结合起来，使之同步配套进行，而不是以破坏环境、损耗资源、损害生态系统为代价取得经济的增长。

（2）目标的优选方法。

农业资源利用规则，大体上可分为确定规划目标、建立模型、优化方案、评价决策等 4 个阶段，其中优化方案与凭借决策是农业资源利用规划的核心内容，通常合称为规划决策分析。规划决策分析的数学方法按规划的目标多少分为单目标规划与多目标规划两大类，农业资源利用规划大多分为目标规划。

① 单目标规划方法。

在农业资源利用规划中，如果决策目标只有一个，如开发投资费用最小，或效益最大，或时间最短，……则属于单目标规划，单目标规划的数学方法有线型规划、整数规划、动态规划、离散规划等。

② 多目标规划方法。

在农业资源利用规划中，真正的单目标规划很少。由于环境系统和资源系统的开放性，决定了农业资源开发利用规划多属于多目标问题。在单目标问题中，目标函数的表达与量纲都十分明确，但在多目标问题中，各目标不仅可能相互对立，而且其量纲也可能不尽相同：在单目标规划中，各种方案的目标值是可比性的，因此总可以分辨出方案的优劣，但在多目标规划中，问题就比较复杂。例如，当要求资源综合开发利用的总目标值最大时，一个目标的增大有可能导致另一个目标下降，这时就不能像单目标规划中那样，只追求一个目标值的优化而置其余目标于不顾。

对于多目标规划问题，可以根据多目标规划的函数形式与问题的类型选用不同的数学方法。当所有的方案都可以用目标的经济损益值表达时，可以采用

前述的单目标规划方法进行求解。对于那些具有不同量纲的多目标问题，则可考虑相应的多目标规划方法。常用的多目标规划方法有层次分析法、密切值规划、灰色美联度规划、模糊贴近度规划等。

3. 农业资源规划布局

规划是对开发活动作出时空上的安排。农业资源利用的规划布局就是对特定区域内农业资源利用作出空间布局，而这种布局是依据生态经济规律对各种农业资源开发利用和生产进行的再分布。资源的规划布局与资源分布是有报区别的。资源分布是已经形成的资源利用的空间格局，是已实现的东西；资源的规划布局是人们为了更充分合理地利用各种农业资源，快速、协调地发展农业生产，而对资源开发与农业与农业生产进行的再分布，是正在计划和规划中的东西。但两者有着密切的联系，现实的资源分布状况是资源地域属性的体现和以往各阶段农业生产布局计划，规划实施的结果又是今后进行新的资源利用布局和调整生产分布的依据和出发点之一。新的资源布局不但要回答农业资源是怎样分布的，为什么要这样分布，更重要的是要回答资源怎样再分布才利于综合效益的提高，其依据和趋势是什么，即要动态地分析资源开发的全过程。

（1）农业资源利用规划布局的依据。

农业资源利用的规划布局，主要考虑以下三点：第一，摸清各区域农业自然条件、自然资源的分布规律，查明其数量、质量和利用的潜力；第二，综合评价区域自然资源的组合特点及区内农业生产所起的作用，预测农业生态演变的后果；第三，根据自然资源开发的有利和不利因素以及主要优势，提出土地利用方向和区域农业布局的适宜性，预测农业布局的新模式及其社会、经济和生态效益，但因规划的层次不同，其依据也会有所差异。

① 农业部门布局。

农业部门布局主要从各部门的特点出发，结合各地区具体生产条件和资源特点，分析其发展变化的原因、存在问题，预测其发展趋势，并在此基础上，根据国家或地区近、远期国民经济发展对农业所提出的要求，进行区域布局，并进行技术经济认证。主要有：

a. 根据该部门中各种作物、林种、畜禽的生物学特性及其所需的环境条件，结合各地自然条件、自然资源，划分适宜区。

b. 该部门的分布现状、历史变化、在地区分布上主要存在的问题。

c. 该部门与其他部门的相互关系，在整个国民经济中所处的地位。

d. 近、远期国民经济对本部门提出的要求，结合今后生产条件改善的可能性，确定本部门发展指标。

e. 根据划分的适宜区，合理安排该部门地域分布，并结合土地类型分布，落实到具体土地上。

f. 进行区域新布局方案置于区域总体布局的技术经济认证，并且评价其经济、生态、社会效益。

农业部门布局是农业区域总体布局的基础，但是，任何一个农业部门布局都必须置于区域总体布局之中，在特定地区内同其他农业部门构成一种矛盾统一的统合体。孤立地、单纯地进行某一农业部门的布局，不把部门布局置于区域总体布局中去考虑，这种布局必然是脱离实际的、不合理的。

② 农业区域总体布局。

农业区域总体布局是在一定特定区域内，对所有农业部门的各种资源利用进行总体规划与部署。这主要是根据需要与可能条件，研究农业各部门在某一地区的合理组合，以及在某一地区内各小区域之间的劳动地域分工与协作形式，确定每一个地区农业发展的战略目标、重点与发展方针，研究地区间的劳动分工及其在全国或在区内的战略地位，研究各区间的农业资源差异性及进行地区间联系的内容与形式，评价区内农业布局的合理性等。

农业区域总体布局，应以地区农业资源综合开发为着眼点，综合分析研究地区内各种农业部门间的相互关系，确定地区内各种资源开发和生产的主从地位和合理结构，并结合农业资源条件，把布局落实到地区或土地上去。

（2）农业资源利用规划布局的原则。

① 规模优势。在选择农产品商品生产基地时，要考虑规模优势。规划的重点要在具有资源规模优势的品种或产业上，这对加速我国农业发展有重要意义。

② 区域特色。充分利用区域特色资源利于发展特色农业。特色农产品的独特的资源条件和地理分隔符具有不可替代的自然垄断性，是保证特色农产品质量的前提。要依托区域特色的优势，加大对区域内农业生产条件的改善和农村经济结构的调整，积极发展具有区域特色的农业。

③ 市场需求。在市场经济条件下，有市场需求其产品才可能成为商品，才能获得经济效益。随着农产品市场需求由数量需求转向优质、特色、多样化需求，农业增收或减收的主要原因就是农产品市场需求的变化。在进行农业资源利用规划时，也要充分考虑到市场需求所起的作用。

④ 生态建设。应在不破坏、少破坏生态环境的基础上，科学合理地开发农业资源。生态环境关系到社会的可持续发展，也关系到投资环境的改善。应把握好这一原则，切实把农业资源开始建立在保护和改善生态环境的基础上，建立在发展生态经济的基础上，要高度警惕以开发之名乱采滥挖和掠夺性开发利用农业资源。

4. 实施规划的对策和措施

落实规划是规划工作的核心。有了好的规划而不去落实，只能是纸上谈兵。规划的落实，不仅要有政府支持、专家指导，更需要联合群众的参与。农业资源的区域开发涉及的地域广，资源条件利用深度和广度都存在着地区差异，没有固定的开发模式可供借鉴。同时，开发规划的落实涉及开发区广大的切身利益。因此，落实规划要做到以下几个方面：

第一，要让当地群众了解规划的意义、内容，以及给他们带来的好处。要组织群众参与开发商或开发承担单位签订合同，通过试验示范、推广和培训等办法，让农民了解规划，并主动参与到实施规划的开发活动中去。

第二，要转变观念。按照社会主义市场经济的要求合理配置农业资源，充分发挥不同地区的资源与经济优势，实现优势互补，保障我国农村经济稳定协调发展。

第三，各级人民政府应重视农业资源区域开发规划，加强对农业区域开发工作的领导，加强部门协作，提高综合效益。重视充分利用农业资源调查和区划、规划成果，搞好前期认证和项目库建设，加强农业资源开发区的基础设施建设，改善投资环境，积极招商引资，增加开发区的经济投入和技术投入，为规划的落实提供政策和资金保障。

第四，加强农业资源基础工作，切实保护耕地。加强农业资源综合管理，建立农业资源、特别是耕地的数量与质量动态监测体系。

第五，规划要全面落实，必须依靠科学技术进步。不论从资源开发的深度和广度，还是项目申报、评估、审批的科学决策；无论是新产品、新技术的开发、推广，还是生态环境的保护等，都离不开科学技术的进步。如何发挥区域资源优势、充分合理利用农业资源，获取最佳经济、社会和生态效益，最终还得依赖科学技术的进步。

二、农业气候资源开发利用

我国农业气候资源丰富多样，具有多种气候类型，随着农业现代化建设的发展、农业专业化、区域化以及社会的多种需求，合理利用农业气候资源必须从三个方面进行：① 最大限度地利用气候资源生产力；② 不断提高农业对不利气候条件的抗御能力；③注意改善和保护农业气候资源，以达到永续利用的目的。

1. 正确认识和评价农业气候资源是合理开发气候资源的前提

合理开发利用农业气候资源，首先应在生产实践中应用各类农业资源考察和区划。通过综合考察和评价，查明各地气候资源的分布状况及光、热、水等资源的变化和组合规律，在此基础上进行农业气候资源的可利用性分析，确定区域农业气候特征与开发利用方向，遵循客观规律布局农业生产，提高资源的利用效率，减少盲目性。

2. 因地制宜、扬长避短、发挥优势

在掌握气候规律的基础上，科学地适应气候资源条件，不断挖掘气候资源潜力，遵循自然规律和经济规律，因地、因作物布局农业生产，既要考虑经济方面的要求，又要考虑实际条件的可行性。以最适宜的作物适应当地气候，才能达到发挥气候资源的目的。如西北干旱区水土极不平衡，水资源有限，干旱严重，大面积土地资源开发利用受到限制，在农业气候资源利用上以水资源的多少确定农业开发规模的大小，千方百计提高水的利用率，以促进农业生产对光温的利用率，使单产进一步提高。在西北干旱区发展季节性畜牧业，利用夏季较好的水热气候资源快速育肥牲畜，在冬季到来前屠宰作为商品肉类，以扬“夏饱、秋肥”之长，避“冬瘦、春死”之短。

3. 调节、控制和改良农田小气候

调节、控制和改良农田小气候的工作主要集中在：

① 调剂农田植被结构，改良通风透光条件，提高光合利用率，如高产作物群体机构向植株矮化作物层薄方向发展，农田的间、套、复种等；

② 发展覆盖保护地栽培（如温室、塑料大棚等），并向大型化发展，有效地调节小气候，如有色薄膜、无架充气薄膜、有孔薄膜及二氧化碳施肥等；

③ 营造农田防护林，是在较大范围内调控和改良农田小气候，防御自然灾害的积极有效措施。

4. 提高复种指数，挖掘品种资源和气候资源潜力

我国各地主要农作物的光温生产潜力为现有产量水平的 4～5 倍，气候生产潜力则为 2～3 倍，继续增产的余地很大，在目前的科学技术和生产力水平下，在当地气候资源及其他自然和经济因素允许的范围内，尽量提高复种指数，选择适宜的播期、种植密度、品种和耕作制度等，是充分利用农业气候资源的有效、简便、易行的措施。

栽种和培育适宜当地气候资源的作物品种，能够较充分发挥当地气候资源及品种资源的生产潜力，提高农作物产量。因此，除努力选育适宜当地的作物品种外，还要引进与本地农业气候条件相似地区的国外优良品种。

5. 努力提高对不利气候条件的防御能力

提高对不利气候条件的防御能力的主要措施有：

（1）维护和改善农业气候环境，营造防护林，大力种草种树，扩大植被，改善生态环境，养护和改善气候资源。

（2）加强农业气象预报。准确、及时、针对性强的天气预报是抗御自然灾害、科学利用气候资源的重要保证措施。目前国际上农业气候预报的动向，是以气候资源分析为背景，走向天气—产量预报模式化。在种植业中一般应按80%的气候资源保证率，并计算农耗时间来安排农作物的播种、移栽和收获期。对于果树等生产周期很长的对象和一些特殊灾害，保证率还应提高，达到90%以上。即使是经济价值很高、生长周期较短的作物，保证率也应达到70%左右，并制订应急措施，才能做到有备无患。

（3）选取培育抗逆性强的品种，加强科学栽培管理。

三、土地资源开发利用

我国耕地资源相对不足，在开发利用土地资源上又存在不少问题，但我国土地资源还是有相当潜力的，在现有耕地中2/3的中低产田，根据多年的大田试验结果，在增加适量投资、采取必要的治理措施后，可使其生产力提高50%至1倍。全国尚有相当数量的宜农荒地、宜林宜牧荒山草坡、湿地和海涂及开发深度不足和淡水水面，若进行精度开发（指对低产田、低产园、地产林、地产水面）与深度开发（指延长资源开发序列、开拓资源多层次加工增值），潜力还很大。此外，节地、节水、节肥、节能方面也有一定的潜力。要把这些潜在的资源优势转化为现实的经济优势，关键是从我国土地资源的国情和国力出发，改变资源消耗型为节约型，变粗放经营为集约经营。为此，在我国土地资源开发利用战略方面应采取如下对策。

1. 因地制宜，用生态的观点、发展的眼光确定科学合理的土地利用方向

由于各地自然条件千差万别，社会经济技术条件复杂多样，使土地资源具有

明显的地域性，因此，必须根据各地的自然条件和社会经济技术条件，充分分析各区域自然生态系统的特点及其系统的内物质、能量与信息流动的规律，注意自然环境的适宜性、协调性与限制性，社会经济条件的合理性与技术条件的可能性，以可持续发展的观点来综合评价土地资源，发挥地区优势和土地生产潜力，确定土地的合理利用方向，做到经济效益、生态效益和社会效益最大最优化。

2. 实行开源与节流并重的方针，走节源高效持续农业的发展道路

首先，要按政策规定正确开垦尚存的宜农荒地。虽然我国后备耕地资源有限，但尚有少量宜农荒地可供开发。必须按政策规定，经过勘察设计，先建设后开垦，有步骤地进行，切不可乱开滥垦。我国可开垦的宜农荒地分属于热带、亚热带地区和干旱、半干旱地区。前者荒地地块小并且分散，但自然条件好，开荒的经济效益好，每公顷产出的农产品高于北方 3～4 倍，可作为近期开发的重点；后一类地区荒地面积大，分布集中，生态系统脆弱，极易造成破坏，并因地多人少，生产力布局需做较大调整，所以近期只能适量开荒，并搞好兴修水利、植树造林，为远期开垦做好准备。

其次，扩大土地资源开发的视野，充分利用草地、林地和水面。我国有大面积适合发展林业的山地，应以营林为基础方针，制定科学营林方案，安排好用材林、经济林、防护林和薪炭林等的布局、比例和配置，选用优良树种和壮苗，加强抚育和保护，实行集约经营，以达到“青山常在、永续利用”的目的。此外，我国还有大面积的浅滩和淡水水面，对发展水产养殖业有很大潜力。

最后，应推广生态农业、节水农业、精准农业，依靠科技进步，千方百计地节约资源。

3. 增加农业投资，提高农业集约化经营程度，扩张土地承载力

在农业发展过程中，应加大对农业的投入，加强农田基本建设，必须落实《基本农田保护条例》，建立国家、省、县、乡四级基本农田保护制度和监测制度，有针对性地改造中低产田，稳步提高粮食生产水平。同时，还要充分利用现代科学技术，提高农业集约化经营程度。

① 在有条件的地区，大力发展设施农业，设施农业占地少或不占耕地，而生产的农产品商品化率很高，可以大幅度扩张土地的承载能力。如现代无土栽培技术，其单位面积产量往往是常规土壤栽培的 5 倍以上，并可在荒地、屋顶进行。

② 利用市场经济规律，政府增加农业的政策扶持，支持和鼓励社会力量进行农业开发，多途径、多渠道增加农业投入，使土地的物质和能量投入得到提高。

③ 发挥我国劳动力丰富的优势，对土地精耕细作，在此基础上，普及现代农业科学技术，实行配方施肥，推行精准农业，大幅度提高耕地的生产率，建立一个合理高效持续农业生态系统，以取得最大的经济效益。

4. 防止土地退化，提高土地资源质量

土地退化是多种因素造成的结果，而目前对土地经营只讲多收益、不讲多投入的短期行为倾向，是导致土地退化加剧的重要原因之一。因此，对土地退化问题应采取如下防治对策：

① 必须从战略高度上认识防止土地退化利在当代、功在未来的重大意义；

② 应从大农业角度出发，不能仅考虑种植业，要多考虑生态环境，从整个国土整治目标出发来部署土地退化防治工作；

③ 针对各类土地退化的原因，采取有效防治措施，力争现有耕地面积缩小、质量不下降，保证将优质土地首先安排种植业，确保人口吃饭问题的解决；

④ 加强土地退化防治的科学研究。在当前应重点弄清土地退化的基本概念，摸清土地退化的原因、类型和面积，确定退化类型的划分标准。同时，应采取积极措施，提高土地资源的质量。

5. 建立全国土地数据库，健全土地资源预测预报工作

土地资源信息的获取是合理利用和保护土地资源的基础。根据国外的经验，关键是建立一个土壤—土地数字化数据库，这个数据库将土壤和土地分类系统及其研究成果标准化和定量化，系统地存储起来，并可随时调用。对提高土地生产力，控制土地退化过程，保持和恢复环境质量，开展土地利用动态监测以及估计土地资源在全球变化中的作用均有重要意义。

我国的全国土地调查始于 1984 年，于 1996 年完成，这十多年来由于经济社会快速发展，城乡面貌发生了很大变化，原有的土地信息已难以满足新形势下节约集约用地的需要。掌握真实准确的土地基础数据，是实行最严格土地管理制度的迫切需要，对面对落实科学发展观，完成“十一五”规划的任务，守住全国耕地不少于 1.2×108 hm^2（18 亿亩）这条红线具有重要意义。

全国第二次土地调查于 2007 年 7 月 1 日全面启动，于 2009 年完成。开展第二次全国土地调查，目的是摸清土地资源家底，为促进经济社会协调、可持续发展、为严把土地“闸门”、严格资源管理提供基础依据。调查的主要任务包括：农村土地调查，查清每块土地的种类、位置、范围、面积分布和权属等情况；城镇土地调查，掌握每宗土地的界址、范围、界限、数量和用途；基本

农田调查，将基本农田保护地块（区块）落实到土地利用现状图上，并登记上证、造册；建立土地利用数据库和地籍信息系统，实现调查信息的互联共享。在调查的基础上，建立土地资源变化信息的统计、监测与快速更新机制，并建立国家级和全国 31 个省级、331 个市级、2 800 多个县级土地利用现状调查数据库，实现土地数字化、信息化管理。通过新一轮土地调查，查清城乡每一块土地特别是基本农田的具体情况，建立和完善我国土地调查、土地统计和土地登记制度，实现土地的信息化、网络化管理，开展社会化服务，满足经济社会发展和国土资源管理的需要。

四、农业水资源的利用

1. 我国农业水资源利用现状

我国对水资源的开发利用已有悠久历史，并取得不少成就。早在远古时期就有大禹治水的传说，此后，又先后在纪元前建成了京杭大运河、都江堰，灵渠等一批著名的水利工程，至今仍在发挥效用。

国家投入巨资兴建了大量的水利工程，并取得了巨大的成就。至 20 世纪 90 年代初，全国已建成大、中、小型水库 8.6 万座，塘坝 620 万座，总库容 4 400 $\times 108\ m^3$；机电排灌站 47 万处，配套机电井 270 万眼；有效灌溉面积 4 840 $\times$ 104 hm^2，占耕地面积的 50% 左右，使我国农用灌溉面积列世界第一。

但我国水资源存在不平衡的特点，即是南方与北方不平衡。南方多水地区利用程度较低，北方少水地区水资源开发利用程度比较高。其中，黄淮海流域片区地表开发率最高达 25%，如将地下水计算在内，利用率可高达 70%左右。特别是黄河流域，由于其中上游地区过度开发利用黄河水，致使黄河断流现象加重，自 1972 年首次出现断流 15 天以来，1985 年后每年都出现断流现象，1996 年断流 133 天，1997 年出现断流 226 天的历史记录。

如果分河系来看，以多年平均年径流量为基数，海河、辽河的利用程度较高，达 60% ~ 65%，淮河和黄河接近 40%，内陆河为 35%。南方多水地区利用程度较低，长江、珠江、浙、闽诸河利用率在 15% 左右，而西南诸河还不到 1%。

地下水开发利用量约 $400 \times 108\ m^3$，主要集中于北方平原地区。浅层地下水开采量约占平原地区地下水综合补给量的 23.6%。目前河海平原浅层地下水的利用率已达 90%，黄河流域为 49%，辽河流域为 32%，其他地区浅层地下水利用率不到 30%。

2. 我国水资源管理概述

水资源管理就是运用行政、法律、经济、技术和教育手段，对于水资源开发、利用和保护进行组织，协调、监督和调度工作，具体内容包括组织开发利用水资源和防治水害；协调水资源的开发利用与治理和社会经济发展之间的关系，处理各地区，各部门间的用水矛盾；监督并限制各种不合理开发利用水资源的行为；制订水资源的合理分配方案，处理好防洪和兴利的调度原则，提出并执行对供水系统及水源工程的优化调度方案；对来水量变化及水质量情况进行监督与相应措施的管理等。

水资源管理的目的是为了保证农业水资源的供应，满足人类生活和社会经济发展对水的需要。从经济学的观点看，要以最小的水资源消耗取得最大的经济效益；从社会的观点看，要保证生产和生活对淡水的最低需求，确保社会的安定。

3. 我国水资源管理的目的和内容

由于水资源问题的日益突出，人们普遍认识到只有加强对水资源的管理才是正确的出路。我国对水资源的管理工作正在不断得到完善、加强和提高，特别是在 1988 年全国人大常委会审议通过了《中华人民共和国水法》，加强了水管理的法制设定建设。在国家制定的《中国 21 世界议程》中对水资源管理的总要求是：水量和水质并重，资源和环境管理一体化。其具体目标是：① 形成能够高效率利用水的节水型社会。② 建设稳定、可靠的城乡供水体系。③ 建立综合性防洪安全保障制度。④ 加强水环境系统的建设和管理，检查国家水环境监测网。

水资源管理的内容已涉及水资源开发、利用、保护和防治水害等各个方面活动的管理。这种管理不仅表现在对水资源权属的管理，还涉及国内和国际间的水事关系。实现有效的水资源管理，必须一定的措施保证，包括行政法规措施、经济性措施、技术性措施、宣传教育措施和必要的国际协定或公约等。

4. 我国水资源管理体系

对水资源进行科学合理的管理，应从资源系统的观点出发，对水资源的合理开发与利用，规划布局与调配以及水源保护等方面，建立统一的、系统的、综合的管理体制，按照《中华人民共和国水法》和有关部门规定，由水行政主管部门实施管理，并主要体现在以下几个方面。

（1）规划管理。

对于大江大河的综合规划，应以流域为单位进行，要与国民紧急发展目标相适应，并充分考虑国民经济各部门和各地区发展需要，进行综合平衡，统筹安排。根据国民经济发展规划和水资源可供水能力，合理处理好水资源与社会经济发展的关系。

水资源综合规划，应是江河流域的宏观控制管理和合理开发利用的基础，经国家批准后应具有法律约束力。

（2）开发管理。

开发管理是实现流域综合规划对水资源进行合理开发和宏观控制的重要手段，也是水利行政管理部门对国家水资源行使管理和监督权的具体体现。各部门、各地区的水资源开发工程，都必须与流域的综合规划相协调。

我国以往兴建水利工程开发水资源，是按照基建程序进行，不需办理用水许可申请。现在依照《中华人民共和国水法》的规定，凡需要利用新水源修建新工程的部门，都必须向水行政主管部门申请取水许可证，发证后方可开发。实际上，世界上许多国家都早已实行取水许可证制度，限制批准用水量，并必须根据许可证规定的方式和范围用水，否则吊销其用水权。

（3）用水管理。

在我国水资源日益紧缺的情况下，实行计划用水和节约用水是缓和水资源短缺的重要对策。水行政主管部门应对社会用水进行监督管理，各地区管水部门应制定水的中长期供求计划，优化分配各部门用水。为达到此目的，应制定各行业用水定额，限额计划用水；还应制订特殊干旱年份用水压缩政策和分配原则，以促进全社会都来节水。

（4）水环境管理。

人类必须对宝贵的水资源加以精心保护，避免滥排污水造成水质污染，因为水源污染不仅使可用水量逐日减少，而且危害人类赖以生存的生态环境。为了解决保护水资源的问题，许多国家都成立了国家一级的专门机构，把水资源合理开发利用和解决水质污染问题有机结合起来，大力开展水质监测、水质调查与评价、水质管理、规划和预报等工作。为了进行水环境管理工作，应制定江河、湖泊、水库等不同水体功能的排污标准。排放污水的单位应经水管理部门的批准后，才能向环保部门申请排污许可证，超过标准者处以经济罚款。水行政主管部门应与环保部门共同制订出水源保护区规划。

我国目前对水资源实行统一管理与分级、分部门管理相结合的制度，除中央统一管理水资源的部门外，各省、自治区、直辖市也建立了水资源办公室。许多市、县也建立了水资源办公室或水资源局，开展了水资源管理工作。与此同时，在全国七大江河流域委员会中也建立了健全的水资源管理机构，积极推进流域管理与区域结合的制度。

5. 我国水资源保护

为防止农业水资源因不恰当的利用而造成水资源污染或破坏水源，采取法律、行政、经济、技术等综合措施，对农业水资源实行积极保护与科学管理的做法称为农业水资源保护。农业水资源保护是环境保护的主要内容之一，是水环境保护的组成部分，又是水资源管理的一个重要方面。水资源保护一方面是对水量合理取用及对其补给源的保护，包括对水资源开发利用的统筹规划、涵养及保护水源、科学合理用水、节约用水提高用水效率等；另一方面是对水质的保护，包括调查和治理污染源、进行水质监测、进行水质调查和评价、制定有关法规和标准、制定水质规划等。

水资源的数量和质量是不可分割地联系在一起的。水体的总特性反映在化学、物理、生物和生态的参数中，而自然和人为的活动也直接产生对水质不可忽视的影响，如土地利用、工农业生产活动、人类的经济和生活活动以及水土流失、森林采伐等都对地表和地下水体中水质产生影响。对水资源在总体上采取对水量和水质的控制和管理，也是保持水资源的持续开发利用的一个重要基础。

由于用水量的不断增加，要求供水能力不断提高，因此必须对水源采取保护性措施，以避免因过量引用或开采造成对水源的破坏，否则将不得不采取更加昂贵的办法来恢复、处理和开发新的水源，特别是在对水资源的开发、利用、管理与水生态系统之间的联系还缺乏全面认识的情况下，更应如此。因此，制订一个以保持水资源的持续开发为目的的合理的水资源供需规划是非常有必要的。

对于河流水资源的水量和水质保护，都要根据其流经的范围分别制订地方的、国家的以及国际的流域行动计划，并协调地方、国家和国际机构间的活动。对于意外的污染泄漏事故和自然灾害的紧急应变计划，也要事先做出行动纲要，以免临时措手不及、扩大灾害范围。

第三节 农业资源管理

一、农业资源的管理概述

1. 农业资源管理的概念与意义

农业资源管理器是指管理者在资源承载力的允许下，以资源科学理论为基础，对利用和保护农业资源的人类活动进行的组织、指挥、监督和协调等一系列过程，其目的就是运用行政、法律、教育和技术的手段，对危害和破坏农业资源的人为活动进行监督与控制，协调经济发展与资源利用、环境保护之间的关系。

人类对自然资源利用所产生的历次生态危机与教训，表明了人类对自然资源利用进行管理的必要性，当今世界所出现的人口膨胀、粮食短缺、耕地不足、森林破坏、能源枯竭、环境污染等问题也表明了资源管理的必要性和迫切性。农业资源作为自然资源的重要组成部分，其管理的重要性主要表现在以下三个方面：

（1）有利于促进资源的外部经济性与降低外部不经济性。

某一区域的农业资源利用活动对其他区域的影响称为农业资源的外部性，其中有利影响称为外部经济性，也称外部经济正效益；不利影响则称为外部不经济性，也称为外部负经济效益。从外部经济正效益来看，森林是典型的，如森林的防风固沙、防治污染、涵养水源、保持水土、调节气候、保护物种基因等，都直接或间接地表明了森林的外部经济性，环境污染则是一个典型的外部不经济活动，其外部不经济性表现在农产品产量、质量下降及居民生活质量下降等。

在农业资源利用中。经济外部性大量存在，其中主要是外部不经济性，而外部经济性则较少。从表面上看，外部不经济性是某一活动对周围事物产生的不良影响，若从经济学角度进行深入分析，可以发现外部不经济性的实质是私人成本社会化了。人类对农业资源的利用过程不可避免地会产生废弃物，废物的处理方法有两种：一是直接排入环境；二是对废物进行治理，无害化后排入环境。由于受到利润动机的支配，生产者将舍弃治理而直接选择废弃物直接排入环境，这样就可节省一笔开支（称为私人成本），但是由于废物排入环境后会造成环境污染，从而对社会造成经济损失（各种损害均可折算为经济损失），这一社会损失简称社会成本。这样，由于生产者把废物直接排入环境中，“节省”了治理污染的私人成本，而使社会付出了社会成本，即私人成本社会化了。

为了解决资源的外部不经济性问题，必须将外部不经济性内部化，而内部化的重要途径就是加强资源利用的管理。

（2）有利于农业资源利用的不确定性。

农业资源利用的合理化，是要实现经济效益、生态效益和社会效益的协调发展，其核心可概括为“优化”的思想。一般而论，“优化”只是在正常条件下的最优组合，它无法考虑在非正常条件下的最优组合，因此，它只能代表一种理想的概率或概率集合。而实际上农业资源的利用都要受非正常条件的干扰，在这种情况下，要想最大限度地保持经济效益、生态效益和经济效益，并

使他们在选择中呈现出可能性和可能受性，这就必须对资源进行科学的管理。

（3）有利于资源利用的公平性，促进区域可持续发展。

可持续发展是解决当前经济、资源、环境和社会之间协调统一的策略，它是指既满足当代人的需要，又不损害后代人满足其需要能力的发展。其思想从人与自然的关系出发推进到人与人之间的关系，认为人与人之间关系的基本准则是“公平”，尤其是对资源利用的公平，这种“公平性”体现为整体观念的代内平等和未来取向的代际平等。

代内平等是指任何地区的资源利用不能以损害其他地区的资源为代价，如长江上游森林的过度利用是以牺牲中、下游发展为代价的。在可持续发展上讲代内平等，就是要区域利益服从整体利益，省（自治区、直辖市）利益服从国家利益，国家利益服从全球利益。

代际平等是指当代人的资源利用不能以损害后代人的利益为代价。由于后代人的意见无法在当代得到反映，例如子孙后代无法阻止我们将石油、煤炭等化石燃料消耗殆尽。因此加强对未来人负责的自律就显得特别重要。同样，过分地克制自己而为后代人谋福利，显然也是不公平的。

为了真正体现代内平等与代际平等（即资源利用的公平性），应该通过各种手段对农业资源的合理利用进行有效管理。

2. 农业资源管理的特点

（1）广泛性。

农业资源管理的地域范围涉及凡是农业资源的各个地方，包括空间、地表、地下等所有天然存在的各类农业资源。

（2）区域性。

直接与气候有关的农业资源，例如土壤、森林、草原、水等自然资源的分布都有明显的地带性，因此农业资源的管理也具有区域性。

（3）综合性。

农业资源是农业科学、资源科学、环境科学以及管理科学交叉渗造的产物，具有高度的综合性，如管理对象包括各种农业自然资源与废物资源，管理手段包括经济的、法律的、行政的、教育的以及技术的手段。

（4）紧迫性。

当今自然资源遭到严重破坏，生态失衡，环境污染，全球面临着资源危机，已经危及全人类的生存，是亟待解决的问题，这也说明了加强资源管理的紧迫性。

3. 农业资源管理的原则

（1）协调原则。

它包括农业资源利用过程中决策结构功能、信息结构功能、动力结构功能的协调，以及各种功能内部的协调。

决策结构各部分功能协调与否，取决于决策权力的分配是否科学合理，例如，在资源利用过程中能否处理好集权与分权的关系、中央与地方的关系，以及各利益集团的关系等。

信息结构是由各经济组织、科学教育组织信息的收集、传导、处理、储存、提取、分析等渠道所构成的纵横网络结构，因此，各功能协调与否，取决于决策者对信息及时、准确地获取，以尽量减少与决策有关的不确定性，提高决策的可靠程度。

动力结构部分功能是否协调，则取决于贯彻并推动决策的物质手段、精神手段、经济手段、法律手段和行政手段使用上能否达到配套协调一致的要求。

在三个组成部分内部功能协调一致的基础上，还应同时满足三大组成部分之间的协调一致，才能使整个管理体制实现协调一致的功能。

（2）高效原则。

现代科学技术和现代社会经济的发展，要求一切工作都是体现效率的，“效率就是生命”，谁不能建立高效率的管理体制，谁最终被淘汰，农业资源利用的高效率，不仅与利用过程中所构成的决策结构、信息结构与动力结构的协调性有直接相关的关系，而且还取决于各级决策者的科技文化水平和信息工具的运转能力。

（3）自控原则。

由于社会经济条件千变万化，市场竞争瞬息万变，加之农业资源利用的不确定性，因而对于各种不同的农业资源利用活动，都需要有高效、灵敏的管理体制去指导它们，管理调控的速度越快，其有效性越高，效果越好。因此，被动式的管理就不如自动管理获益大，低速度的自动管理就不如高速度的自动管理及时有效，要实现高速度的自动管理，不仅需要有集中统一的管理指导，也需要有灵活的分权决策，特别是需要应用直接、高速的动力机制的推动。

（4）稳定原则。

科学的管理体制除了遵循协调、高效、自控的原则外，还应遵循稳定原则，才能实现经济、合理、有效地开发利用农业资源，促进农业生产长期稳定、协调和高速度、高效益地发展。管理体制的稳定性，一取决于决策机构、信息结构和动力结构的合理程度，三个基本结构越科学合理，其稳定性就越高，反之

稳定性就越差；二取决于协调性、高效性及自控性的大小，整个管理体制的协调性好，稳定性就越高，整个管理体制的效率越高，调控的速度越快，调节过程的波动性就越小，即越稳定，整个管理体制的自控程度越高，其灵敏度就越高，一有问题出现就立即调节，大问题就不容易出现。

4. 农业资源管理的任务

归纳起来，农业资源管理有以下四项任务；第一，贯彻国家和地方的资源保护利用条例，都是保证实现国家资源保护利用战略目标的法律依据与政策措施。农业资源管理的首要任务是贯彻并实施这些法令和政策。各地可以根据国家的法律政策来制定本地区、本部门的管理方法。第二，合理开发利用农业自然资源与废物资源，提高资源利用率，减少环境污染与破坏，维护生态环境的良性循环。第三，创造一个清洁、优美、健全、全效的生态农业系统，以获得最佳的经济效益，环境效益和社会效益。第四，开展资源科学研究、资源监测和资源教育，普及资源科学知识，提高全民族的资源意识，为农业资源的开发利用服务。

5. 农业资源管理的基本手段

经济手段、行政手段、法律手段、技术手段和教育手段是促进农业资源开发利用的五种具体手段。在农业资源的开发利用中，这五种手段都是必要的、不可缺少的，他们的作用不同，但互相补充，相辅相成。

（1）经济手段。

经济手段是指按照社会主义市场经济规律的客观要求，运用经济杠杆和经济方式来行使管理职能，实现农业资源合理利用的手段，如财政、税收、信贷、金融、价格、奖金、工资、罚款等就属于经济杠杆，而经济合同、经济责任就属于经济方式。经济手段虽然是非强制性的，但其特殊的利益机制足以使管理奏效，因为经济利益是人们进行一切社会活动的物质动力，在农业资源开发利用中，无疑也需这种经济上的内在动力和外来压力来推动资源的合理利用。

（2）行政手段。

行政手段是指国家通过各级行政组织，按照行政系统隶属关系来行使行政管理职能，实现农业资源的合理利用手段，如行政命令、指示、规定、行政等属于行政手段。行政手段的特点在于从经济单位的内部，靠权力去进行指挥，直接对农业资源的开发利用发生影响。

（3）法律手段。

法律手段是指国家通过立法、司法手段，用法律、法规管理农业资源的开发利用活动。不论采用经济手段还是行政手段，都需要有法律依据。在采用经济手段的条件下，没有法律依据，就无法去处理各种各样的经济纠纷，也没有办法去制止因滥用资源而造成生态破坏、环境污染的行为。在采用行政手段的条件下，没有法律，无法可依，就容易造成独断专行与瞎指挥。

（4）技术手段。

技术手段是指借助那些既能够促进资源转化、提高资源利用率，又能够极大限度地保护耗竭性资源的技术来行使管理职能，实现农业资源的合理利用手段，如现代生物技术、废物资源化技术、组合利用技术等均属于技术手段。技术手段是经济手段、行政手段、法律手段中最基层的单元措施，没有一定的技术作保证，上述手段均难以实施。

（5）教育手段。

教育手段是指通过基础、专业、社会的资源教育，不断提高在职干部的业务水平和社会公民的资源意识，实现科学管理资源以及提倡社会监督的手段，如各种专业教育资源、资源利用岗位培训、资源社会教育等就属于教育手段。教育手段是上述四种手段的补充，是将被动管理转为主动式管理的有力措施。

二、农业资源的管理的经济手段

农业资源利用过程中产生的经济问题，从根源上分析，正如恩格斯所指出的："……只在于取得劳动的最近的、最直接的有益效果。那些只是在以后才显现出来的、由于组建的重复积累才发生作用的进一步结果，是完全被忽视的"。既然问题的发生是由经济利益引起的，因此必须运用各种经济手段促进生产者把单位利益与国家利益、近期利益与长远利益结合起来。

1. 经济手段的特点

根据经济合作与发展组织的调查，一般来说，经济手段具有下列内在优越性：

第一，经济手段可以为有关当事人提供持续的刺激作用，通过资助研究和开发活动，可以促进资源的深度开发、无污染产品的开发，提高资源的利用效率。

第二，经济手段可以为政府和生产者提供管理上和执行政策上的灵活性。对政府机构来说，修改和调整一种收费总比调整一项法律和规章制度更加容易和快捷。对生产者而言，可以根据有关的收费情况来进行相应的预算，并在此基础上作出相应的行为选择。

第三，经济手段可以起到为后人保护资源和环境的目的。

第四，经济手段可以为政府提供一定的财政收入，这些收入既可以直接用于有关的资源保护项目，也可纳入政府的一般财政预算中。

经济手段的局限性在于一般情况下，只能起到暂时的、有限的作用，其长远的、稳定的效果差，所以经济手段必须掌握适度，与其他手段特别是法律手段相结合，使经济手段在法律的保障下发挥作用。

2. 经济手段的类型与应用范围

经济手段可分为刺激性与强制性两大类型，如关减税、补偿、信贷等属于刺激性手段，而赔偿、罚款、征收排污费则属于强制性手段。

目前，各国在资源利用上采取的经济手段可以划分为七类：① 明晰产权；② 建立市场；③ 税收手段；④ 收费制度；⑤ 财政金融手段；⑥ 责任制度；⑦ 债券与押金-退款制度。

（1）明晰产权。

为了有效地解决人们对具有公共物品特征的环境质量和自然资源的滥用以及相应的外部性问题。需要明确划分产权结构，以确保环境成本和资源耗竭成本能够内在化到使用者身上，并促使其以可持续的方式利用其财产。在某些经济当事人的某地污染和使用了他人的自然资源的情况下，有效的和可交易的财产权能够确保各当事人之间进行协商，从而找到外部性内在化的解决方案。

但是，明晰产权并不能解决所有的环境问题，例如，对于某一具体的环境资源而言，如果存在着诸多使用者（即共享资源），如气候资源、水资源等，由于很难从技术上排除其他使用者，所以难以对这类资源界定产权，只能够采用其他的替代手段以保证对这类资源有效利用。

（2）建立市场。

由于历史的原因，我国在资源、原料及产品的价格上长时期地遵循“产品高价，原料低价，资源无价”的规则，农业自然资源并没有相应的市场价格，也未能进入市场交易中。因此，人们尝试通过污染权、使用权等产权在人工建立的市场上进行交易，以达到有效分配自然资源的目的。政府通过把环境作为吸纳废物的“汇”或通过发放资源利用许可的方式来创建一个市场，以便从生产方面把环境损害与资源耗竭的成本内在化，这些权利可以同其他商品一样在市场上进行买卖。

建立市场一般要通过两个主要步骤：第一，资源使用配额各污染权的分配；第二，资源使用配额和污染权的交易。

（3）税收手段。

设计与实施税收手段的目标在于，通过对环境资源的各种用途的定价来改善环境实现资源有效配置，从而达到环境资源的可持续利用。

税收手段有很多种，可以对生产进行扣税（如对原材料的税收），也可以对消费进行扣税（如对石油、农药、化肥的税收）。概括起来，税收手段可以分为以下几类；第一，对环境、资源和资源产品使用以及污染的税收；第二，对有利于资源和环境保护的行为低额税收。税收手段的局限性在于其社会可接受程度。出于政治上的考虑，人们通常倾向于降低税收水平（低于社会成本），而实施新的税收有可能遭到来自各方面的反对，从而影响社会可接受性。

（4）收费制度。

与税收手段类似，收费制度旨在通过对有害于环境的活动与产品，以及对相应的“服务”征收一定的费用，从而使造成外部性的主体承担相应的外部成本。收费制度是对所使用的环境资源进行直接定价的方法。在农业资源利用中，收费制度主要是利用后生生态环境和资源不合理利用所导致的排污费。收费收入通常被政府用于有利于资源的投资及废物的综合利用补贴（污染消减技术的补贴）。收费制度的局限性与税收手段基本相同。

（5）财政金融手段。

政府通过宏观财政和金融调控措施对那些有利于保护环境和有效利用资源的活动，或者对那些能够生产外部经济的活动提供支持，称为财政金融手段。它包括各种优惠贷款、赠款（奖金）、补贴及建立各种有利于资源利用的基金等形式。在某些情况下，财政金融手段可能是有效的措施，但是人们普遍认为不会有助于社会成本内在化，因为它们对某些特定的行为和活动进行鼓励，但并不是使成本内在化。

（6）责任制度。

政府通过规定使用者的责任（利用补偿、开发者保护、污染者付费、破坏者恢复），来对有关的违章和违法行为进行法律和经济处罚。这是通过法律的形式把外部成本内在化，与其他手段不同，责任制度是对外部性进行的事后评价内在化。但是，如果人们预期其所造成的损害的支付超过其可能因为不履行责任所获得的效益的时候，责任制度会具有防止违法、违章行为发生的作用。

（7）债券与押金-退款制度。

这两项制度都要通过实现向生产者和消费者收费的方式（根据其可能造成的损害），把控制、监测和执行的责任转嫁到单个生产者身上。我们知道，无论在什么情况下，政府都要对使用者造成的资源损害负责（换言之，要承担这些损害成本），但是，通过采用押金-退款制度、资源开发债券等其他的刺激手段，就可以避免政府自己来承担这些损失。通过采用发放债券和实施押金-退款制度，可以确保生产者与消费者履行有关规定，他们就可以获得其债权和押金的退款；如果他们确实损害了资源（或没有履行有关规定），政府就可利用这些债券和押金来恢复（或减轻）资源环境，该手段存在的问题是管理成本较高。

3. 经济手段选择与实施的程序

目前，世界各国都已经开发出许多经济手段，如前所述，每一种手段都有其各自不同的优缺点，如何选择和评价这些手段，并开发、制订和实施能够达到和策划目标的手段，减少政治、社会和文化方面的局限性，以确保其实施效果。从决策过程来看，要选择出适宜的手段，需要通过下述几个步骤进行：

（1）对目前的资源利用状态进行评价。

（2）识别出最主要的或需要给予优化解决的问题。

（3）必须确定所要达到的目标。

（4）根据分析，选择最适宜的手段。

（5）拟订实施计划。

（6）对整个实施过程进行监督和评价。

三、农业资源的管理的行政手段

所谓行政手段，是指依靠行政组织的权威，以鲜明的权威和服从为前提，按照行政系统隶属关系来行使管理职能，实现农业资源的合理利用与保护的手段。如行政决议、决定、命令、指令性计划、规章制度、工作程序、标准、定额等均属于行政手段。

1. 行政手段的特点

行政手段的根本特点是依靠权威，用强制的手段直接指挥下级的资源管理活动。行政手段依靠上级组织和领导人的权力、威信以及下级的绝对服从，直接影响被管理者的意志，左右被管理者的行动，它要求保证下级和上级在行动上的完全一致性，使下级完全置于上级的直接控制和影响之下，这是行政手段的权威性。

行政手段的第二个特点是高效性。按照行政手段的要求，各级行政组织和领导人的职责与权力范围是有严格规定的，各级质检的关系是明确的。采用行政手段可以使纵向信息传递比较迅速，各种管理措施发挥作用比较快：能够集中统一地使用和灵活地调动人力、财力和物力。迅速地解决资源管理中出现的主要矛盾，保证工作的重点，能够有效地保证行政组织内部上下左右之间在资源利用与保护上的一致性，保证国家对资源活动的有效控制。

2. 行政手段的要求

科学的行政手段应该是建立在客观规律基础之上，反映客观规律要求。它要求各种行政手段的采用必须符合农业资源的实际情况，保证行政活动按照客观规律办事。集中统一的指令性计划，应该在大量的科学研究和周密的可行性分析的基础上确定；各种带强制性的命令、规定，必须从实际出发，反映人民的愿望。

在强调行政手段对农业资源管理具有特别意义时，必须同时说明，行政手段绝不是强迫命令、个人专断和瞎指挥，也绝不是以行政方法否定其他管理手段，因此，它与任何主观主义和唯意志论的行政命令是完全不同的。

3. 行政手段的局限性

同任何具体事物一样，行政手段也不可避免地有其局限性。片面使用这种方法将会不利于人们的正常经济利益的获取；会使群众的工作积极性与创造性受到一定的压抑；会影响行政组织对外界变化的适应性，容易产生资源管理的活动呆板和被动的情况，影响行政手段的效果；缺乏横向联系，影响信息传递的范围和质量，容易脱离客观事物发展的要求，造成资源管理工作中种种不合理现象。

4. 我国农业资源管理中常用的行政手段

在农业资源的开发利用保护中，我国通常采用的行政手段主要包括制定国家和地方各级政府加强资源开发利用与保护的政策；制定并组织实施国家和地方各级农业资源开发利用保护规划、计划，将资源开发利用与保护的指标纳人人民经济和社会发展纲要、调整工农业布局个产业、产品和技术结构；建立各级农业资源利用与保护目标责任制，把节约资源，保护资源各项指标同行政领导者的政绩结合起来；运用行政权力对资源滥用单位、所排出废物量大的单位

限期整改；建立农业自然资源与废物资源市场并进行管理；把资源的节约、保护纳入使用者评优的必备条件，进入承包机制等。

四、农业资源管理的法律手段

1. 资源法律体系及其构成

资源法律体系是由现行的各类资源法律规范所构成的有机联系的统一整体。虽然每一个部门资源法或单向资源法都以其调整的资源内容、社会关系或调整方式不同，面与其他资源法相区别，但彼此之间相互联系，构成同一法律体系。

关于资源法律体系，从国内实际情况出发，较为完备的资源法律体系应由下列资源法构成：

（1）宪法关于自然资源的规定。宪法对自然资源的规定是资源立法的根本法律依据。

（2）有关法律中关于资源合理利用的法律和规定。诸如刑法、民法、经济法中都有资源合理利用的规定。

（3）综合资源法。这是根据宪法制定的资源法的母法、民法。目前我国正在加紧制定此种法，苏联的《关于加强自然保护和改善自然资源利用的决议》就包含了综合资源法的含义。

（4）部门或单位资源法。这是对某一方面或某类资源开发利用和保护的规定，是目前资源法的主要组成部分，如《土地法》《水法》《草原法》《森林法》《矿产资源法》等。

（5）专业性资源法。这是为完成资源开发利用、治理保护某一方面的任务而制定的，如日本的《国家综合开发法》、中国的《环保保护法》等。

（6）地域性资源法规。这是为特定地域的资源开发与保护而专门定制的，如《海岸带管理法》《领海及毗连区法》《大陆架保护法》等。

（7）资源管理机构组织法。这是关于资源管理机构的组织法，如日本的《国土厅设置法》。

（8）处理资源纠纷案件的程序法规。如日本的《公害纷争处理法》、中国的《环境纠纷案件仲裁条例》。

（9）有关资源规定的行政法规和规章。在中国现行的资源法规中，它所占的比重很大，如《土地管理法实施条例》《地籍管理办法》等。

（10）地方性资源法和规章。这是各类资源法的配套法规，是根据地方特点对资源法的一个人的具体化。

2. 我国资源的立法现状

新中国的资源立法最早源于新民主主义革命时期根据地颁布的一系列土地法令，其中，《中国土地法大纲》等法令都具有重大的历史意义。新中国成立以后，党和政府对自然资源开发、利用和保护工作十分关心和重视，颁布了一系列法律、法规，资源立法工作有了长足的进步。现在，资源立法已经形成了以自然资源行业法、专项自然资源法为重要补充的格局。

具体地分析，自然资源行业法是指一种自然资源的开发、利用主要与国民经济中某一行业的经济活动相联系，该资源的法律内容是资源管理和行业管理相结合，如《中华人民共和国森林法》《中华人民共和国草原法》《中华人民共和国渔业法》《中华人民共和国矿产资源法》等都属于自然资源行业法。专项自然资源法是指一种自然资源的开发利用与国民经济中的许多经济活动相联系，该自然资源立法不含行业管理的内容，主要是针对该自然资源的合理开发、利用和保护，如《中华人民共和国土地管理法》《中华人民共和国水法》等均属此类。自然资源保护主要从自然保护方面进行立法，如《中华人民共和国野生动物保护法》。自然资源政策是指为了资源行业的发展和资源的开发、利用和保护等方面制定的以法律形式出现的社会政策和经济政策，是自然资源主干法的补充性立法，在一般情况下特别适用，即优先于自然主干法的适用。中国参加的双边的自然资源开发、利用和保护的国际公约和协定，是中国资源法的国际法部分，如中国参加的《濒危动物物种国际贸易公约》。

与发达国家的自然资源法相比，中国自然资源立法尚处于探索阶段，资源法律体系还很不成熟，需要下大力气进行资源立法，完善资源法制建设。

3. 我国资源立法存在的问题及其对策

由于中国的资源立法尚处于实践中的探索阶段，因而不可避免地会出现一些问题，具体体现在以下三个方面：

第一，对资源法的体系化发展趋势认识不足，缺乏资源立法的整个思想和总体规划。一方面，中国目前尚无对自然资源整体的合理开发、利用和保护问题的立法，即缺乏自然资源开发、利用和保护的全局性、战略性的法律规定；另一方面，条块分割的资源立法现状导致资源法中遗漏、重复、冲突现象大量存在，加之自然资源的监督管理部门职能不明、分工不清，使得资源法的实际运作效果欠佳。

第二，由于缺少有效的配套法律、法规、资源法的实际可操纵性较差。究其原因，一是因为注重资源法的制定而忽视与之相配套的实施细则和有

关法规、法章的制定；二是因为注重资源实体法的制定而忽视资源程序法的制定。

第三，资源立法目的不明确，特别是自然资源行业法和专项自然资源法中缺乏保护自然资源的明确法律制度。资源法往往从自然资源的经济价值出发，倚中于自然资源开发、利用和行业管理的规定，缺乏自然资源保护的法律义务。完善中国的资源立法，必须在资源法体系化发展的思想基础上，充实和调整现有法律内容。

首先，必须树立中国资源法体系化观念和整体发展意识，并建立以自然资源的保护为重心的资源法律体系。从系统观念来看，资源法律体系要求单项自然资源立法彼此间构成一个结构清晰、层次分明、功能协调的有机统一整体。中国资源立法必须进行自然资源立法的总体规划，确立长远和近期发展目标，并对现有资源按总体要求进行调整和充实。中国的资源立法长期以来偏重于自然资源的经济价值的开发、利用，随着我国社会主义市场经济体制的发展，这种状况已越来越不能适应新形势的要求。实际上，市场机制可以通过价格杠杆对自然资源的开发、利用及有效配置发挥主导作用，而市场机制对于自然资源的保护的作用却是微乎其微，这也是市场机制的功能缺陷之所在。因此，应发挥政府保护自然资源的积极作用，从法律上树立以自然资源保护为重心的自然资源法体系化发展思想，以法律形式规定各个社会主体保护自然资源的责任和义务。

其次，加强中国自然资源单行法结构和制度联系的研究，适时推出我国的国土整治法。法典化虽非法律体系化发展的唯一途径，但基本法的制定，往往是法律体系法化形成的标志。从目前情况来看，由于理论的欠缺和立法技术的限制，制定中国自然资源基本法是不现实的，但根据理论的发展水平和立法技术的可行性，作为过渡性措施，适时推出我国自然资源“准基本法”——国土整治法，却不失为一种现实选择。国土整治法规定的资源开发、利用和保护的方式和原则，是各种新时期自然资源立法的依据。

再次，实行实体法、程序法并重，国家立法和地区立法并举的立法策略，并切实加强资源法的配套法律、法规建设。自然资源程序法是自然资源实体法实施的保障，应尽快填补我国自然资源程序法的空白。同时，由于我国地域自然差异较大，自然资源分布状况不同，有必要根据各地社会经济特征，因地制宜地发展地方自然资源立法，作为国家立法的有益补充。此外，加强自然资源发的配套法律。法规建设也是当前不可忽视的问题，我国《草原法》《野生动物保护法》等法律出台多年，尚未见配套性实施细则，使法律无法有效实施。

五、农业资源管理的技术

人类社会经济的发展依赖于对资源的开发利用，而资源利用的力度、深度及效率又与技术进步密切相关。本节拟从技术与技术体系入手，阐述技术进步与资源开发的关系，探讨技术手段对农业资源利用与保护的管理。

1. 技术的概念与分类

在人类文明史中，随着社会的不断发展与进步，技术的含义也在不断地变换与更新。古代的工匠以一定的方式制作出某种物品，由此积累了实际操作经验与技巧，当时的人们便将这些个人掌握的技巧、经验视为技术。随着生产力的发展，特别是由于工业革命的兴起，大机器生产时代的到来，劳动手段发生了革命性变化，在生产过程中技能技巧的作用相对减弱，机器和工具的作用相对增强，人们理所当然地又把技术活动的物质手段看作是技术的主要标志，技术的含义也就更广泛了。

实际上，技术具有狭义和广义两种含义，狭义的技术是指各种工艺操作方法和技术技能，如栽培技术、养殖技术等，这也是过去人们长期认识的技术概念。广义的技术是指人类把科学用于社会生产实践中，包括信息知识、工艺技术、劳动经验和实体工具设备。因此，可以给技术下这样一个定义：技术是为社会生产和人类物质生活需要服务的，供人类利用和改造自然界的物质手段、意识手段、信息手段的总和。

技术的对象是自然界，技术的基本作用在于改变自然界的运动形式和状态，由此而形成了以下四种类型的基本技术：第一，广义的机械技术，用来改变自然界的机械运动状态和自然物的形态；第二，物理技术，用来改变自然物的物理性质；第三，化学技术，用来改变自然界物质的化学组成；第四，生物技术，用来改变生命的运动状态和性质。现实的各种技术都是这四种基本技术的不同组合，人类的技术创造从根本上说都是这四种基本技术的创造。

2. 技术的特点

（1）实践性。

任何技术都是来自社会实践；又都在生产实践中得到体现。技术是劳动手段，没有劳动，手段就化为乌有。劳动即是时间，离开时间，技术便成了空中楼阁。因此，实践性乃是技术的首要性质，是技术的内部属性。

（2）多元性。

技术的表现形态多种多样，既可以表现为有形的物质设备、仪器设施，也可以表现为无形的经验和知识，还可以表现为信息资料、设计图纸等。因此，多元性是技术的外部属性。

（3）中介性。

技术一方面将科学物化到生产力其他因素上去，另一方面又将生产实践中的信息反馈给科学，促进科学的发展。因此，技术总是处于从科学到生产或从生产到科学的中介地位上，是联系科学和生产的纽带和桥梁。

（4）实用性。

技术具有认识作用和创造作用，从而表现出较强的实用性。认识作用指的是通过技术，人类可以逐步深入地认识客观世界，进而利用技术改造世界。技术越先进，人们的眼界越开阔，反作用于自然界的能力也越强。技术的创造作用，指的是通过各种技术的采用，为人类创造一定的物质财富和经济效益，当然这种创造作用是通过与劳动者、劳动工具、劳动对象相结合而产生的。

3. 技术体系

技术体系是由若干不同类型、不同层次、不同功能但相互关联的单项技术纵横交织而成的一个复杂的、立体的技术网络结构，也可以称之为技术系统。在生产实践中，技术体系可以实现为一个巨大的目标集，它的功能可以远远大于各单项技术之和，这是由系统原理决定的。

现代技术的一个重要特征是综合症。各种技术的综合有可能出现新的创造。就现代资源开发利用而言，仅靠某一种技术的应用很难获得较大的效益，而综合利用多种先进技术即资源开发技术体系，则可能取得突出的综合效益。随着科学与经济的发展，技术从简单到复杂，从低级到高级，从单一到多项，从直线联系到立体网络，这些已成为当今技术发展的潮流。

4. 资源利用与保护中的技术进步

（1）资源利用和保护技术。

资源利用与保护技术是指人类开发利用、保护自然资源在物质资料生产中所使用的各种物质手段、意识手段和信息手段的总称，因此是一个集合概念，是由多种相关技术耦合到一起的整体，即技术体系。从本质上说，它具有技术的一般属性；从结构而言，它又具有系统的特色。因此，资源开发利用与保护技术体系具有整体性、层次性、目的性、地域性、阶段性等性质。

因此，在资源开发利用过程中，选择技术的基本原则应该是从整体着眼。相互协调，配套使用，充分发挥体系的整体功能。

（2）技术进步是资源合理开发利用的关键因素。

资源的开发利用从本质上说，也就是资源本身的更新改造和扩大再生产的过程，其中技术进步起着巨大的作用，它能够使原来有数量的资源组合创造出更大的经济价值和社会价值；或者用比以前较少量的资源组合创造出和以前同样大的经济价值和社会价值；或者用以前没有过的资源类型组合创造出现代社会所需要的经济价值和社会价值。

在现实经济生活中，某项科学技术的利用往往伴随着资源和其他生产资料的投入量而变化，而某个总产出水平则是资源组合、其他物质消耗和技术进步等因素综合作用的结果。在通常条件下，总投入量增加某个比例，总产出也增加相应的百分比，而技术进步的增长作用却比自身所消耗的比例和两步增加其他要素投入的增长比例要大得多，并且还会给予配比得当的其他要素的投入以新的推动力，使之产生新的效率。这样，在增加物质投入量和科学技术进步同时发挥作用的情况下，从总产出量中扣除新增投入量带来的那一部分产出，则是技术进步的作用，换言之，就是用同样多的投入得到更多的产出，这个增加部分就是技术进步的作用。

随着有限资源的开发利用和生产集约程度的提高，增加单位投入的边际产出递减。因此，人们越来越注重发挥对资源开发利用的作用，这不仅因为科学技术的潜力是无穷无尽的，而且还因为与有限的资源相比，技术进步的代价低、效益高。

我国人口众多，人均资源少，在经济增长中，资源的投入就受到很多限制，因此更需依靠技术进步的作用促进资源的合理开发利用。近几十年来。技术进步对我国有资源的利用发挥了巨大的作用，如我国用仅占 7% 的土地养活了占世界 22% 的人口，其中一个重要因素就是依靠农业科技进步提高单位面积产量。

（3）技术进步的主要环节及其协调发展。

科学技术转化为直接生产力需要具备的两个条件：一是科学知识必须取得独立的形态，并加入生产过程；二是必须有大量生产的经济基础。因此，科学技术进步实际上是“科学—技术—生产”，是既相互联系又相互制约的统一过程，其中每个部分都是这个过程的组成环节和阶段。具体地说，“科学”是技术进步的主导因素、基础和核心；“技术”作为中间环节，是“科学”物化的阶段；而“生产”则是技术进步的最后环节，是从物质上实现科研成果及其技术物化的效益的阶段；这种关系是科学研究创造新知识，新知识物化为新技术，同时用新的科学知识和新手段物化生产者，提高生产者的素质，使之与新的生产协调起来，这样把新的科学技术成果应用于资源的利用与保护，从而使知识

形态的生产力变成直接的生产力。因此应把“科学—技术—生产”看作一个不可分割的统一系统，并且重视技术进步的各个环节的协调发展。

根据技术进步的发展规律，首先必须树立这样一种观点，即资源利用与保护中的技术进步并不是仅仅与资源有关的部门的事情，而是全社会的共同事业。从内部角度来看，资源利用与保护中技术进步所包含的科学研究、技术推广、生产应用等三个环节的协调发展，对技术进步的速度和效率具有决定意义。协调发展的对策分别为：

① 资源利用与保护科学研究必须先行。

科学研究是技术进步的源泉，它的每一项研究成果等于为资源利用与保护增添新的技术资源，这就要求资源利用与保护的科学研究必须先行。针对我国当前的实际情况，要特别注意解决如下几个问题：第一，改革科学研究体制，组织好科研队伍；第二，适量增加科学研究的投资；第三，确定重点，选择科研课题。

② 建立健全技术推广体系，加速对现有科研成果的推广应用。

技术推广是整个科学技术进步的中间环节，是联系科学研究和具体应用两个环节的桥梁。没有一个机构健全的高效率的技术推广体系，资源利用与保护技术进步就不能发挥应有的作用。由于资源种类繁多、涉及广，因此没有完全统一的技术推广模式，应该具体情况具体分析，因地制宜地选择技术推广的方法。到目前为止，可供选择的行之有效的技术推广服务体系形式有如下几种：第一，由科研单位和技术推广组织编印技术资料，宣传科研成果，免费或者低费向用户提供新技术；第二，技术承包制，科研单位与用户签订技术承包合同，共同负责在资源利用与保护中采用新科研成果，实行承包合同制；第三，科研单位与用户实行长期技术合作，签订为期若干年的技术合作合同，规定要保证推广准备措施；第四，建立科研生产联合体。此外，其他出现的各种专业技术服务公司、技术有偿转让，技术专业户、科研单位或高等院校设置科研基地、科技人员在地方兼职等，都是十分有效的技术服务形式。

③ 提高劳动者文化素质，普及科学技术知识。

资源利用与保护技术推广的对象和科研成果的应用者，是为数众多的劳动者。要想把科研成果的潜在价值变成现实价值，需要具备一个起码的社会条件，就是广大劳动者必须具备一定的文化科学知识。这就要求在加强劳动者文化教育的同时，还应加强职业教育，以使其逐步学会运用科技成果，学会争取使用科技成果，并逐渐投身到技术革新与改造中去，以促进资源的合理开发利用与保护。

六、农业资源管理的教育手段

教育手段是农业资源管理的经济手段、法律手段、行政手段与技术手段的有力补充，是将农业资源利用的被动管理转为主动管理的有力措施。

1. 资源教育的重要性

资源教育既不同于部门教育，又不同于行业教育，而是对人的一种素质教育。因此，资源教育不仅是资源利用和保护事业的重要组成部分，而且是教育事业的一个重要组成部分。开展资源教育，提高全民族的资源意识，已得到各界人士的重视。

当前，世界各国都在重视资源教育问题，就总体来说，不外乎三方面因素：第一，资源教育的自身特点。资源教育本身就是一种终身教育，人自降生于世就受到环境资源的熏陶，当对外界有所感知以后，就感受到衣、食、住、行、乐，无不来自于资源，直到离开人世之前就一直接受资源教育。第二，国际资源环境形势的发展。自 1972 年斯德尔人类环境会议以来，人们对资源的认识得到了提高，由无限制地对大自然的索取而逐渐认识到有节制地向大自然索取，这就是当今提出的而被人们所接受的可持续发展理论。第三，国内资源利用与保护的严峻形势，也需要我们加强资源教育。

2. 资源教育的内容

需要开展哪些方面的资源教育呢？第一，要开展抑制过度消费的教育，尤其在发达国家，要积极从事这方面教育，人们不能无限地进行消费，特别是地球上不可再生资源的利用问题，不能只考虑当代而不为后代着想。第二，开展资源意识的教育，这包括认识意识与参与意识，特别是参与意识的教育，在我国显得格外重要，使人们认识到利用资源、保护资源人人有责、第三，开展资源道德教育，使人们自觉树立起节约资源、保护资源的观念，树立起不能只考虑局部利益、而应保护全球资源的观念，并建立起资源道德规范。第四，加强资源利用与保护法制教育。要执行合理利用、保护资源的法律法规和各项规章制度，首先要掌握这些法规制度，同时还要研究如何正确执行这些法律、法规、制度，要做到这一点，就有一个教育的问题。第五，努力提高专业教育的质量。随着资源利用与保护事业的发展和世界资源环境问题的日趋严重，不论是国内还是国外，都需要资源利用与保护专业人才。

3. 我国资源教育的任务与形式

我国资源教育的基本任务，一是要为经济建设服务，结合资源利用，保护需要，培养德才兼备的专业人才；二是要在全社会普及资源法律知识与资源基础知识。提高全民族的资源意识、具体可分为以下三项工作。

（1）切实加强在职人员培训，努力提高资源利用与保护队伍。应当着重抓好资源干部节约资源、保护资源的良好社会风尚。

（2）突出重点，把社会教育推向一个新阶段，进一步调动公众参与的自觉性。树立起节约资源、保护资源的良好社会风尚。

（3）大力推进各级学校尤其是中小学的资源教育，不断提高年轻一代的资源意识。

我国的资源教育可分为四种形式，即资源利用保护社会教育、中小学、幼儿园资源教育、专业资源教育与在职干部的资源教育。

思考与练习题

1. 什么是资源及农业资源？
2. 农业资源的发展与农业生产有什么关系？
3. 阐述农业资源开发利用的基本原理。
4. 农业资源开发利用规划的原则和依据是什么？
5. 阐述农业资源管理的概念、意义、特点、原则、任务和基本手段。

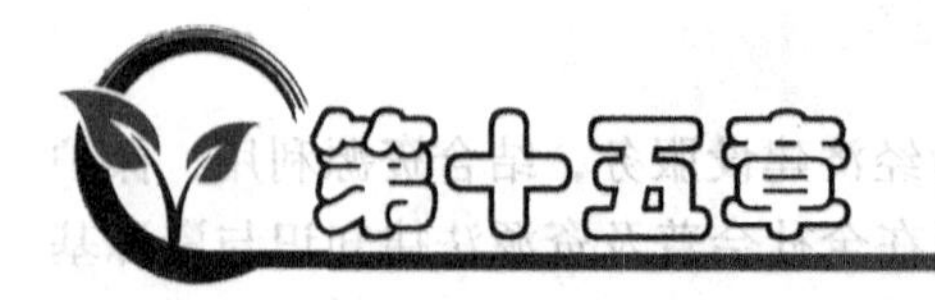

农业产业化经营

本章提要：本章从农业产业化经营的内涵着手，阐述农业产业化经营的产生与发展概况、农业产业化经营的基本特征、农业产业化经营的功能、农业产业化经营的基本构成要素、农业产业化经营模式及运行机制等内容。

第一节　农业产业化经营概述

一、农业产业化经营的内涵

农业产业化是通过各种形式，实现种加养、产供销、农工商一体化经营，把分散的农户经营转变为社会化大生产的组织形式。农业产业化经营具有生产专业化、经营一体化、服务社会化、管理企业化的特征。一体化经营指种养加、产供销、农工商的一体化，是农业产业化经营的核心内容，是农业经营形式的发展方向。其基本内涵指将农业产前、产中、产后各环节联结为一个完整的产业体系，形成紧密的经济利益共同体的经营方式。一体化经营使农业经营由单纯的生产向生产资料供应和产品加工、销售延伸，提高了农业经营的盈利水平。

在我国，走农业产业化经营之路，就是把传统的计划经济条件下被割裂的生产、加工、销售诸环节紧密联结起来，通过扩大农产品生产的外延，延长农业的产业链，实行一体化经营，扩大生产加工和销售的批量规模，减少中间环节，降低交易成本，产生新的交易增量，提高农户经营的附加值；通过产业化组织和服务系统，引导和帮助农户走上专业化、社会化、一体化、商品化、集约化经营之路，形成较大的区域规模和产业规模，产生聚合规模效应；依托一体化经营的利益共同体来防范自然风险与市场风险，提高农业的比较效益和农户的经营效益，从而形成农业自我积累机制，增强农业的自立发展能力。

农业产业化经营是“农工商一体化，产供销一条龙”经营方式的简称。“农”是指包括种植业、养殖业、微生物开发利用和其他特殊生产在内的“大农业”；“工”是指以农产品为主要原料的加工业和食品工业；“商”是指与农产品运销有关的国内商业和对外贸易；“产”是指初级产品的生产和成品制作；“供”是指生产资料供应和各种服务的提供；“销”是指农产品及其加工品的运销，包括收购、集货、储藏、运输、批零销售。对于“贸工农一体化、产加销一条龙”只是农业产业化经营方式中很重要的一种形式。

关于农业产业化的基本内涵，我国媒体及相关学者根据自己的理解及研究提出了自己的看法。

1995 年 12 月 11 日，《人民日报》发表了《论农业产业化》的社论，对农业产业化经营的表述是：“农业产业化是以国内外市场为导向，以提高经济效益为中心，对当地农业的支柱产业和主导产品，实行区域化布局、专业化生产、一体化经营、社会化服务、企业化管理，把产供销、贸工农、经科教紧密结合起来，形成一条龙的经营机制。”

1995 年，农业部在农业发展报告中描述农业产业化是：在市场经济条件下，通过将农业生产的产前、产中、产后诸环节整合为一个完整的产业系统，实行种养加、产供销、贸工农一体化经营，提高农业的增值能力和比较利益，形成自我积累、自我发展的良性循环的发展机制。在实践中它表现为生产专业化、布局区域化、经营一体化、服务社会化、管理企业化的特征。

农业产业化经营，国外最通用的叫法是“农工商、产供销一体化，产加销一条龙”，大多认为农业产业化经营最初产生于美国。第二次世界大战后，随着农业生产的现代化和人民生活水平的提高，以及生活节奏的加快而引起的食物消费方面的变化，农工商一体化经营首先在美国出现，随后在西欧各国和日本广泛兴起。西方发达国家把农业产业化称之为“Agribusiness”（农工商综合经营），这个词是由美国戴维斯提出的。1952 年，美国哈佛大学企业管理研究院为了制定一项农业与其他部门相互联系的研究计划，聘请了联邦政府农业部助理部长戴维斯主持这项工作。1955 年 10 月，戴维斯在波士顿宣读了他的论文，最先使用了 Agribusiness 这个词，这个词是由 Agriculture 和 business 两个字组成。1958 年，戴维斯的研究成果《农业综合经营概论》出版，后这一概念逐步被广泛使用。

欧美发达国家的农业经济已步入良性循环，其农产品加工业已成功带动了农业现代化的实现和农业的可持续发展。早在 20 世纪 60 年代，北美、西欧和日本就实现了农业产业化经营，并建立起比较规模的运作模式。在全球 10 大名牌中，作为农产品加工业已创造如“可口可乐”“雀巢”等四大名牌，它们凭借资金、技术和管理优势，其资源整合已超越国界并成功实施核心竞争力管理。国外农业产业化中介组织研究也已经历很长历史。美国的“农业协会联盟”、日本的“农协”、德国的行业管理、法国的金融中介管理、奥地利的社团管理等都非常成功，也形成了丰富的理论。

发达国家农业产业化经营方式的实现，为广大发展中国家提出了可供借鉴的经验和模式。20 世纪 70 年代以来，发展中国家的一些工业国家纷纷加快传统农业向现代基础产业的转变，在研究农业是国民经济基础地位的同时，把农业产业化作为建设农业现代化的方向。在东南亚地区的菲律宾和印度尼西亚开始扭转重工轻农的局面，重新把农业放在优先发展的现代基础产业的地位。泰国和马来西亚相继提出了以农林资源深化加工为基础的“农业工业化”战略方针和“农产品资源加工立国”的发展思路，农业产业化以不同模式在发展中国家相继出现。但国外的研究主要着眼于“后工业化社会”，并未关注像我国这样整处于体制转型、工业化迅速推进和经济快速增长背景下农村人口众多、农业相对滞后的国家。

从以上有关农业产业化内涵的阐述可以看出，人们对农业产业化规定性的认识大体是一致的，而就农业产业化内涵的更进一步的完善，则有待从国内外农业的具体实践来总结和认识。

二、农业产业化经营的基本特征

从实践角度看，农业产业化经营同其他经济范畴一样有其特征，表现为生产专业化、经营一体化、企业规模化、服务社会化、产品商品化等。

1. 生产专业化

生产专业化即围绕某种商品生产，形成种养加、产供销、服务网络为一体的专业化生产系列，做到主导产业商品基地布局专业化。传统农业的一个显著特点是零星分散、规模窄小的“小而全”，经营上相对封闭；而由自给自足的多种经营向半自给自足的混合经营，再到完全的专业性商品生产经营的转变，则标志着现代商品农业的演化与发展，由专业化带动形成的区域经济、支柱产业群、农产品商品基地，为农业产业化经营奠定了稳固的基础。专业化生产必定是商品生产，其产品必须通过市场交换才能实现其价值。因此，市场需求是专业化形成的首要动力和前提，而市场需求的变化必然引起专业化生产方向的变化。专业化生产既要面向市场，又需要获得技术、资金、运输、信息等方面的支持，临近市场、交通畅通、服务方便等区位优势对专业化形成和发展至关重要。历史上农业专业化一般起始于长江三角洲、珠江三角洲等经济发达地区，就因为这些区域较早具备了以上条件。而自然资源的适宜性是专业化形成和发展的物质基础，在具有自然资源适宜性的地区发展某个专业化部门，可以用较小的投入获得较大的产出，从而使其产品得以较低的生产成本赢得市场竞争力。同时，劳动者素质是专业化形成的重要条件。我国不少农村中农业专业化生产的形成和变化，往往同是否有一批市场竞争和风险意识强的致富带头人有很大关系，他们以自己的创新活动造成示范效应，对改变传统自给农业留存在农民中的封闭、守旧观念，推动商品经济发展起着重大作用。

2. 布局区域化

产业化实际上是一定区域内各种自然资源、社会资源，围绕一个或几个产业合理配置并可能取得较好效率的重组方式。第一，它与一定地区的资源禀赋相联系；第二，它与一定区域内的自然与社会分工体系相适应；第三，它与区域内的经济功能及其指向相一致；第四，它与区域内的市场及其结构演进过程相统一。因此，农业产业化经营必须以区域经济为依托。我国农业总体发展与区域增长格局的变化，已经开始并将继续建立在比较利益选择和比较优势变化的基础上，如同技术进步、农业投入、体制改革是农业增长的主要源泉一样，区域比较优势也是农业可持续发展的推进农业产业化经营的重要源泉之一。国际经济日益一体化是当今世界经济发展的大趋势，我国农业发展无疑要充分利用国际国内两种资源和两个市场，并确切把握“比较优势”原则对中国农业发展的实用性。因此，立足于区域优势的发挥，推进农业产业化经营，在努力提高区域发展水平的基础上实现全国农业总体水平的增长，是中国农业发展策略的基本出发点和主要取向。

3. 企业规模化

农业产业化经营是社会化大生产，其突出优点是规模经济。通过主导产业商品基地合理布局，适当集中，形成区域生产规模；通过产业化经营，可以系统组织涉农服务、农产品加工和运销，形成聚合规模，增强农产品的生产竞争能力，提高农业的比较利益。实际上，企业规模化是由生产专业化的加深而受到加强的企业生产经营的内部集中化。在这种情况下，农业专业化的效率是通过大生产的优越性表现出来的。因为，农业生产经营规模的扩大，有利于采用科学技术进步成果，运用先进技术和工艺。实践证明，农业产业化经营有利于在家庭承包责任制的基础上形成产业和产品专业化生产规模统一服务下的区

域性规模，所形成的规模效益和现实条件的适应性，要比单纯的土地适度规模经营更为有效。

4. 经营一体化

在农业产业化经营中，产前、产中、产后各环节联结成“龙”形产业链，实行农工商一体化、产供销一体化综合经营，使外部经济内部化，从而减少交易过程的不确定性，降低交易成本，实现大幅度增值，生成市场农业的新的运行制，不仅从总体上提高农业的比较效益，而且使参与一体化的农户获得合理份额的交易利益。实践中总结出来的“龙型经济”“龙头企业 + 基地 + 农户”等产业化经营系统，都是对经营一体化特征的形象概括。

5. 产业商品化

农业产业化经营全部是商品生产，不再是自给型的和剩余产品商品化的生产部门，而是面对市场、为市场需求而生产的商业性农业。因此，主导产业、商品基地、参与农户提供的原料或初级产品，以及龙头产业加工制作的最终产品，都是作为商品投向市场。这时，灵通的商业渠道和市场信息成为沟通产销的关键环节。高度商品化的农业也像工业一样，是靠订单来决定生产、产品的品种和规格。在农业产业化经营发育的完备阶段，商品农产品的品牌、包装等同商品一样，成为市场竞争制胜的重要手段。特别是，技术创新引导的对商品农产品的市场需求也开始主导需求的变化，使市场消费主体影响需求的力度有所减弱。与产品商业化特征紧密相关的是农业产业化经营中销售系统的演变。集市贸易逐步被超级市场所取代，传统的农村市场将逐步减少，城乡市场终将一体化。地域性综合市场逐步被专业性超级市场所取代，农产品传统的批发市场和现货市场被期货市场和直销网络所取代，连锁店同批发生、零售业及在某种程度上同加工业联合起来，减少环节，降低成本，使商品农产品的竞争在产业协同与合作的基础上展开，这些变化代表了产品商业化的市场演变方向。

6. 服务社会化

社会化服务的内容十分广泛，它本身是随着农业中分工协作的发展而发展，包括产前服务，如果提供价廉质优的各种生产资料以及各种生产工具的设备；产中服务，如提供技术方案，机械作业服务、排灌服务，以及提供大型设备负责代播、代耕和代收获等；产后服务，如提供加工、分级、包装、储存、冷藏、运输，以及销售服务；经营服务，如提供市场信息、经营咨询、法律服

务等；金融服务，如融通资金、发展信贷、开展保险服务等；农村建设和农民生活方面的服务等。服务社会化作为一个特征，一般表现为通过合同（契约）稳定内部一系列非市场安排，农户既可以利用“龙头”企业资金、技术和管理优势，又可以利用有关科研机构，对其提供产前、产中、产后的信息、技术、经营、管理等方面的服务，促进各种要素直接、紧密、有效地结合。

根据农业产业化经营的基本特征，可以把农业产业化的基本思路确定为：第一，确定主导产业；第二，实行区域布局；第三，依靠龙头带动；第四，发展规模经营；第五，实行市场牵龙头，龙头带动基地，基地连农户的产业组织形式。

三、农业产业化经营的功能

1. 解决了农户小生产和大市场的矛盾

家庭承包责任制解决了农民种田的积极性问题，但随着农产品的增多，商品量部分不断增大。农业生产不再是自给自足的小农生产，而是面向市场的商品化生产，经营规模小且分散的农户如何走进市场与市场相联系是农业进一步发展的最大问题。农业产业化经营解决了农业生产中农户分散经营的多种矛盾，是进行农业经营的较好形式之一，全国已有不少地方取得了成功的经验。江苏省太仓温氏家禽有限公司利用产业化经营模式走出了一条成功之路。农户和公司签订养鸡协议，公司提供统一品种、饲料、技术服务，农户不用担心销路，市场风险小，在 2000 年春节后肉鸡价跌到每公斤 4 元，公司保护价仍是每公斤 9.6 元，以确保一只鸡能赚到 1.7 元的利润。后因特大暴雨使肉鸡死亡了 3 万多只，直接损失达 40 多万元，公司补助了农户 17 万元，承担了 40% 的损失。通过产业化经营形式，公司和农户形成了利益共同体，双方利益共享、风险共担。太仓温氏家禽有限公司通过这种形式成为苏南最大的肉鸡生产企业。

2. 解决了科学技术和信息问题

农业产业化经营组织中一般有技术服务和信息服务项目，不论是龙头企业还是农业协会都提供技术和信息服务，与农业生产经营关系密切，针对性强，解决了一家一户农业经营的技术和信息问题。

3. 提高了抵御风险的能力

农业经营风险有三种，即政策风险、生产风险和市场风险。政策风险是因国家政策变动，使生产受到损失形成的风险。国家为了使农业生产稳定发展，根据农业现状和发展要求，不断制定新的农业政策，调整农业生产结构和农村产业结构，对某些生产项目出台扶持性政策，对一些不宜发展的项目出台限制性政策，在确定生产项目时应充分考虑到农业的发展趋势和国家政策导向。生产风险是由于生产技术、自然灾害等原因形成的产品产量和产品品质方面的风险。市场风险是指由于市场原因形成的产品销售量和销售价格方面的风险。

农业产业化经营组织形成以后，对各种风险的抵御能力明显增强。产业化组织对国家农业经营政策有较多的了解，比一家一户的农户知识面宽广。同时，产业化组织对各农户生产技术进行指导，从供种、生产、病虫害防治等各个环节进行全方位服务，针对性强，效果好。在产品生产完成后，产业化组织进行统一销售服务，市场风险明显降低。农业产业化是现代农业发展的方面，是农业发展的必由之路。

此外，农业产业化经营使农业生产链条向前后延伸，形成了完整的产业体系，提高了农村就业率，实现了农村社剩余劳动力就地转移。同时产业化经营对农业产品进行进一步的加工，形成初、高级加工品，提高了农业整体效益水平，农产品加工后增值率平均达到70%以上，提高了农民收入水平。

四、农业产业化经营的基本构成要素

从全国成功的实践看，农业生产化经营要靠政府引导、“龙头”带领、市场牵动、利益联结、契约约束等。由于我国各地生产力水平以及地域、资源、技术等方面的差异，农业产业化经营的模式和类型多种多样，但无论哪种模式和类型，发展农业产业化经营必须具有其基本的构成要素，并不断完善基本要素，提高基本要素素质。

1. 主导产业

主导产业是龙头企业加工所需原料或销售的农产品的专业化、规模化生产的产业，是具有一定特色和优势的产业。确立和培育主导产业是实施农业产业化经营的长远性基础，因为主导产业是否符合市场需求、是否具有优势，决定着农业产业化经营的方向。确定主导产业必须遵循三点：一是要因地制宜，立足于当地优势资源；二是要以市场需求为导向，具有现实需求或长远潜在的市场；三是普通法区域化布局、专业化生产，具有自己的产业物色；四是要在国家产业政策指导下合理布局。

选择和培育主导产业，首先要进一步巩固提高现有传统产业，通过推广新品种、新技术、提高产品的科技含量，扩大生产能力，充分利用资源，发挥产业系列优势；同时，要着眼发展新的支柱产业，对那些资源优势突出、经济优势明显、生产技术优势比较稳定的项目，应当重点培育，加快发展。当然，在选择和培育主导产业的时候，也要注意名特珍稀产品开发，在创特色、名贵品牌上下工夫，发挥名牌效应。切忌不讲条件、不看市场需求、不顾政府的商业政策，盲目趋向、照搬硬套的做法。

2. 龙头企业

龙头，可以是公司企业、合作社或专业市场，它应当是农业产业化经营的组织者、引导者、市场开拓者、营运中心、信息中心和服务中心。农业产业化经营组织系统的基本构造是政府建市场，市场牵龙头、龙头带基地，基地联农户，其中“龙头”是关键环节。龙头企业是以农产品基地生产的原料为加工、销售对象，并逐步与农产品生产者结为利益共同的企业。

龙头企业作为产业化经营的组织者、劳动者、市场开拓者和营运中心、科研中心、服务中心，具有开拓市场、深化加工、提供全过程服务的综合功能，是发展农业产业经营的核心。龙头企业应具备：第一，以农产品加工、销售为主；第二，能带动农民从事专业化生产；第三，具有开拓市场、科技创新的能力；第四，与农户结成利益共同体，使农民分享加工、销售环节的部分利润。

龙头企业的强弱和带动能力的大小，决定着产业化经营的成效。因此，各地在发展农业产业化经营过程中，都把龙头企业建设作为重点来抓，视为重中之重。龙头企业是通过市场竞争和营运实践形成的，作为善用资源和擅长营运的企业家、实业家，是市场竞争环境造就而成的，而不是政府和高等院校培养而成的。

3. 农产品生产基地

农产品生产基地是根据市场需求和龙头企业要求，发展主导企业生产所需原材料的基地，它是龙头企业的依托，也是整个产业化经营的重要环节。有计划、有步骤地加强农产品生产基地建设，要坚持“围绕龙头建基地，突出特色建基地，连片开发建基地”，把基地建设与主导产业的形成和龙头企业的发展紧密结合在一起。

农产品生产基地建设应着重做到四点：第一，布局区域化。注意发挥优势，突出特色，相对集中，统一规则，围绕主导产业形成与资源特点相适应的区域经济格局；第二，经营集约化，即使基地的生产要素与发展适度规模经营相结合，以提高经营集约化程度；第三，服务系列化，围绕基地发展加强服务组织和服务设施的建设，把“龙头”企业、经济技术部门以及乡村社区性组织的服务结合起来，从技术、物资、资金、信息等方面，为基地提供有效的服务；第四，基地保护法制化，制定有关法律法规，要像基本农田保护区那样保护各类生产基地，确保农产品生产基地不被随意侵占、挪作他用。

4. 利益机制

利益机制是指龙头企业与农户之间的利益分配机制，它是农业产业化经营的纽带。实施农业产业化经营，涉及生产、加工销售各环节之间、生产者与经营者之间、条块和城乡之间的利益关系。利益机制是否合理，主要体现在龙头企业收购农产品的政策、加工流通环节利润的分配以及对补品生产基地得到扶持等方面。合理的利益分配机制应具备：第一，农户和龙头企业权益平等；第二，正确处理农民和龙头企业利益关系，让农民合理得到加工、流通环节部分利润；第三，符合国家有关法律、政策。正确处理各方面的利益关系，才能为产业化经营顺利发展提供重要保证和创造内在动力。

完善利益机制，重点抓好以下三个方面：第一，培育市场主体；第二，加强社会化服务体系建设，为产业一体化提供发育条件；第三，健全约束机制和利益调节机制。通过签订合同或契约，合理确定有关各方的责权利，处理龙头企业与基地和农户以及各种服务组织之间的利益关系，特别要维护生产者的利益。本着让利于农的原则，核定农产品价格，加工经营环境的部分利润通过各种形式返还给农民；龙头企业通过预付定金，提供贴息贷款，发放生产扶持金，赊销种苗、饲料等措施，扶持签约农户发展生产。

5. 培育和开拓市场

实施农业产业化经营，从本质上说就是发展市场农业。积极培育市场，努力开拓市场，是发展农业产业化经营的前提和关键。

从各地经验看，积极培育市场要抓好两个方面：一是抓好载体建设，即建设好各类专业批发市场，充分发挥它们的集散作用和推动作用；二是抓好媒介组织，包括龙头企业的运销组织、贩运组织、农民联合运销组织、专业批发销售组织，把他们纳入农业产业化经营的系统，使其符合产业一体化经营的要求，降低交易成本，提高运销效率。

努力开拓市场，“贸”字当头，“销”字开路，以国际国内市场为导向，按市场需求组织加工，按加工需要安排生产。任何类型的农业产业化组织经营，

都必须首先搞好市场预测，及时了解市场变化动态和发展趋势，将经营建立在适应市场需求上。同时健全市场体系，比如以产销合同等方式与大中城市建立供销关系，在大中城市设置网点，在沿海沿边口岸设立对外窗口，通过开发补偿贸易、契约供销和期货交易等多种形式，使产品能有稳定的销路。

国际上知名的几个大集团公司，如百事可乐等之所以经久不衰，占据绝对优势，关键是他们都有自己的优胜品牌，而且善于迎合市场需求变化，不断创新，我国也应当如此。如果用没有市场需求的“标准”来衡量，自认为产品“不错”或“自我感觉良好”的故步自封，这迟早要被淘汰。

6. 管理制度

管理制度是指农业产业化经营的生产、加工、销售环节的管理制度。它是农业产业化经营的保证，管理制度是否科学、完善，决定农业产业化经营的运营效率和经济效益。农业产业化经营实行生产、加工、销售环节全过程的严格管理，具体包括成本管理、资金管理、质量管理、人力资源管理等。

五、农业产业化经营的产生与发展

1. 农业生产化经营的起源

关于我国农业产业化经营的起源，有人认为在 1937 年以前，我国就出现了一定规模的集商品生产、产品加工和经销为一体的企业，如山东烟台就形成了产加销为一体的葡萄酒生产企业。甚至有人认为，早在 1 000 多年前，江浙一带就形成了种桑、养蚕、缫丝、织绸，通过丝绸之路运销国外的生产格局。但是，1937 年前，我国社会正处于半封建、半殖民地的社会，农民头上压着三座大山，地主和资本家与农民的关系是压迫与被压迫、剥削与被剥削的关系，不可能形成农工商品生产还很不发达，根本不具备发展农业产业化经营的经济社会条件。也有人认为我国农业产业化经营起源于新中国成立后的 50 年代，随着农业合作化和农村人民公社化的发展，农村经济体制和管理模式发生了重大变革，实现了政社合一的集体化管理模式和半军事化的生产组织，一切按计划经济行事，一般一个村是一个生产单位，要求农林牧副渔全面发展，因而出现了生产、加工和销售一体化的格局。但是，20 世纪 50 年代我国农村所实现的政社合一的人民公社体制，是计划经济指导下的集体经济模式，一切生产经营活动都按国家计划进行，农产品由国家统购、统销，没有市场经济的社会环境。因此，也不能说是农业产业化经营。

我国农业产业化经营的实践在20世纪70年代末就已开始了。起初是泰国正大饲料公司为了开辟中国市场，由公司向农户提供技术服务和种鸡、饲料等生产资料，然后再由公司收购成品鸡进行屠宰、加工、分割、包装，向市场出售，这一运作获得巨大成功，使该公司得以在中国站稳脚跟并获得发展。这种“公司+农户”的实践，在当时被称为“正大模式”。

在我国，真正意义的农业产业化经营是20世纪80年代初期，在一些经济发达地区开始的农工商、贸工农技一体化经营等。80年代中期以后，山东、浙江、江苏等东部沿海省份，以及一些国有农场、大城市郊区和经济作物生产集中区，也开始突破农业生产的单一结构，开始向产前、产后延伸，在建立外向型农产品基地时，针对国际市场的需求，进行农、工、商、贸结合，组建了一批农工商联合企业，涌现了一批贸工农一体化经营组织。这种“公司+农户”模式被理论界加以肯定，认为是深化农村改革的一种新思路，是一种经营模式的创新。但真正形成农业化经营概念及理论上的定义和实践动作，则是进入90年代以后。

进入90年代后，全国各地陆续出现了多种方式的贸工农一体化、产加销一条龙的经营组织。1993年年初，山东省潍坊市率先提出“确定主导产业，实行区域布局依靠龙头带动，发展规模经营”的农业发展新战略。在此之前，潍坊也和全国一样，实行家庭联产承包责任制，但当乡镇企业崛起后，他们感到“农、工、商”等这种板块式的结合，未能解决小生产和大市场的衔接和农工商利益分割的问题，经过大胆探索和认真实践，他们按照贸工商利益分割的问题，经过大胆探索和认真实践，他们按照贸工农一体化的思路，接通农工商产业链条，打破三方利益板块，于1992年明确提出了”农业产业化“的概念。经过山东省和国家有关部委的总结和提倡，农业产业化经营已成为社会各方面的认识，并被写进国家“九五”国民经济和社会发展纲要。国家经贸委从1995年8月起，先后组织管理人员赴部分省区实地考察，在深入调查的基础上，确定了贸工农一体化的农业产业化经营试点方案，如内蒙古绒毛、黑龙江玉米、文本甘蔗和银杏、江西苎麻和甘蔗、吉林鹿业等，以点带面，推动全国各级地方政府抓住有利时机，从本地区实际出发，制定规划，筛选项目，采取措施，推进农业产业化经营进程。

与此同时，《人民日报》《光明日报》《科技日报》《经济日报》等以及一些学术专刊发表了许多关于农业产业化的文章，在介绍经验的同时，也就农业产业化经营的理论和实践中暴露出来的一些深层次矛盾进行了比较深入的探讨。

1996年1月，江泽民同志在全国农村工作会议上，正式提出了农业产业化经营战略。

1996年2月5—8日，国家体改委和农业部在黑龙江肇东市召开了全国农业产业化座谈会。参加会议的有中央政策研究室、国家计委、林业部、中国农业银行等部门及22个省、区、市体改委、农业部的负责同志，部分省地县负责同志和部分企业、农民专业协会代表190多人。党和国家领导对这次会议很重视，当时的副总理姜春云、国务委员李铁映专门为会议写了信，强调发展农业产业化的重要意义、发展方向和具体要求。会议对进一步推进农业产业化的重要意义、发展方向和具体要求。会议对进一步推进农业产业化进行了部署，要求各地：一是要切实加强农业产业化的领导，把农业产业化作为深化农业改革、发展农村经济的重要措施列入工作日程，切实抓好、抓紧、抓出成效；二是要制定一个科学的发展农业产业化的规划，有计划、有步骤地推进这项工作；三是开展试点示范；四是通过多渠道，采取多种方法增加对农业产业化的投入；五是多部门配合共同推进农业产业化发展。

1997年9月12日，江泽民同志在党的十五大的报告中指出："积极发展农业产业化经营，形成生产、加工、销售有机结合和相互促进的机制，推进农业向商品化、专业化、现代化转变"，这为中国农业产业化经营的发展提出了要求，明确了方向。

1998年10月召开的十五届三中全会所通过的《中共中央关于农业和农村工作若干重大问题的决定》中，又把农业产业化经营作为我国农业逐步走向现代化的现实途径之一。

2001年7月，由农业部、国家计委、国家经贸委、财政部、外经贸部、中国人民银行、国家税务总局、中国证券监督管理委员会和中华全国供销合作作总社等9部委（局）联合发布的《农业产业化国家重点龙头企业认定和运行监测管理暂行办法》规定，实行新的农业产业化国家重点龙头企业今后将实行资格认定制度，经认定的龙头企业按国家有关规定可享受一系列优惠政策。

江泽民同志在2002年中央经济工作会议上强调指出："农业产业化经营是促进农业结构战略性调整的有效途径，是通过产加销结合，使广大农民普遍受益的经营形式，要作为农业和农村工作一件带全局性、方向性的大事来抓。扶持农业产业化经营推向高潮，各省、市、自治区都制定了农业产业化经营发展规划，明确了指导思想、奋斗目标、区域布局、发展重点和对策，使农业产业经营在全国普遍开展。"

从贸工农一体化到农业产业化经营的提出以及农业产业化经营在全国的发展，不仅体现了人们对农业认识的飞跃，而且也反映了我国农业正向新的高度发展。

2. 我国农业产业化经营是改革开放后农村经济发展矛盾运动的产物

从农业的演进过程看，世界农业经历了原始农业、传统农业、现代农业三大发展阶段。1985 年人们着手研究可持续农业，专家认为这是未来农业发展的新阶段。经济发达国家相继实现了农业现代化，而我国正在处在传统农业向现代农业转变的历史时期。不同国家是通过不同道路或方式实现农业现代化的。在西方国家市场经济达到相当高的发展程度时，便相继走上了农业现代化，即农工商、产供销经营一体化之路。

我国 20 世纪 90 年代以来各地相继出现的农业产业化经营，从体制变革分析，其兴起与我国市场经济体制的建立有着密不可分的联系。那就是：农业产业化经营是我国刚开始向市场经济体制转变的条件下出现的，有其特殊的背景；即 20 世纪 70 年代末的农村改革取得了举世瞩目的成就，创造了世界农业发展史上的奇迹。农产品供给告别短缺，广大农民摆脱贫困，解决了温饱，并开始总体进入小康水平。但是，在经历了 20 世纪 80 年代初农业经营体制改革所带来的调整增长之后，随着改革的深入，尤其是社会主义市场经济体制的建立，农业发展中存在的深层次矛盾日益暴露，越来越严重地滞后着农业和农村经济的进一步发展，影响农民收入的提高，影响着农村社会的稳定，使发展农业产业经营成为必然。这些矛盾突出表现在以下几方面。

（1）千家万户的小规模生产与变化的大市场的矛盾。

改革开放以来，农村家庭联产承包责任制的实施解除了长期以来“一大二公”的经营体制对广大农民的束缚，极大地调动了农民生产的积极性，促进了农业科技的进步和农业生产力的发展，农产品供给日益丰富，从而使得我国历史性地告别了食品短缺时代。但自 1984 年以后，农业时常出现区域性甚至全国性的农产品抢购或卖难现象，生产与市场的矛盾不断加剧。究其原因，在家庭联产承包制改革中，农户虽然拥有经营自主权，有了生产积极性，但经营规模小，经营主体分散，组织化程度低，经济效率低下。在市场经济条件下，家庭经营面对的最大困难是小生产与大市场间的矛盾，在市场竞争中谈判能力弱，属于市场经济中的强势群体。这种分散的农户经营与市场经济发展要求不适应，难以进入社会化大市场。同时，千家万户的小规模生产经营，广大农民难以掌握信息，只能跟着感觉走，陷入“人赚我跟，一跟就亏”“一哄而起，一多就砍，一哄而散”的恶性循环。市场经济条件下盲目无序的小生产与需求的社会化大市场的矛盾，不仅导致农业生产的大起大落，导致广大农民经济利益受到严重损害，阻碍农民致富小康的步伐，而且影响整个国民经济的健康发展。

（2）国家投入能力与农业持续发展要求的矛盾。

具体表现为国家投入能力与农业持续发展要求不适应。农业是弱质产业，基础脆弱，比较利益低。从整体上看，我国农业基础设施不仅在存量上与新阶段农业发展不相适应，在增量上也不能满足新阶段农业发展的要求。进入 20 世纪 90 年代后，我国农业基本建设的速度明显放慢，农业基建的固定资产将会使用率下降。据农业部软科学委员会课题组的一项研究成果表明：中国农业基建的固定资产交付使用率“六五”时期达 81.3%，“七五”时期为 69.2%，“八五”时期降到 59.7%，1996 年更降至 48.2%。在农业基建固定资产交付使用率的下降中，水利基建的固定资产交付使用率下降幅度更大。农业基本建设速度明显放慢，所以，农业在经过调整发展后，表现出农业发展的后劲和内在动力不足。

（3）三元经济结构与农民增收的矛盾。

在我国发展国民经济的进行中，由于长期采取的是城乡分割、相对封闭的运行模式，工农关系、城乡关系扭曲，形成了二元经济的社会经济结构，不仅贸工农分离，农业的产前、产中和产后脱节，农民从事农业生产只是出售原始初级产品，得不到产后加工和流通领域增值部分的利益分享，广大农民长期被滞留在农村狭小的土地上，这种状态严重影响了农民生产经营规模的扩大和农业劳动生产率的提高。随着农产品市场的放开、体系的完善和价格的调整，我国消费者市场上大宗农产品的价格已与国际市场农产品价格基本持平，有些甚至已高于国际市场价格。因此，通过调价以增加农民收入的空间已非常有限。这些都是导致农民增加收入困难的原因。最终影响农民生产的积极性和农业的进一步发展。

（4）传统计划经济时期形成的农业宏观管理体制与市场机制配置资源的基础作用的矛盾。

具体表现为传统计划经济时期形成的农业宏观管理体制与市场机制配置资源的基础作用的不适应，成为市场农业发展的制度障碍。首先，有的地区不顾区域客观存在的社会经济条件，存在“一刀切”的倾向。一些地方政府不顾客观现实，盲目追求某种“模式”、“标准”。一方面对农民的生产经营活动进行不恰当的干预；另一方面以行政需求代替经济需求，在组织形式上要求整齐划一。其次，有的地区不从农民的实际需要出发，形式主义多，实际内容少，效果差。一些地区热衷于“建班子、挂牌子、修房子”，表面上轰轰烈烈，但实际组织农民的活动少。再次，一些垄断性的企业或公司，压低收购价，抬高销售价，损害了农民利益。产生这种状况的根本原因是政策性服务和经营性服务不分，政企不分，事企不分。一方面，大量的支农补农资金投入到这些企业或公司，建立了队伍，但却没有承担应该承担的任务；另一方面，“企业化经营”“放活经营”的扭曲和部门利益的膨胀，一手行政干预，一手收费，与农民争利，得不到农民支持。最后，组织中的利益分配机制和风险保障机制不健全，企业或公司与农户之间不能真正形成关系紧密的利益共同体。因此，如何提高农民的组织化程度，切实解决小农经济组织方式与国际国内大市场的尖锐矛盾，最主要的是要找到一种制度安排，它既能保护和激发农户的生产积极性，又能提高农户的组织化程度，提高农业经销的效率。

（5）传统部门的生产方式与变化着的社会市场需求的矛盾。

当居民的消费需求开始由温饱型向小康型转变时，传统部门的生产方式与变化着的社会市场需求不相适应，并且传统部门的生产方式与社会主义新农村建设的目标也不适应。

要解决以上矛盾，就必须研究这样一些问题：一是农业的宏观管理体制；二是探索出引导分散的小农户进入社会化大市场并能合理分享市场交易利益的有效途径，也就是提出我国市场农业发展的新思路；三是农业产业组织形式、产业经营方式、运行机制等方面进行整体创新。山东等一些地方率先实施农业产业化的实践，为这种整体创新提供了丰富的经验，并且全国各地都纷纷探索和实践。

第二节　农业产业化经营模式及运行机制

一、国外产业化经营模式

有效的组织形式是重要的社会资源。西欧、美国、日本等一些国家的现代产业之所以达到非常高的经营效率和经济效益，就是因为这它们普遍采用了极为有效的产业、行业和企业组织形式。

第二次世界大战前，农业一体在美国已具雏形，50 年代后有长足发展，60 年代后欧洲一些国家的农工综合体也迅速发展，70 年代第三世界一些国家如泰国等也开展这方面的实践，并取得一定成效。

1. 美国、法国等发达国家的高度产业化模式

这些国家的农业已形成了一种产前、产中、产后各环节紧密相扣、系列服

务的体系。这种体系，在纵向上大体有三种形式：一是“垂直式”一体化的农业公司；二是大企业或大公司与农场主契约式的一体化组织；三是大农场主成立的加工、销售组织。在横向联合上，有四种形式：一是农业生产合作社；二是农业销售合作社；三是农业供应合作社；四是农业信贷合作社。这些纵向的、横向的联合体支撑着这些国家的高效率商品性现代化农业发展。

美国的经营模式概括起来主要有公司制企业、合同制联合企业、合作制联合企业及联营式的农工联合企业。在美国的各类模式中，合同制一体化的主要形式，它不仅避免了大型公司耗费点转移的局面，也降低了联合企业破产的风险；而且，合同制还能降低生产成本，提高农民的生产积极性及效率。

1994 年法国约有农民 80 万人，但参加农业合作社的农民有 130 万人（很多农民都参加一个以上的合作社），其农业产业化的基本组织形式是“合作其所办企业 + 农户”。其经营模式主要有三种类型：互相控股公司、垂直的合同型企业及各种类型的合作社，每种模式都有其具体的运作方式。法国农业产业化是由“一个核心，三个支持”所组成的。一个核心是：农业产业化必须是农民自己自愿、互助合作的产物，而且这一原则贯穿于农民的各种经济活动和组织形式之中。三个支柱是：农业合作社信贷银行、农业保险及社会保障。

美国从 20 世纪 70 年代开始推行农场集约经营、农牧加一体化生产体制。到 1995 年，农产品出口达到 558 亿美元，创历史最高水平。小麦、大豆、棉花、玉米和牛肉、家禽等产品产量名列世界前茅。每年全国约 2/3 的农产品出口，占美国出口总额的 12%，农牧业产品加工总值占总产量值的 64%。

2. 日本农业产业化经营模式

日本农业产业化营销模式可分为两大类型：第一类是以工商业资本为主体的垂直一体化形式，它又可分为两种具体形式：一是直营型，即大工商业通过购买土地，建立大型的养猪场、养鸡场等。由于日本的地价高涨，农民不愿出售土地，直接经营农业就不如农场主更有利，因而这种营销模式的发展受到了极大的限制；二是委托型，即大工商企业通过合同形式委托农场主或农户进行，工商企业为农民规定使用的品种、农艺要求，农户在规定时间向工商企业提供农产品。第二类是农户合作组织，这是以农协为主体的平行一体化形式。农协包括综合农协和专业农协，综合农协主要从事全面而广泛的服务，专业农协则从事本专业范围内的服务项目。农协通过有机的组织和广泛的业务活动，同广大农户建立了各种形式的联系。据统计，农民销售农产品的 90%、购买生产资料的 80%、生活资料的 60% 是经过农协系统流通的。另外，农协贷款一般占整个农业贷款的 80% 左右。因而，日本政府可以通过农协贷款调节农村各项经济活动。

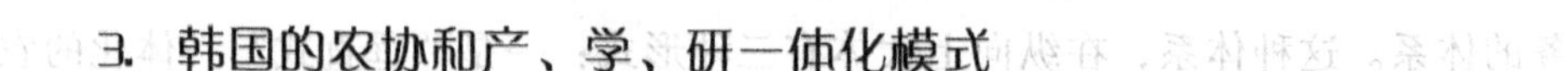

3. 韩国的农协和产、学、研一体化模式

20 世纪 60 年代以来，韩国农协在发展其现代农业过程中一直起着举足轻重的支撑、联系作用。在韩国的经济发展过程中，模仿了美国的科研、教育、推广三结合的部分体制。农村振兴厅负责农业的科研、农业技术的推广与农村生活指导，以及农民和农业公务员的培训，将科技与农副业紧密结合在一起，形成产、学、管、研一体化，使农业在短短几年内发生了飞跃。

4. 泰国的“农业工业化”战略与“政府 + 公司 + 银行 + 农户”模式

泰国模式的要点是以农产品加工工作作为国民经济高速发展启动阶段的突破口，以出口为导向的农产品加工业既带动了农业的发展，又带动了贸易的发展，对工业本身的发展不言而喻。同时，泰国政府的调控政策也行之有效，颁布了多项与农业有关的奖励投资法规，政府除直接财政支持外，还规定各商业银行必须以上年底存款余额的 20% ~ 25% 用于农业信贷，政府、银行、公司、农民四大方面在互利的基础上通过契约实行优势互补、优化组合、紧密结合。在以农产品为原料的加工工业领域内，把农业作为工业的一个原料车间，由加工企业来组织农产品原料的生产，是工农协调发展战略的具体表现，也是现代农业的发展方向。

二、我国产业化经营模式

1. 我国农业产业化经营组织的基本原则与国际实践的共性

第一，一体经营组织对其参与经营主体必须有某种吸引力，提供系列化服务，通过实现组织目标而直接达到各参与者主体的目标。

第二，各参与者主体按照稳定的组织系统而有规律、有秩序地运作，必定产生聚合协同效应，加以参与者主体对一体化组织的忠诚和努力，尽可能高效率地利用给定的资源，使效率准则成为其管理决策的一个基本准则。

第三，根据利益共同体与市场关系相结合的原则，达成一体化组织的整体目标与各参与者主体的个人目标的最佳结合，并以章程形式加以规定和切实地兑现，是一体化经营永续发展的至关重要的条件。

第四，农业产业经营组织作为多主体组成的经济实体，应当是一个平衡系统，谁都不能处于垄断地位，在其内部按照精简、效率原则，实行公司型或合作社型分层次系统管理制度。

2. 农业产业化经营类型

（1）松散型。

龙头企业与农产品基地或农户的联系较为松散，龙头企业凭借其传统信誉和为农户提供某种服务，联结农户或基地，其交易主要通过市场进行，与农户没有合同契约、扶持政策与其他约束关系，价格随行就市。在这种经营类型中，由于企业与农户之间仅为简单的买卖关系，双方利益关联度小，经营活动受市场波动影响大，往往呈现出不稳定性。从严格意义上的，这种类型还不能算作真正意义上的农业产业化经营的组织模式。

（2）紧密型。

龙头企业通过合同或契约关系、股份制关系、合作制关系和股份合作关系，联结生产基地、农户及其他参与者主体。参与者各方由各自独立的利益主体变为统一的利益共同体，行为目标高度一致，生产经营上的相互配合与协调趋向自觉，利益调节不再是单方赋予，股权红利成为最主要的利益调节器。这一组织模式表现为稳定与持续。

（3）半紧密型。

这是在农户与企业之间通过合同契约关系而联结起来的一种组织模式。在这种组织模式中，龙头企业与农户在自愿、平等互利的前提下签订契约合同，以明确双方的现权利关系。一般由龙头企业以保护价或合同价收购农户的产品，并负责种子、种苗、技术、销售及社会化服务，而农户负责生产管理。

在农业产业化经营的组织模式中，以上这三种类型不是固定不变的，松散型可以发展为半紧密型和紧密型。在“公司+农户”组织形式中，就既有松散型，也有紧密型的组织模式。在松散型的关系中，公司和农户只是简单的买卖关系，受市场的制约大，公司对农户的带动作用较小；而在紧密型的关系中，农户以土地等生产资料或其他生产要素入股，参与公司的股份合作，形成经济实体。在“农户+合作组织”的组织形式中，同样有松散型与紧密型，但以紧密型居多。对农户来说，同一个农户可能参加多个不同的产业化经营组织。

3. 农业产业化的经营模式及其基本特征

（1）公司企业带动型：即“公司＋基地＋农户”。

公司企业带动型以公司或集团企业为主导，以农产品加工、运销企业为龙头，重点围绕一种或几种产品的生产、加工销售，也生产基地和农户实行有机的联合，进行一体化经营，形成“风险共担，利益共享”的经济共同体。

这种类型的主要特点是：公司企业与农产品生产基地和农户结成紧密的贸

工农一体化生产体系，最主要和最普遍的联结方式是合同（契约）。公司企业与生产基地、村或农户签订产销合同，规定签约双方的责任权利，企业对基地和农户提供扶持，设立产品最低保护价并保证优先收购，出售制成品。

（2）市场带动型：即“专业市场＋农户”。

专业市场作为一个市场组织，具有较强的价格发现功能，是信息交流中心和价格形成中心，市场容量巨大。专业市场与周边农户以及产品运销组织之间存在一个稳定的隐性契约，常常能带动区域性专业化生产。它以专业市场或专业交易的中心为依托，拓宽商品流通渠道，带动区域专业化生产，实行产加销一体化经营，扩大生产规模，形成产业优势，节省交易成本，提高运销效营，扩大生产规模，带动区域专业化生产，实行产加销一体化经营，扩大生产规模，形成产业优势，节省交易成本，提高运销效率和经济效益。目前，这种模式在“风险共担”和“利益共享”方面有待发育和完善，因此，属于松散型产品经营组织。

专业市场作为经济实体，可以引导所在地区的农户以及市场辐射作用所覆盖地区的农户，按照市场需要调整产业结构，及时提供质量合格、数量充足的农产品。同时，专业市场提供市场信息、农用生产资料、农产品流通场所，做好生产技术服务等。

（3）中介组织协调型：即“农产联＋企业＋农户”。

以中介组织为依托，在某一产品的经济再生产全过程各个环节上，实行跨区域联合经营，逐步建成以占领国际市场为目标，企业竞争力强，经营规模大，生产要素大跨度优化组合，生产、加工、销售相连接的一体化经营企业集团。中介组织主要是行业协会。

（4）合作经济组织带动型：即“专业合作社或专业协会＋农户”或“公司＋合作社＋农户”。

近年来各地出现农民自办或在政府引导下办起的各种专业协会、合作专业协会、专业合作社等经济组织开展农业产业化经营，并且都是农民面对社会大市场，为发展商品经济而自愿地或在政府引导下组织起来的，具有明显的群众性、专业性、互利性和自助性，都有正式的章程和会员证。专业的协会一般是以协会为依托，创办各类农产品、加工、服务、运销企业、组织农民进入大市场。

农民专业协会和专业合作社在市场交易中显示出合作经济的优势，具有非常广阔的发展前景。这不仅是我国农业产业化经营的重要组织模式，而且也是国际经验证明的一种有效组织模式。

（5）现代农业综合开发区带动型：即“开发集团＋农户”。

这种模式与“龙头”企业带动型相似但又有区别，各具特色。比如，“云南阳光现代农业综合开发建设有限责任公司”建设开发区 8 km^2，地势平坦、土壤肥沃、保水保肥强，并且沟、路、地配套，供电、供水、排污、交通通讯方便。开发的建设创新立意和超前构想，确立开发基地，并对周围地区强辐射，建成“阳光城”，集商贸、科研、教育、观光、娱乐农业为一体，具有很高的经济效益、社会效益和生态效益，形成高科技、综合型、外向型的现代农业城。

除了以上五种类型的农业产业化经营组织外，还有“农科教”、“产学研”等相结合的组织模式，并且，随着市场农业的发展，还将会出现其他的组织模式。

三、农业产业化经营的运行机制

运行机制主要包括利益分配和运转约束机制，并应作为多元参与者主体的行为规范。

1. 风险共担，利益均沾

农业生产化经营是多元主体利益的联合，其本质是经济利益的一体化经营，基本原则是“风险共担、利益均沾”。农业产业化经营的目标：一是提高农业比较利益；二是平衡市场供需；三是实现平均利润，在龙头单位与参与者主体之间建立互惠互利的利益关系。但在目前我国农业产业化经营实践中，在“共担”与“均沾”方面做得不够，出现垄断利益分配的方面，缺乏组织、制度和机制保证。农民利益没得到保护，挫伤农户生产积极性，影响了基地的建设。

2. 利益分配机制

利益分配机制通过分配方式来实现，基本分配原则是各个环节（包括劳动、资金、产品、知识、技术等）获得平均利益。农业产业化经营中有下面几种利益分配方式：

（1）实行按股分红、红利均等。

（2）按合同规定的保护价格交集产品的利润，农户大约可得 15% ~ 20% 的利润。

（3）超额利润返还让利，即“龙头”单位按照各参与者主体交集产品的比例，将一部分超额利益返还给签约基地和农户，让利于农。

（4）企业与农户有租赁关系的，以租金形式付给租让其承包地的农户。

（5）龙头企业大多数普通法资制，企业按职工工种、技术水平和完成任务等多种指标付给工资，对成绩突出的还发资金。

由于具体组织形式不同，所实行的微观体制和利益分配机制不同，主要应完善三种利益机制：① 龙头企业与农户之间的利益机制；② 合作经济组织内部的利益机制；③ 股份合作制经济组织与农户之间的利益机制。

3. 营运约束机制

（1）市场约束机制。

农业产业化经营试办时期，龙头企业靠自己的信誉和传统的产销关系，与农户和原料产地通过市场进行交易，价格随行就市。这种运行方式适合于与产业化经营系统外的市场主体进行交易，而在系统内部则在保护价低于市场价时采用市场机制。如果龙头企业与农户没有合同约束，只能算是农业产业化经营的初级形式。从这一角度分析，目前，各地产业化经营很多都只能是这种初级形式，具体表现为产业化经营不敢与农户签订购销合同。

（2）合同（契约）约束机制。

龙头企业与基地（村）和农户签订具有法律效力的产销合同、资金扶持合同和科技成果引进开发合同等，明确规定各方的权利，以契约关系为纽带，进入市场、参与竞争、谋求发展。

维系龙头企业与农户契约关系的核心是合同保护价格。产业一体化合同都明文规定，龙头保证按最低保护价收购签约产品。保护的内涵是“完全成本 + 合理利润”，合理利润为 10% ~ 20%，而市场价高于合同价时就随行就市，市场价低于合同价就按最低保护价收购。总之，龙头企业为基地、农户提供服务，按照让利原则保护性地收购签约农户的产品。企业与企业之间、签约双方必须履约，违约要追究责任。

（3）股份合作约束机制。

在农业一体化系统中，企业与之间、企业与农户之间实行股份合作制，互相参股，比如以土地、资金、技术、劳动力等向企业参股，形成新的资产关系。龙头企业运用股份合同制吸收农户投资入股，形成新的资产关系。龙头企业运用股份合同制吸收农户投资入股，使企业与农户以股份为纽带，结成“互惠互利，配套联动”的经济共同体。入股农户不仅可以凭股分红，并能从龙头企业低于市场价格购到生产资料。

（4）租赁约束机制。

龙头企业将已经分给农户的土地返租回来，作为企业的生产基地再倒包给

农户经营，成为企业的生产车间，生产的产品全部由企业收购。云南昆明阳光现代农业综合开发建设有限公司就是这种做法。按每亩400元租金付给农户，租用土地800公顷，租期70年，统一规划，统一使用，实行一体化经营，租让土地的农民可优先在开发区就业，挣得工资。

（5）专业承包约束机制。

有的地方将一体化经营分为两大部分：一部分是农产品加工和运销，实行公司制经营，向国内外市场出售其制成品；另一部分是种植业和养殖业初级产品生产，实行专业承包经营，土地适当集中，通过招标，分包给若干大户，所属公司为甲方，专业随包大户为乙方，签订专业承包合同，并规定双方在种植业生产中的责权利。

总之，“风险共担，利益均沾”的利益共同体是实现产业化经营目标的一整套保障体系。

4. 农业生产经营产销合同制度

以上探讨的各种组织模式，不论哪种组织模式，若没有相应的制度保证，一体化经营就无法有序进行。产销合同是当今市场经济中普遍采用的一种产销制度。

产销合同是联结各参与者主体或交易各方的纽带，在生产之间就规定了生产什么、生产多少、怎样生产、如何销售、服务内容、产品价格，甚至可以预知盈亏前景。从这一意义上说，产销合同就是市场，能在一定程度上避免生产的盲目性，增强市场运行的有序性，保证供需平衡和市场稳定，从而减少农民生产的风险。

产销合同的生产线是讲求信誉。国际经验证明，发展市场经济，任何批量的常规交易都离不开经济合同。致力于市场农业的各经营主体都应学会建立产销合同，善于运用经济合同。但目前有不少地方对产销合同的重要意义或签订合同的必要性缺乏知识，不愿意或不敢订立合同，实际上也就是不愿意互相承担义务和分享权益，因此经营是无约定制度即无序进行，没有稳定的买主和卖主，往往供求失衡、价格波动不稳；有些地方虽然订立了合同，但没摆平签约双方位置，权益向一方偏斜，另一方权益（主要是农民）得不到保障。有的地方虽订有合同。但不认真执行，形同虚设，只享权益，不尽义务，破坏了合同信誉；也有的虽签订了合同，但过后反悔，见利忘义。因此，如何把产销合同的信誉树立起来使之成为生命线是至关重要的。

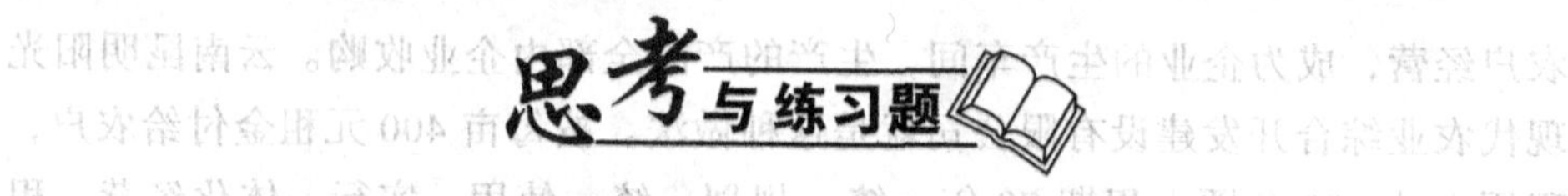

1. 农业产业化经营的内涵是什么?
2. 农业产业化经营的基本特征有哪些?
3. 阐述农业产业化经营的功能。
4. 请介绍农业产业化经营的基本构成要素。
5. 阐述农业产业化经营的产生与发展概况。
6. 概述农业产业化经营模式及运行机制。

参 考 文 献

[1] 刘巽浩. 农业概论[M]. 北京：知识产权出版社，2007.

[2] 中国大百科全书总编辑委员会. 中国大百科全书[M]. 北京：中国大百科全书出版社，1998.

[3] 吕爱枝. 作物遗传育种[M]. 北京：高等教育出版社，2009.

[4] 张建国，金斌斌. 土壤与农作[M]. 郑州：黄河水利出版社，2010.

[5] 曹卫星. 作物栽培学总论[M]. 北京：科学出版社，2011.

[6] 任万军. 作物栽培技术[M]. 成都：四川教育出版社，2010.

[7] 张建国，金斌斌. 土壤与农作[M]. 郑州：黄河水利出版社，2010.

[8] 蒋思文. 畜牧概论[M]. 北京：高等教育出版社，2006.

[9] 李建国. 畜牧学概论[M]. 北京：中国农业出版社，2011.

[10] 周安国，陈代文. 动物营养学[M]. 北京：中国农业出版社，2011.

[11] 颜培实，李如治. 家畜环境卫生学[M]. 4 版. 北京：高等教育出版社，2011.

[12] 王锋. 动物繁殖学[M]. 北京：中国农业大学出版社，2012.

[13] 李宁. 动物遗传学[M]. 北京：中国农业出版社，2011.

[14] 丁晓雯，柳春红. 食品安全学[M]. 北京：中国农业大学出版社，2011.

[15] 李军，王利琴. 动物营养与饲料[M]. 重庆：重庆大学出版社，2007.

[16] 胡新岗、蒋春茂. 动物防疫与检疫技术[M]. 北京：中国林业出版社，2012.

[17] 李崇光. 农产品营销学[M]. 北京：高等教育出版社，2010.

[18] 王厚俊. 农业产业化经营理论与实践[M]. 北京：中国农业出版社，2007.

[19] 黄云. 农业资源利用与管理[M]. 北京：中国林业出版社，2010.

[20] 晁乐刚. 农业经营与管理[M]. 北京：高等教育出版社，2001.

[21] 张照贵. 市场调查与预测[M]. 成都：西南财经大学出版社，2011.

[22] 王秀娥. 市场调查与预测[M]. 北京：清华大学出版社，2008.